高等职业教育"互联网+"新形态融媒体教材（土建系列）

结构工程识图
与钢筋翻样

主　编　吴志红　齐道正　吴丁建
副主编　田小娟　邱　鹏　艾小玲
　　　　杨　巧　施小飞　许　明
参　编　张小雨　王　珣

U0361342

南京大学出版社

图书在版编目(CIP)数据

结构工程识图与钢筋翻样 / 吴志红,齐道正,吴丁
建主编. — 南京:南京大学出版社,2024.8. — ISBN
978 - 7 - 305 - 28161 - 7

Ⅰ. TU318;TU755.3

中国国家版本馆 CIP 数据核字第 2024RG7393 号

出版发行 南京大学出版社
社　　址 南京市汉口路 22 号　　　邮　　编 210093
书　　名 **结构工程识图与钢筋翻样**
　　　　　JIEGOU GONGCHENG SHITU YU GANGJIN FANYANG
主　　编 吴志红　齐道正　吴丁建
责任编辑 朱彦霖　　　　　　　　编辑热线　025 - 83597482
照　　排 南京开卷文化传媒有限公司
印　　刷 南京京新印刷有限公司
开　　本 787 mm×1092 mm　1/16 开　印张 17　字数 435 千
版　　次 2024 年 8 月第 1 版　2024 年 8 月第 1 次印刷
ISBN　978 - 7 - 305 - 28161 - 7
定　　价 48.00 元

网　　址:http://www.njupco.com
官方微博:http://weibo.com/njupco
微信服务号:NJUyuexue
销售咨询热线:(025)83594756

前言
Preface

  自 2022 年 9 月 1 日起实施的全新国家建筑标准设计图集《混凝土结构施工图平面整体表示方法制图规则和构造详图》,包括 22G101 - 1、22G101 - 2、22G101 - 3 三本。本教材编制依据 22G101 图集制图规则和标准构造详图,立足于建筑行业施工员、造价员、监理员初始就业岗位,融入"1 + X"建筑施工中级职业技能等级证书考核要求,以省级、国家级"建筑工程识图"职业技能大赛培养学生创新能力和实践能力的要求为标杆,遵循教学循序渐进规律,将课程知识技能体系整合为工程识图、标准构造详图应用、钢筋计算三个模块,并将模块融入大中小三个典型工程项目中,实现专业知识向专业技能的有效转化,提升学习者技术技能水平。

  本教材以培养造价员为目标,三个项目均以造价员岗位工作任务和工作过程为依据。第一个项目为某二层框架结构独立基础的传达室工程,第二个项目为某框架结构条形基础的监控室工程,第三个项目为某剪力墙结构筏板基础的住宅楼工程。其中第一个项目为本教材的基本内容,包括的任务有独立基础、独立基础间的条形基础、基本配筋的框架柱、基本配筋的框架梁、现浇混凝土板、现浇混凝土楼梯六种构件的识图与钢筋翻样;第二个项目对第一个项目进行教学内容补充,包括的任务有梁板式条形基础、复杂配筋的框架柱、复杂配筋的框架梁、现浇斜(折)混凝土板构件识图与钢筋翻样;第三个项目对前两个项目进行补充,包括的任务有筏形基础、剪力墙、地下挡土墙、以剪力墙为支座的框架梁构件识图与钢筋翻样。三个项目均配套有完整的工程图纸,典型构件均有详细的工程识图、标准图集选用、钢筋计算,任务完整、内容详实、难度递进,既可以供教师因材施教,也可以供学习者自主学习,还是造价员建模手算电算对量的工程案例参考。

  本教材由江苏工程职业技术学院吴志红、盐城工业职业技术学院齐道正、江苏中房工程咨询有限公司吴丁建主编,具体分工如下:项目一由江苏工程职业技术学院吴志红、许明,江海职业技术学院杨巧编写;项目二由盐城工业职业技术学院齐道正、南通科技职业技术学院艾小玲、江苏航运职业技术学院施小飞编写；项目三由江苏中房工程咨询有限公司吴丁建、江海职业技术学院田小娟、南通开放大学邱鹏编写；全书由南通元舜建设工程有限公司张小雨、南通通城建设工程项目管理有限公司王珣提供项目案例和工程项目BIM模型，并对教材进行审核。

本书在编写过程中参考了部分文献资料，在此向原作者表示衷心的感谢。限于编者水平有限，书中难免有不足之处，敬请各位同行专家和读者批评指正。

编者

2024 年 6 月

目录
Contents

项目一　某传达室工程结构识图与钢筋翻样

项目介绍

本项目为某公司传达室工程，无地下室，框架结构，共 2 层，总高度 6.600 m，室内外高差 0.300 m，设计标高 ±0.000，相当于 1985 国家高程 5.967 m。框架抗震等级为三级，环境等级：±0.000 以上为一类，±0.000 以下，挑檐、雨篷、卫生间为二 a 类。

本工程基础为独立基础（框架柱），嵌固部位在基础顶面，砌体墙（基础墙）下砼基础为板式条形基础。框架柱均为矩形柱，无截面尺寸变化，无钢筋规格、数量变化；屋顶为现浇混凝土水平板，框架梁为水平矩形梁；楼梯为现浇混凝土板式楼梯，AT 型。

图 1-0-1　项目一传达室效果图

项目任务

目前建筑物主要是现浇钢筋混凝土结构，其基础、柱、梁、板、剪力墙均采用平面整体表示方法制图，因此能识读和理解结构平法施工图，是胜任建筑行业各岗位的基本要求；能准确应用各构件钢筋的构造做法，能绘制钢筋形状，计算钢筋长度和重量，是造价员、施工员、监理员的岗位技能要求。本工程项目为框架结构，项目任务有以下六个：

任务一　独立基础识图与钢筋翻样。识读本项目工程基础施工图，对该工程独立基础进行钢筋翻样。

任务二　独立基础间条形基础识图与钢筋翻样。识读本项目工程基础施工图，对该项目条形基础进行钢筋翻样。

任务三　框架柱识图与钢筋翻样。识读本项目柱施工图，对该工程框架柱进行钢筋翻样。

任务四　框架梁识图与钢筋翻样。识读本项目二层框架梁、屋面层框架梁施工图，对该工程框架梁进行钢筋翻样。

任务五　现浇混凝土楼板识图与钢筋翻样。识读本项目二层板、屋面层板施工图，对该工程混凝土板进行钢筋翻样。

任务六　现浇混凝土板式楼梯识图与钢筋翻样。识读本项目楼梯施工图，对该工程 AT 型板式楼梯进行钢筋翻样。

▶ 任务一　独立基础识图与钢筋翻样 ◀

万丈高楼平地起,每一栋建筑都有基础,现有的基础绝大多数是现浇钢筋混凝土基础。但是结构类型不同,基础类型不同。建筑行业的造价员、施工员、监理员、资料员等,要完成基础工程的岗位任务,首先需要识读基础施工图,判断工程的基础类型,分析基础工程中混凝土和钢筋两种材料相关的内容。其次根据岗位技能要求,还需要分析钢筋形状,计算钢筋长度、重量等。

📖 学习内容

1. 独立基础定义及其分类;
2. 独立基础制图规则和标准构造详图;
3. 独立基础钢筋翻样方法。

📖 参考标准图集

1.《混凝土结构施工图平面整体表示方法制图规则和构造详图》(22G101-3),第7~19页。

2.《混凝土结构施工图平面整体表示方法制图规则和构造详图》(22G101-3),第67~70页。

📖 工作任务

通过课程学习,学生需要完成以下子任务:

子任务1　普通独立基础施工图识读

子任务2　单柱普通独立基础钢筋(不减短构造)翻样

子任务3　单柱普通独立基础钢筋(减短构造)翻样

子任务4　双柱普通独立基础钢筋翻样

📖 知识准备

钢筋分类与连接

一、钢筋通用知识

1. 钢筋种类

(1) 根据《钢筋混凝土用钢 第1部分:热轧光圆钢筋》(GB/T 1499.1—2024)、《钢筋混凝土用钢 第2部分:热轧带肋钢筋》(GB/T 1499.2—2024)描述,钢筋按屈服强度特征值分为300、400、500、600级。钢筋牌号的构成及其含义见表1-1-1。

(2)《混凝土结构施工图平面整体表示方法制图规则和构造详图》(22G101)标准设计图集列出钢筋牌号和含义为《钢筋混凝土用钢》(GB/T 1499.1~2—2024)之前的标准,钢筋强度、符号及其含义见表1-1-2。

表 1-1-1　钢筋牌号构成及其含义表(GB/T 1499.1～2)

产品名称	牌号	牌号构成	英文字母含义
热轧光圆钢筋	HPB300	由 HPB+屈服强度特征值构成	HPB——热轧光圆钢筋的英文(Hot rolled Plain Bars); HRB——热轧带肋钢筋的英文(Hot rolled Ribbed Bars); HRBF——在热轧带肋钢筋的英文缩写后加"细"的英文(Fine)首字母; E——"地震"的英文(Earthquake)首字母。
热轧带肋光圆钢筋	HRB400	由 HRB+屈服强度特征值构成	
	HRB500		
	HRB600		
	HRB400E	由 HRB+屈服强度特征值+E 构成	
	HRB500E		
细晶粒热轧钢筋	HRBF400	由 HRBF+屈服强度特征值构成	
	HRBF500		
	HRBF400E	由 HRBF+屈服强度特征值+E 构成	
	HRBF500E		

表 1-1-2　钢筋屈服强度、符号及其含义

钢筋种类	钢筋符号	钢筋等级	屈服强度/极限强度(MPa)	英文字母含义
HPB300	Φ	Ⅰ	300/420	H——热轧(Hot rolled)首字母; R——带肋(Ribbed)首字母; P——光圆(Plain)首字母; B——钢筋(Bars)首字母; F——细晶粒(Fine)首字母; R——余热(Remained heat treatment)首字母; RRB——余热处理带肋钢筋。
HRB400 HRBF400 RRB400	Φ	Ⅲ	400/540	
HRB500 HRBF500	Φ	Ⅳ	500/630	

（3）《混凝土结构设计规范(2015 年版)》(GB 50010—2010)坚持"四节一环保"的可持续发展国策,混凝土结构必须走高效节能的道路。由于钢筋向高强、高性能趋势发展,因此新标准取消了 HRB335 牌号、增加了 HRB600 钢筋。但是新标准目前仅有 HRB600 钢筋的屈服强度标准值,并没有给出钢筋的抗拉强度设计值、抗压强度设计值等,需要待相关标准或规范给出 HRB600 钢筋材料分项系数取值、即给出 HRB600 钢筋抗拉及抗压设计强度值后方可应用,故本教材仍然采用 22G101 标准图集中所列出的钢筋种类表述方法。

2. 混凝土结构环境类别与钢筋的混凝土保护层厚度

（1）混凝土结构环境类别

混凝土结构环境类别是指混凝土暴露表面所处的的环境条件。混凝土结构所处的环境,是影响混凝土结构耐久性和适用性的重要因素,而混凝土结构环境类别的划分,主要是为了保证设计使用年限内钢筋混凝土结构构件的耐久性。不同环境下耐久性的要求是不同的,混凝土结构应根据设计使用

混凝土环境类别与保护层厚度

年限和环境类别进行耐久性设计。环境类别直接影响着混凝土最小保护层厚度,在结构施工图的结构设计说明中会明确各部位所处的环境类别,若施工中无法准确判断环境类别,应由设计单位明确解释。

(2)钢筋的混凝土保护层厚度

混凝土保护层是指混凝土构件中,起到保护钢筋避免钢筋直接裸露的那一部分混凝土,其厚度既影响钢筋混凝土的耐久性、安全性、防火性能,又影响钢筋混凝土的粘结锚固性。混凝土保护层厚度越大,构件的受力钢筋粘结锚固性能、耐久性和防火性能越好。但是,过大的保护层厚度会使构件受力后产生的裂缝宽度过大,影响其使用性能(如破坏构件表面的装修层、过大的裂缝宽度会使人恐慌不安),而且由于设计中是不考虑混凝土的抗拉作用的,过大的保护层厚度还必然会造成经济上的浪费。因此,《混凝土结构设计规范(2015 年版)》(GB 50010—2010)定义了最外层钢筋(包括箍筋、拉筋、构造筋、分布筋)的最外边缘到混凝土表面的最小距离。22G101-1、2、3 中均列出了混凝土最小保护层厚度,其中 22G101-3 第 57 页列出了包括基础在内的所有结构构件,见表 1-1-3。

表 1-1-3　混凝土最小保护层厚度 $c_{\min}$(mm)

环境类别	板,墙		梁,柱		基础梁(顶面和侧面)		独立基础、条形基础,筏形基础(顶面和侧面)	
	≤C25	≥C30	≤C25	≥C30	≤C25	≥C30	≤C25	≥C30
一	20	15	25	20	25	20	—	—
二 a	25	20	30	25	30	25	25	20
二 b	30	25	40	35	40	35	30	25
三 a	35	30	45	40	45	40	35	30
三 b	45	40	55	50	55	50	45	40

注:1. 表中混凝土保护层厚度是指最外层钢筋外边缘至混凝土表面的距离,适用于设计使用年限为 50 年的混凝土结构。

2. 构件中受力钢筋的保护层厚度不应小于钢筋的公称直径。

3. 一类环境中,设计使用年限为 100 年的结构最外层钢筋的保护层厚度不应小于表中数据的 1.4 倍。二、三类环境中,设计使用年限为 100 年的结构应采取专门的有效措施。

4. 基础底面钢筋的保护层厚度,有混凝土垫层时应从垫层顶面算起,且不应小于 40,无垫层时,不应小于 70。

5. 桩基承台及承台梁:承台底面钢筋的混凝土保护层厚度,当有混凝土垫层时,不应小于 50,无垫层时,不应小于 70。此外尚不应小于桩头嵌入承台的长度。

最外层钢筋保护层厚度是指箍筋、构造筋、分布筋等外边缘至混凝土表面的距离,简单的理解就是:哪层钢筋在最外层、保护层厚度就应从本层的最外边算起。对于用作梁、柱类构件复合箍筋中单肢箍的拉筋,梁侧纵筋间的拉筋、剪力墙边缘构件、扶壁柱、非边缘暗柱中的拉筋、剪力墙水平、竖向分布钢筋间的拉结筋,若拉筋或拉结筋的弯钩位于最外侧,此时混凝土保护层厚度指拉筋或拉结筋外边缘至混凝土表面的距离。现以砼柱为例,介绍一下混凝土的保护层厚度,砼柱中的单肢箍拉筋可以只拉纵向受力筋也可以同时拉住纵向受力筋和箍筋,混凝土保护层厚度示意如图 1-1-1 所示。

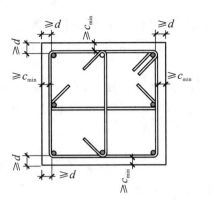 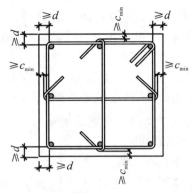

(a) 只拉住纵筋　　　　　　(b) 同时拉住纵筋和箍筋

图 1-1-1　柱混凝土保护层厚度示意图

(d 为所标尺寸线处受力钢筋直径，$c_{\min}$ 见表 1-1-3)

钢筋的间距与起步距

3. 钢筋起步距离和纵向钢筋间距

(1) 钢筋的起步距离

钢筋的起步距离是指各类钢筋摆放时第一根钢筋的位置。箍筋的起步距离均为 50 mm；板(含楼屋面板、悬挑板、暗梁板带)的钢筋起步距离在《混凝土结构工程施工规范》(GB 50666—2011)第 5.4.9 条第 5 款中描述为"宜为 50 mm"，而在平法 22G101 图集中表示为 $a/2$(a 为钢筋间距)，大家习惯看图集，所以软件设置中一般都采用 $a/2$；剪力墙水平分布钢筋起步距离为 50 mm，基础底板钢筋起步距离为 $\min(75 \text{ mm}, \leqslant S/2)$。钢筋起步距离示意图如图 1-1-2 所示。

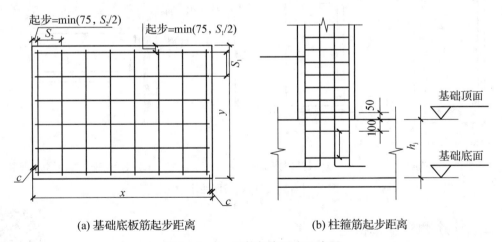

(a) 基础底板筋起步距离　　　　　　(b) 柱箍筋起步距离

图 1-1-2　钢筋起步距离示意图

(2) 纵向钢筋的间距

钢筋与钢筋之间的距离有钢筋间距、钢筋净距、钢筋排距三种说法。钢筋间距一般是指同排钢筋形心之间距离，也就是相邻钢筋中心到钢筋中心的距离，用符号 @ 表示或字母 S 表示。钢筋净距是指同排相邻钢筋外边缘之间的最小距离，钢筋净距的规定是为了使纵向受拉钢筋"足强度"，必须保证各钢筋之间的净距在合理的范围内，以实现混凝土对钢筋的完全握裹,净距一般在考虑构造时候才会提到。钢筋排距是指上下不同排钢筋之间的距离。根据 22G101-1 第 64 页和相关规范,梁、柱、墙受力钢筋间距规定如下:

① 梁纵向钢筋间距

梁上部纵筋水平净距≥max(30,1.5d);下部纵筋水平净距≥max(25,d),请注意,当下部纵筋分两排布置时,各排钢筋之间的净距≥max(25,d),当下部纵筋分三排布置,最上一排的钢筋间距应为下面两排钢筋间距的两部。见图 1-1-3(a)。

② 柱纵向钢筋间距

柱内纵向钢筋的净距不应小于 50 mm,中距不应大于 300 mm;抗震且截面尺寸大于 400 mm 的柱,其中距不宜大于 200 mm,见图 1-1-3(b)。

③ 剪力墙分布筋间距

剪力墙水平分布筋和竖向分布筋间距(中距)不宜大于 300 mm。

④ 端部节点外侧钢筋间距

采用包筋原则,即"主包客、负包正、一包二"。

包筋净距≥max(25,d),其中主与客的关系如:柱筋进入梁区,梁为主,柱为客,柱筋在内侧,伸至梁顶,离梁的顶部纵筋净距≥max(25,d),并同时满足锚固要求;梁筋锚入柱中,梁为客,柱为主,梁的负筋伸至柱筋内侧,离柱外侧纵筋净距≥max(25,d),并同时满足锚固要求。一包二的关系如梁上部支座筋,第一排钢筋包在第二排钢筋外侧;梁下部纵筋分两排,下排钢筋包在上排钢筋外侧。见图 1-1-3(c)。主梁与次梁相互垂直,纵筋可以相互接触。

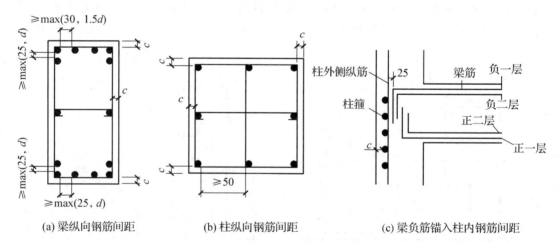

(a) 梁纵向钢筋间距   (b) 柱纵向钢筋间距   (c) 梁负筋锚入柱内钢筋间距

图 1-1-3　纵向钢筋间距示意图

二、钢筋翻样基本概念

1. 钢筋翻样

钢筋翻样在实际应用过程中分为预算翻样和施工翻样两类。

(1) 预算翻样:指在设计与预算阶段对图纸进行钢筋翻样,以计算图纸中钢筋的含量,用于钢筋的造价预算。

(2) 施工翻样:指在施工过程中,根据图纸详细列出钢筋混凝土结构中钢筋构件的规格、形状、尺寸、数量、重量等内容,以形成钢筋构件下料单,方便钢筋工按下料单进行钢筋加工制作。

钢筋翻样

2. 钢筋下料

指在施工现场,钢筋工按照技术人员或钢筋工长所提供的钢筋配料单进行加工成型的过程,因此钢筋下料是一个体力劳动,大家通常所说的钢筋下料应该指的是施工现场的钢筋翻样。

3. 钢筋预算

指依据施工图纸、标准图集、国家相关的规范和定额加损耗进行计算,在计算钢筋的接头数量和搭接时主要依据的是定额规定,重视量的准确性。在施工前甚至在可行性研究、规划、方案设计阶段要对钢筋进行估算或概算,不如钢筋下料详细。

4. 钢筋预算与钢筋翻样的区别

(1) 钢筋预算主要重视量的准确性。但是由于钢筋工程本身具有不确定性,计算钢筋的长度及重量不像计算构件的体积及面积之类的工程量。计算土建工程量是根据构件的截面尺寸进行计算,且数字是唯一的;而计算钢筋工程量时考虑的因素有很多,且站在不同的立场所思考的方式是不尽相同的,即使按照国标规范也有不同的构造做法,几乎不会出现同一工程不同的人计算出的结果完全相同,总会有或多或少的差异,预算只需要在合理的范围内,存在误差是可以的。

(2) 钢筋翻样不仅要重视量的准确性,而且要做到在不违背工程设计图纸、设计指定国家标准图集、国家施工验收规范、各种技术规程的基础上,结合施工方案及现场实际情况,考虑合理地利用进场的原材料长度且便于施工为出发点,做到长料长用,短料短用,尽量使废料降到最低损耗;同时由于翻样工作与现场实际施工密切相关,需与每个翻样的人员经验结合,同时考虑与钢筋工程施工的劳务队伍的操作习惯相结合,从而达到降低工程成本的目的来进行钢筋翻样。

5. 钢筋理论重量

钢筋采购、钢筋工程预结算、钢筋班组长对量均是按重量进行,因此钢筋长度计算后需要转化为钢筋重量。为了方便后续编制钢筋翻样单,列出普通钢筋部分规格钢筋理论重量,见表 1-1-4。

表 1-1-4　钢筋理论重量表

钢筋直径 (mm)	理论重量 (kg/m)	钢筋直径 (mm)	理论重量 (kg/m)	钢筋直径 (mm)	理论重量 (kg/m)	钢筋直径 (mm)	理论重量 (kg/m)
4	0.099	10	0.617	16	1.58	22	2.98
6	0.222	12	0.888	18	2.00	25	3.85
8	0.395	14	1.21	20	2.47	28	4.83

注:1. 数据来源广联达 BIM 土建计量平台 GTJ 2021 软件比重设置数据。

2. 直径 10 mm 钢筋理论重量为 0.617 kg/m,其他直径钢筋理论重量可以根据 10 mm 直径钢筋推导。

三、22G101 平法图集识读说明

22G101 平法图集标准构造详图中钢筋采用 90°弯折锚固时,图示"平直段长度"及"弯折段长度"均指包括弯弧在内的投影长度如图 1-1-4 所示。

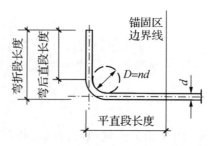

图 1-1-4　钢筋 90°弯折锚固示意

图集的尺寸以毫米(mm)为单位,标高以米(m)为单位,图集中涉及的部分图例见表 1-1-5。

表 1-1-5　22G101 平法图集图例

名称	图例	说明
钢筋端部截断		表示长、短钢筋投影重叠时,短钢筋的端部用 45°斜划线表示
钢筋搭接连接		45°斜划线成对出现
钢筋焊接		—
钢筋机械连接		—
端部带锚固板的钢筋		—

四、认识独立基础

1. 独立基础定义

当建筑物上部结构采用框架结构或单层排架结构承重时,柱下基础常采用方形、圆柱形和多边形等形式的独立式基础,这类基础称为独立式基础,简称独立基础。

独立基础平面图识读

独立基础相当于倒置的悬臂板,作为结构所有构件的起点,其底板底部钢筋(B)为关键性钢筋,在本基础内连续布置,不受其他构件的影响。

2. 独立基础分类

（1）按外形分

根据柱与柱下独立基础的连接施工方式的不同,可分为普通独立基础(现浇整体式)和杯口独立基础(装配式)两种;同时根据基础底板截面形式的不同,又可分为阶梯形和坡形(锥形)两种。外形分类见表 1-1-6。

（2）按承接柱数量分

根据独立基础顶部平台承接的砼柱数量多少分为单柱独立基础、双柱独立基础或多柱独立基础,双柱和多柱的独立基础又称为联合基础。

（3）按是否有基础梁分

当双柱独立基础柱距较大时,有时需设置基础梁;当为四柱独立基础时,通常可设置两道平行的基础梁。因此根据是否有基础梁,独立基础又可分为无梁独立基础和有梁独立基础。具体样式如图 1-1-5 所示。

表 1-1-6　独立基础外形分类表

	类型	截面形式	示意图	立体图	代号	接柱情况
独立基础	普通	阶梯形			DJ_J	单柱 双柱 多柱
		坡形 (锥形)			DJ_P (DJ_Z)	
	杯口	阶梯形			BJ_J	单杯口 双杯口 多杯口
		坡形 (锥形)			BJ_P (BJ_Z)	

备注:平法 22G101-3 为锥形,16G101-3 为坡形。

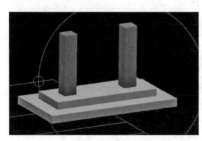

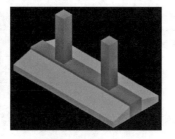

(a) 无基础梁阶形独立基础　　　　　(b) 有基础梁坡形独立基础

图 1-1-5　双柱独立基础图

子任务 1　普通独立基础施工图识读

任务实施

　　通过学习本子任务的基础平面图的形成原理,独立基础平法施工图的表达方式,独立基础识读示例,参考《混凝土结构施工图平面整体表示方法制图规则和构造详图》(22G101-3)

第7～19页,能独立填写本子任务实施单所有内容,则本项目工程独立基础的识读内容即完成。任务实施单如下:

表 1-1-7 独立基础施工图识读任务实施单

识读内容 \ 基础编号	DJ$_P$-1	DJ$_P$-2	DJ$_P$-3	DJ$_P$-4	J-1	DJ$_J$-2
截面形状						
基础底标高(m)						
基础顶标高(m)						
基础底边长 x 向(mm)						
基础底边长 y 向(mm)						
基础顶边长 x 向(mm)						
基础顶边长 y 向(mm)						
基础高度(底板部分)(mm)						
基础高度(坡型部分)(mm)						
基础总高度(mm)						
基础底部钢筋 x 向						
基础底部钢筋 y 向						
基础顶部钢筋 x 向						
基础顶部钢筋 y 向						
基础承接框架柱数量						
基础承接框架柱名称						

▶▶ 1.1.1 基础施工平面图

基础平面图,它是假想用一个水平剖切平面沿建筑物的室内地面与基础之间,把整栋房屋剖开后,移去上部的建筑物和泥土,向下投影所成的图形,也可以理解为,从上往下看,将看到的图形画出来就是基础平面图。为了基础平面图的整洁,清晰,一般只画出基础墙、柱断面及基础底面的轮廓线,基础的细部投影可省略不画,因此基础垫层轮廓线在基础平面图中一般不画出,所截到的混凝土构件断面用涂黑表示,如下图 1-1-6 某单层仓库基础平面布置图,①轴交Ⓐ轴涂黑就是砼柱,外侧矩形 1 080+1 120=1 200 mm 就是该砼柱独立基础 DJ-1 基础底板边线。该基础平面图中,只能读出独立基础所在的轴线位置、数量、基础底板边长,不能判断基础的形状、基础底标高、基础厚度等详细尺寸,更无法识读该独立基础钢筋信息,因此需要读懂该仓库工程独立基础的信息,还需要借助独立基础其他施工图表达的内容。

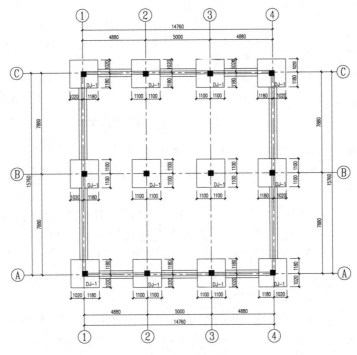

基础平面布置图 1:100

图 1-1-6　某单层仓库基础平面布置图

独立基础平面注写

1.1.2　独立基础平法施工图简介

独立基础平法施工图有平面注写和截面注写两种表示方式,需要表达出基础编号、截面竖向尺寸、配筋、基础底面标高(与基础底面基准标高不同时)和必要的帮助图纸表达的注解内容,设计者可根据具体工程情况选择一种或两种方式相结合进行独立基础的施工图设计。

(一)独立基础平法施工图平面注写

平面注写又分为集中标注和原位标注两部分。集中标注,系在基础平面图上集中引注:基础编号、截面竖向尺寸、配筋三项必注内容,以及基础底面标高(与基础底面基准标高不同时)和必要的文字注解两项选注内容。

1.集中标注内容规定

(1)普通独立基础编号:独立基础底板的截面形状通常有两种,见表 1-1-6,阶形编号为 $DJ_J \times \times$ 或者 $DJ_J - \times \times$,坡(锥)型编号为 $DJ_p \times \times (DJ_z \times \times)$ 或者 $DJ_p - \times \times (DJ_z - \times \times)$,很多时候设计者也简化编号,统一用 $J \times \times$ 或者 $J - \times \times$ 表示。

(2)基础高度:普通独立基础截面竖向尺寸(基础高度),从底部往顶部注写为 $h_1/h_2/h_3 \cdots \cdots$,基础总高度(厚度)为 $h_1 + h_2 + h_3 + \cdots \cdots$,具体标注样式见图 1-1-7 普通独立基础截面竖向尺寸。独立基础相当于倒置的悬臂板,其中坡型独立基础(构造"c"做法)底板端部高度为 h_1,根部总高度为 $h_1 + h_2$。

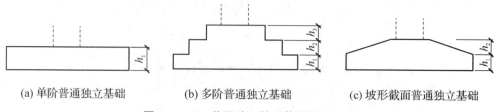

(a) 单阶普通独立基础　　　(b) 多阶普通独立基础　　　(c) 坡形截面普通独立基础

图 1-1-7　普通独立基础截面竖向尺寸

（3）底部配筋：独立基础底板底部双向网状配筋注写规定有：以"B"代表各种独立基础底板的底部配筋，x 向配筋以 X 打头、y 向配筋以 Y 打头注写；当两向配筋相同时，则以X&Y打头注写。

（4）顶部配筋：当双柱独立基础柱距较小时，通常仅配置基础底部钢筋；当柱距较大时，除基础底部配筋外，尚需在两柱间配置基础顶部钢筋或设置基础梁。双柱独立基础的顶部配筋，通常对称分布在双柱中心线两侧，平行于两柱中心连线的为纵向受力筋，垂直于两柱中心连线的为分布钢筋。以大写字母"T"打头，注写为：双柱间纵向受力钢筋/分布钢筋。当纵向受力钢筋在基础顶面非满布时，应注明其总根数。

（5）基础底标高：基础底标高一般在基础平面图中有说明，或者标注在基础截面图中。当独立基础的底面标高与基础底面基准标高不同时，应将独立基础底面标高直接注写在集中标注的"（　　　）"内，基础底标高标注样式见图 1-1-8(b)。

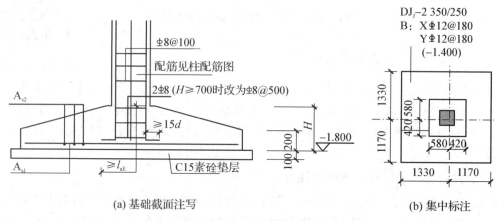

(a) 基础截面注写　　　　　　　　　　　(b) 集中标注

图 1-1-8　独立基础底标高表示方法

（6）必要的文字注解（选注内容）。当独立基础的设计有特殊要求时，宜增加必要的文字注解。例如，基础底板配筋长度是否采用减短方式等，可在该项内注明。

2. 原位标注内容规定

钢筋混凝土和素混凝土独立基础的原位标注，系在基础平面布置图上标注独立基础的平面尺寸。对相同编号的基础，可选择一个进行原位标注；当平面图形较小时，可将所选定进行原位标注的基础按比例适当放大；其他相同编号者仅注编号。

（1）原位标注的内容：基础的底板边长、承接柱的截面尺寸、阶宽或坡型平面尺寸、与轴线的相对位置等。为方便设计表达和施工识图，当两向轴网正交布置时，规定结构平面的坐标方向为：从左至右为 x 向，从下至上为 y 向；当轴网向心布置时，切向为 x 向，径向为 y 向，并应加图示；对于平面布置比较复杂的区域，如轴网转折交界区域、向心布置的核心区域等，其平面坐标方向应由设计者另行规定并加图示。

(2) 对称与非对称：在基础平面图中，当柱边到对应的基础边两侧的长度相同时，为对称布置，相反为非对称布置。具体标注样式见图1-1-9普通独立基础平面原位标注，其中 x_c、y_c 为柱截面边长。

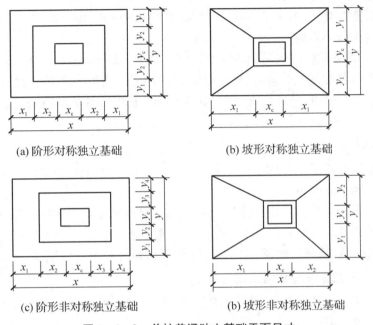

(a) 阶形对称独立基础　　　　(b) 坡形对称独立基础

(c) 阶形非对称独立基础　　　　(b) 坡形非对称独立基础

图1-1-9　单柱普通独立基础平面尺寸

（二）独立基础平法施工图截面注写

独立基础截面注写

独立基础的截面注写方式，又可分为截面标注和列表注写（结合截面示意图）两种表达方式。采用截面注写方式，应在基础平面布置图上对所有基础进行编号，编号方法同平面注写。对于已在基础平面布置图上原位标注清楚的基础平面几何尺寸，在截面图上可不再重复表达。

独立基础平法施工图截面注写，可对单个基础进行截面标注，与传统"单构件正投影表示方法"基本相同，见本项目传达室工程 DJ_P-2 基础图；也可对多个同类基础结合截面示意图，采用列表注写进行集中表达，表中内容为基础截面的几何数据和配筋等，在截面示意图上应标注与表中栏目相对应的代号，见本项目传达室工程 DJ_P-3、DJ_P-4 基础图。

注：列表中可根据实际情况增加栏目。例如：当基础底面标高与基础底面基准标高不同时，加注基础底面标高；当为双柱独立基础时，加注基础顶部配筋或基础梁几何尺寸和配筋等。

▶▶ 1.1.3　独立基础平法施工图识读示例

读懂独立基础施工图，应准确读出基础形式、外形尺寸（高度、底板尺寸、顶部平台尺寸）、配筋信息、基础标高、砼强度等级等。

（一）独立基础平面注写示例识读

以本项目传达室工程③轴交Ⓐ轴的 DJ_J-2 为例。

1. 原位标注识读内容

（1）基础底板截面形状：阶型基础、二阶。

（2）基础平面尺寸：底板边长 x 向边长＝1 170＋1 330＝2 500 mm，y 向边长＝2 500 mm，基础顶部平台 x 向边长＝580＋420＝1 000 mm，y 向边长＝1 000 mm。

（3）基础承接框架柱：承接单柱，根据框架柱平面图可知，为 KZ3，柱截面尺寸为 400×400，柱中心线与轴线不重合。

（4）对称性：该基础轴线到基础边线的距离分别为 1 170 mm 和 1 300 mm，上面承接的框架柱中心与轴线虽然不重合，但是柱中心线到基础边距离均为 1 250，所以该基础 x 向和 y 向均为对称布置。（判断基础是否对称布置的标准：柱中心到基础两侧边线的距离是否相等）

2. 集中标注识读内容

（1）基础外形与高度：阶型基础，二阶，从下往上，第一阶高度 h_1＝350 mm，第二阶高度 h_2＝250 mm，基础总高度为 h＝350＋250＝600 mm。

（2）钢筋配筋信息：底部双向配筋，x 向和 y 向配筋均为 HRB400 三级钢筋，直径为 12 mm、间距为 180 mm。

（3）基础底标高：基础底标高为：－1.500 m，基础顶标高为：－(1.500－0.6)＝－0.900 m

（二）独立基础截面注写示例识读

本项目传达室工程独立基础 DJ_P-3、DJ_P-4 采用截面示意图＋列表注写表达，以 DJ_P-4 基础为例，识读情况如下：

1. 列表注写识读内容

（1）基础平面尺寸：基础底板边长 x、y 向边长均为 2 500 mm。

（2）钢筋信息：底部双向配筋，x、y 向（列表中 L、B 方向）配筋均为 HRB400 三级钢筋，直径为 12 mm、间距为 150 mm。

（3）基础高度：从下往上，基础底板高度（厚度）h_1＝250 mm，斜坡高度 h_2＝350 mm，基础总高度为 h＝250＋350＝600 mm。

2. 截面示意图、基础平面图识读内容

（1）基础承接框架柱：承接单柱，根据框架柱平面图可知，为 KZ1，柱截面尺寸为 400×400，柱中心线与轴线不重合。

（2）对称性：该基础轴线到基础边线的距离分别为 1 350 mm、1 150 mm，柱中心线到基础边距离分别为 1 270 mm、1 230 mm，所以该基础 x、y 向为非对称布置。

（3）基础顶部平台尺寸：承接的砼柱为 400×400，因此 x、y 向边长为 400＋2×50＝500 mm。

（4）基础标高：基础底标高为－1.500 m，基础顶标高为－0.900 m。

（5）基础垫层：x、y 向边长＝2 500＋2×100＝2 600 mm，垫层厚度 h＝100 mm，垫层底标高为－(1.500＋0.1)＝－1.600 m。

（三）双柱独立基础示例识读

本工程项目共有 3 个双柱普通独立基础钢筋,分别为 DJ_P-1、DJ_P-2、J-1。

1. DJ_P-1 识读内容

为坡型基础、平面注写,底板边长为 4 600×2 500,基础底板厚度为 $h_1=250\ mm$,斜坡高度 $h_2=350\ mm$,基础总高度为 $h=600\ mm$,基础底标高为－1.500 m,仅底部配筋,x、y 向钢筋均为 ± 12@150,基础顶部平台边长为 2 940×500。

2. DJ_P-2 识读内容

对比基础 DJ_P-1,有两处不同,一是 DJ_P-2 为截面注写,二是 DJ_P-2 为双层配筋,顶部钢筋:纵向受力筋为 5 ± 18,分布筋为 ± 12@150。

3. J-1 识读内容

对比基础 DJ_P-2,有以下不同:J-1 为平面注写、单阶型基础;基础顶部配筋为满布,顶部 x 向钢筋为 ± 12@180,y 向钢筋为 ± 10@180,基础底标高为－1.600 m。

子任务 2　单柱普通独立基础钢筋（不减短构造）翻样

 任务实施

通过学习本子任务单柱普通独立基础底部钢筋网的一般构造,单柱独立基础钢筋(不减短构造)翻样示例,参考《混凝土结构施工图平面整体表示方法制图规则和构造详图》(22G101-3)第 57 和 67 页,能独立填写本子任务实施单所有的内容,本项目工程单柱独立基础钢筋(不减短构造)翻样的内容即完成。任务实施单如下:

表 1-1-8　普通独立基础钢筋(不减短构造)任务实施单

独立基础边长 <2 500 mm	混凝土环境类别	混凝土强度等级	底面保护层厚度(mm)	顶面保护层厚度(mm)	侧面保护层厚度(mm)	单根钢筋长度(mm)	钢筋起步距(mm)
基础编号	钢筋名称	型号规格	钢筋形状		单根长度(mm)	数量(根)	单重(kg)	总重量(kg)

基础编号	钢筋名称	型号规格	钢筋形状	单根长度(mm)	数量(根)	单重(kg)	总重量(kg)
DJ_P-3	x 向受力筋						
	y 向受力筋						
构件钢筋总重量:			kg				
基础编号	钢筋名称	型号规格	钢筋形状	单根长度(mm)	数量(根)	单重(kg)	总重量(kg)
	x 向受力筋						
	y 向受力筋						
构件钢筋总重量:			kg				

▶▶ 1.2.1 底部钢筋网的一般构造（不减短构造）

平法 22G101-3 图集第 67 页独立基础底板配筋构造做法中，明确了当基础底板边长<2 500 mm 时，不管对称还是非对称基础，其底部钢筋网的配筋构造按一般构造（即两端均不缩减）配筋。具体构造做法见图 1-1-10 底板边长<2 500 mm 独立基础配筋构造，其中 s 表示表示 y 向钢筋的间距，s' 为 x 向钢筋的间距。

单柱独立基础钢筋翻样（边长<2 500 mm）

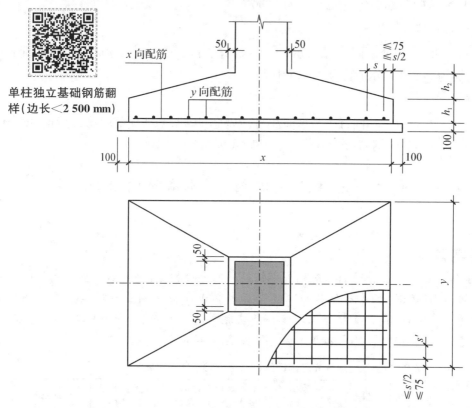

图 1-1-10 底板边长<2 500 mm 独立基础配筋构造

根据构造做法，我们可以得知底板钢筋的起步距为 min(钢筋间距/2,75 mm)，假设钢筋的保护层厚度为 c，钢筋的直径为 d，则钢筋的长度和数量为：

（1）x 向

单根长度＝x 向边长－2×保护层厚度＝$x-2c$（若为光圆钢筋，因为独立基础底板钢筋为受拉钢筋，因此再加 2 个弯钩长度 $2\times6.25d$，即 $x-2c+2\times6.25d$）。

$$数量=\frac{y\ 向边长-2\ 起步距}{x\ 向钢筋间距}+1=\frac{y-2\min(s'/2,75)}{s'}+1$$

（2）y 向

单根长度＝y 向边长－2×保护层厚度＝$y-2c$（若为光圆钢筋，因为独立基础底板钢筋为受拉钢筋，因此再加 2 个弯钩长度 $2\times6.25d$，即 $y-2c+2\times6.25d$）。

$$数量=\frac{x\ 向边长-2\ 起步距}{y\ 向钢筋间距}+1=\frac{x-2\min(s/2,75)}{s}+1$$

1.2.2　单柱普通独立基础钢筋(不减短构造)翻样示例

以本传达室工程 DJ_P-3 为例。钢筋翻样之前需要识读该独立基础的相关信息:基础砼强度为 C30,环境类别二 a 类,查找标准图集 22G101-3 第 57 页,基础侧面钢筋保护层厚度 $c = 20$ mm,x、y 向钢筋均为 Φ 12@140。

> **注**:带砼垫层的基础,底面钢筋保护层厚度为 40 mm,顶面和侧面保护层厚度为 20 mm,一些教程和软件设置中,把基础钢筋保护层厚度统一取 40 mm,本教材严格参照 22G101-3 标准图集,基础底面、侧面、顶面保护层厚度分开考虑。

1. x 向钢筋 Φ 12@140

x 向基础边长 $= 880 + 720 = 1\,600$ mm $< 2\,500$ mm,底部钢筋不减短

单根长度 $= 1\,600 - 2 \times 20 = 1\,560$ mm

形状　　　————1560————

数量　　$n = \dfrac{y - 2\min(s'/2, 75)}{s'} + 1 = \dfrac{1\,600 - 2\min(140/2, 75)}{140} + 1 = 11.4$　进一取整,取 12 根

2. y 向钢筋 Φ 12@140

y 向边长、配筋与 x 向完全相同,所以计算结果相同。

3. 钢筋翻样单

DJ_P-3 钢筋总重量为 33.240 kg,钢筋翻样单如下表 1-1-9。

表 1-1-9　DJ_P-3 钢筋翻样单

构件名称:DJ_P-3		构件数量:1		构件钢筋总重量:33.240 kg			
钢筋名称	型号规格	钢筋形状			单根长度(mm)	数量(根)	单重(kg)	总重量(kg)
x 向受力筋	Φ 12	————1560————			1 560	12	1.385	16.620
y 向受力筋	Φ 12	————1560————			1 560	12	1.385	16.620

注:本钢筋翻样单钢筋比重取值:Φ 12　0.888 kg/m。

子任务 3　单柱普通独立基础钢筋(减短构造)翻样

 任务实施

通过学习本子任务单柱普通独立基础(减短构造)底部钢筋网的构造,单柱独立基础(减短构造)钢筋翻样示例,参考《混凝土结构施工图平面整体表示方法制图规则和构造详图》(22G101-3)第 70 页,能独立填写本子任务实施单所有的内容,本项目工程单柱独立基础钢筋(减短构造)翻样的内容即完成。任务实施单如下:

表 1-1-10　普通独立基础钢筋(两侧均≥1 250 mm)任务实施单一

独立基础边长≥ 2 500 mm（两侧均≥1 250 mm）	混凝土环境类别	混凝土强度等级	底面保护层厚度（mm）	侧面保护层厚度（mm）	外侧钢筋长度（mm）	内侧钢筋长度（mm）	钢筋起步距（mm）

基础编号	钢筋名称	型号规格	钢筋形状	单根长度（mm）	数量（根）	单重（kg）	总重量（kg）
	x 向不减短筋						
	x 向减短筋						
	y 向不减短筋						
	y 向减短筋						
构件钢筋总重量：				kg			

基础编号	钢筋名称	型号规格	钢筋形状	单根长度（mm）	数量（根）	单重（kg）	总重量（kg）
	x 向不减短筋						
	x 向减短筋						
	y 向不减短筋						
	y 向减短筋						
构件钢筋总重量：				kg			

表 1-1-11　普通独立基础钢筋(一侧≥1 250 mm)任务实施单二

独立基础边长≥ 2 500 mm(一侧≥ 1 250 mm)	混凝土环境类别	混凝土强度等级	侧面保护层厚度（mm）	外侧钢筋长度（mm）	内侧钢筋长度(减短)（mm）	内侧钢筋长度(不减短)（mm）	钢筋起步距（mm）

基础编号	钢筋名称	型号规格	钢筋形状	单根长度（mm）	数量（根）	单重（kg）	总重量（kg）
	x 向不减短筋						
	x 向减短筋						
	y 向不减短筋						
	y 向减短筋						
构件钢筋总重量：				kg			

基础编号	钢筋名称	型号规格	钢筋形状	单根长度（mm）	数量（根）	单重（kg）	总重量（kg）
	x 向不减短筋						
	x 向减短筋						
	y 向不减短筋						
	y 向减短筋						
构件钢筋总重量：				kg			

⏩ 1.3.1　单柱底部钢筋网的一般构造（减短构造）

单柱独立基础钢
筋翻样边长≥
2 500 mm

平法 22G101-3 第 70 页独立基础底板配筋构造做法中,明确了当基础底板边长≥2 500 mm 时,不管对称还是非对称基础,当柱中心线到基础底板边缘距离≥1 250 mm 时,该侧钢筋可减短(可减短并不是一定要减短,是可选择减短,也可选择不减短),减短钢筋的长度为底边边长的 0.9 倍,交错布置;当柱中心线到基础底板边缘距离＜1 250 mm 时,该侧钢筋不应减短(不应减短就是一定不能减短),钢筋的长度为底板边长-2×保护层厚度。具体构造做法见图 1-1-11 底板边长≥2 500 mm 独立基础配筋构造。

> **注：**减短后的底筋必须伸过阶形基础的最上一层台阶。

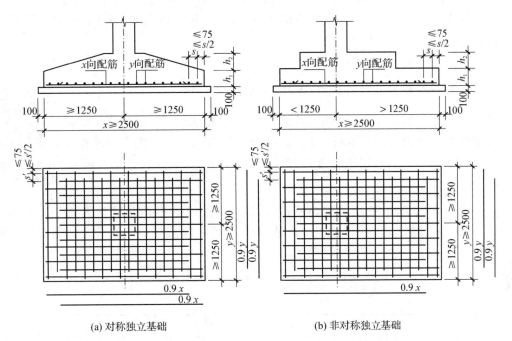

(a) 对称独立基础　　　　　　　　(b) 非对称独立基础

图 1-1-11　底板边长≥2 500 mm 独立基础配筋构造

以构造(b)非对称独立基础为例介绍,该基础 $x \geqslant 2\,500$,一侧＜1 250(不减短),另一侧＞1 250(减短);$y \geqslant 2\,500$,两侧均≥1 250。

1. x 向钢筋

$x \geqslant 2\,500$,一侧＜1 250(不减短),另一侧＞1 250(减短),最外侧两根钢筋不应减短,数量为 2 根;内侧钢筋总数量 $n = \dfrac{y - 2\min(s'/2,75)}{s'} - 1$,一侧减短,一侧不减短,交错布置,所以减短钢筋和不减短钢筋各一半。因此

(1) 不减短钢筋

单根长度＝$x-2c$(若为光圆钢筋,再加 2 个弯钩长度,即 $x-2c+2\times6.25d$)

数量＝2(外侧钢筋)$+\dfrac{n}{2}$(内侧钢筋)

（2）减短钢筋

单根长度＝0.9x（若为光圆钢筋，再加 2 个弯钩长度，即 $0.9x+2\times6.25d$）

数量＝$\dfrac{n}{2}$

2. y 向钢筋

$y\geqslant2\,500$，两侧均$\geqslant1\,250$（减短），最外侧两根钢筋不应减短，数量为 2 根；内侧钢筋全部减短。

（1）不减短钢筋（外侧钢筋）

单根长度＝$y-2c$（若为光圆钢筋，再加 2 个弯钩长度，即＝$y-2c+2\times6.25d$）

数量＝2

（2）减短钢筋（内侧钢筋）

单根长度＝0.9y 向边长（若为光圆钢筋，再加 2 个弯钩长度，即＝$0.9y+2\times6.25d$）

数量 $n'=\dfrac{x-2\min(s/2,75)}{s}-1$

▶ 1.3.2　单柱普通独立基础钢筋（减短构造）翻样示例

以本传达室工程 DJ$_\text{P}$- 4 为例。该独立基础的相关信息：基础砼强度为 C30，环境类别二 a 类，查找标准图集 22G101‑3 第 57 页，基础侧面钢筋保护层厚度 $c=20\ \text{mm}$，x、y 向钢筋均为 $\underline{\Phi}\ 12@150$。

单柱独立基础
钢筋翻样一侧$\geqslant$
2 500，一侧$<$
2 500

1. 判断底部钢筋构造

基础底板 x、y 向边长均为 2 500 mm，$\geqslant2\,500$，柱中心到基础边距离分别为 1 270$>$1 250、1 230$<$1 250，满足内侧钢筋一侧减短，一侧不减短条件，判断过程如图 1‑1‑12。

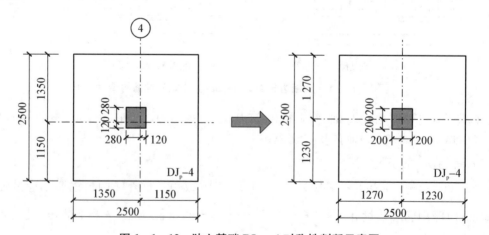

图 1‑1‑12　独立基础 DJ$_\text{P}$—4 对称性判断示意图

2. x 向钢筋$\underline{\Phi}$ 12@150

（1）内侧钢筋总数量

$$n=\frac{y-2\min(s'/2,75)}{s'}-1=\frac{2\,500-2\min(150/2,75)}{150}-1=14.7\quad\text{进一取整,取 15 根}$$

（2）不减短钢筋

单根长度＝$2\,500-2\times20＝2\,460$ mm

形状　　　　　2460

（3）数量＝2（外侧钢筋）$+\dfrac{n}{2}=2+\dfrac{15}{2}=9.5$ 取 9 根（说明：内侧钢筋总数量为奇数，各一半,不减短钢筋和减短钢筋哪种类型多取一根,没有明确说明,本例题减短钢筋多取一根）

（4）减短钢筋

单根长度＝$0.9\times2\,500＝2\,250$ mm

形状　　　　　2250

数量＝$\dfrac{n}{2}=\dfrac{15}{2}=7.5$　取 8 根

2. y 向钢筋⊈ 12@150

y 向边长、配筋与 x 向完全相同,所以计算结果相同。

3. 钢筋翻样单

DJ$_\text{P}$-4 钢筋总重量为 71.280 kg,钢筋翻样单见下表。

表 1-1-12　DJ$_\text{P}$-4 钢筋翻样单

构件名称:DJ$_\text{P}$-4		构件数量:1		构件钢筋总重量:71.280 kg			
钢筋 名称	型号 规格	钢筋形状		单根长度 （mm）	数量 （根）	单重 （kg）	总重量 （kg）
x 向不减钢筋	⊈ 12	2460		2 460	9	2.184	19.656
x 向减钢筋	⊈ 12	2250		2 250	8	1.998	15.984
y 向不减钢筋	⊈ 12	2460		2 460	9	2.184	19.656
y 向减钢筋	⊈ 12	2250		2 250	8	1.998	15.984

注:本钢筋翻样单钢筋比重取值:⊈ 12　0.888 kg/m。

<h2 align="center">子任务4　双柱普通独立基础钢筋翻样</h2>

 任务实施

通过学习本子任务双柱普通独立基础钢筋网的一般构造,双柱普通独立基础钢筋翻样示例,参考《混凝土结构施工图平面整体表示方法制图规则和构造详图》(22G101-3)第68页,能独立填写本子任务实施单所有的内容,本项目工程双柱普通独立基础钢筋翻样的内容即完成。任务实施单如下:

表 1-1-13 双柱普通独立基础任务实施单

双柱普通独立基础构造做法		混凝土环境类别	混凝土强度等级	底部钢筋长度(mm)	底部钢筋起步距(mm)	顶部受力钢筋长度(mm)	顶部分布钢筋长度(mm)	顶部分布钢筋布置
基础编号	钢筋名称	型号规格	钢筋形状		单根长度(mm)	数量(根)	单重(kg)	总重量(kg)
	x 向底部钢筋							
	y 向底部钢筋							
	顶部受力钢筋							
	顶部分布钢筋							
构件钢筋总重量:				kg				
基础编号	钢筋名称	型号规格	钢筋形状		单根长度(mm)	数量(根)	单重(kg)	总重量(kg)
	x 向底部钢筋							
	y 向底部钢筋							
	顶部受力钢筋							
	顶部分布钢筋							
构件钢筋总重量:				kg				

▌▶ 1.4.1 双柱普通独立基础构造

平法 22G101-3 第 68 页双柱普通独立基础底板配筋构造做法中,仅介绍了底部钢筋网上下位置的判断方法,未对底部钢筋是否可减短说明,因此有人认为,本着节约原则,可以参照单柱独立基础,根据柱中心线到基础底板对应边线的距离是否≥1 250 mm 判断是否减短。笔者认为,图集中未作任何减短说明,那就是不鼓励减短,如施工图纸中设计人员未明确减短情况,那么就按不减短考虑。

双柱独立基础钢筋翻样

平法 22G101-3 第 68 页双柱普通独立基础底板配筋构造做法中如图 1-1-13,顶部纵向受力筋,长度伸至柱纵筋内侧,当纵向受力钢筋非满布时,设计应注明根数;垂直于两柱中心连线的为顶部分布筋,图集中只规定了柱内侧起步距为 $s''/2$,布筋范围和长度没有规定,结合分布筋作用和现场施工考虑,个人理解,分布筋的长度和数量没有特殊规定,满足固定纵向受力筋和施工方便两方面需求即可,对计算没有很严格要求,因此钢筋构造分析如下。

1. 底部钢筋

参照单柱普通独立基础不减短构造。若设计明确内侧钢筋可减短,参照单柱普通独立基础减短构造。

2. 顶部纵向受力钢筋

单根长度=两柱外边侧距离-2c

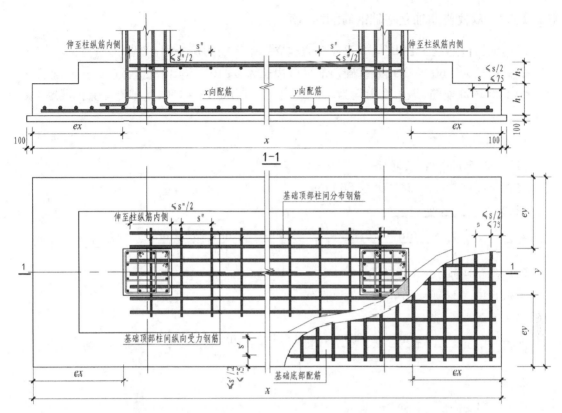

图 1 - 1 - 13　双柱普通独立基础底部与顶部钢筋排布构造

说明：1. 伸至柱外侧纵筋内侧，手工计算简化为扣除一个保护层厚度 c。
　　　2. 若为光圆钢筋，再加 2 个弯钩长度，即＝两柱外边侧距离－$2c$＋$2\times6.25d$

数量：

（1）满布时，$n = \dfrac{\text{基础顶平台横向宽度} - 2\min(\text{间距}/2, 75)}{\text{间距}} + 1$

（2）非满布时，数量设计给定。

3. 顶部分布钢筋

单根长度

（1）满布时，单根长度＝基础顶平台横向宽度－$2c$。

（2）非满布时，单根长度＝纵向受力筋布置范围宽度＋2×50。

数量：$n = \dfrac{\text{纵向钢筋长度}}{\text{分布钢筋间距}}$

说明：1. 分布筋 22G101 - 3 中只规定了柱内边侧起步距，未规定柱范围内的起步距，本教材按在纵向钢筋长度范围内不考虑起步距的公式简化计算。

　　2. 非满布时钢筋单根长度计算，50 mm 是考虑满足钢筋绑扎施工要求。

　　3. 若为光圆钢筋，由于分布筋不考虑其受拉，所以末端无需做 $180°$ 弯钩。

1.4.2 双柱普通独立基础钢筋翻样示例

以本项目传达室工程 DJ$_P$-2 双柱普通独立基础钢筋为例介绍。

底板边长为 $4\,600 \times 2\,500$，基础顶部平台边长为 $2\,940 \times 500$，底部配筋 x、y 向钢筋均为 $\Phi 12@150$，顶部配筋，纵向受力筋为 $5 \Phi 18$，分布筋为 $\Phi 12@150$，基础侧面保护层厚度 $c = 20$ mm。

1. 底部钢筋

（1）x 向钢筋　$\Phi 12@150$

单根长度 $= 4\,600 - 2 \times 20 = 4\,560$ mm

形状　　　　　　4560

数量　$n = \dfrac{y - 2\min(s'/2, 75)}{s'} + 1 = \dfrac{2\,500 - 2\min(150/2, 75)}{150} + 1 = 16.7$　取 17 根

（2）y 向钢筋　$\Phi 12@150$

单根长度 $= 2\,500 - 2 \times 20 = 2\,460$ mm

形状　　　　　　2460

数量　$n = \dfrac{x - 2\min(s/2, 75)}{s} + 1 = \dfrac{4\,600 - 2\min(150/2, 75)}{150} + 1 = 30.7$　取 31 根

2. 顶部钢筋

（1）纵向受力筋　$5 \Phi 18$

单根长度 $= 2 \times 120 + 2\,600 - 2 \times 20 = 2\,800$ mm

形状　　　　　　2800

数量　5 根

（2）分布钢筋　$\Phi 12@150$

单根长度 $= 500 - 2 \times 20 = 460$ mm（纵向受力钢筋未注明钢筋间距，按满布考虑）

形状　　　　　　460

数量　$n = \dfrac{\text{纵向钢筋长度}}{s'} = \dfrac{2\,800}{150} = 18.7$　取 19 根

3. 编制钢筋翻样单

DJ$_P$-2 钢筋总重量为 172.274 kg，钢筋翻样单如表 1-1-14。

表 1-1-14　DJ$_P$-2 钢筋翻样单

构件名称:DJ$_P$-2	构件数量:1	构件钢筋总重量:172.274 kg				
钢筋名称	型号规格	钢筋形状	单根长度（mm）	数量（根）	单重（kg）	总重量（kg）
x 向底部钢筋	$\Phi 12$	4560	4 560	17	4.049	68.833
y 向底部钢筋	$\Phi 12$	2460	2 460	31	2.184	67.704

构件名称:DJ_P-2		构件数量:1		构件钢筋总重量:172.274 kg			
钢筋名称	型号规格	钢筋形状		单根长度（mm）	数量（根）	单重（kg）	总重量（kg）
顶部受力钢筋	⏀ 18	2800		2 800	5	5.597	27.985
顶部分布钢筋	⏀ 12	460		460	19	0.408	7.752

注:本钢筋翻样单钢筋比重取值:⏀ 12　0.888 kg/m,⏀ 18　1.999 kg/m。

实践创新

1. 独立基础平法施工图表示方法

请认真识读本项目传达室基础施工图,并完成以下任务:

(1) 请将独立基础 DJ_P-2 截面注写修改成平面注写。

(2) 请将独立基础 DJ_J-2 平面注写修改成截面注写。

2. 创新题

请认真识读本项目传达室基础施工图 J-1,参照 22G101-3 第 93 页端部等截面外伸构造,试进行钢筋翻样。

▶ 任务二　独立基础间条形基础识图与钢筋翻样 ◀

◈ 学习内容

1. 条形基础定义及其分类；
2. 条形基础制图规则和标准构造详图；
3. 独立基础间板式条形基础钢筋翻样方法。

◈ 参考标准图集

1.《混凝土结构施工图平面整体表示方法制图规则和构造详图》（22G101-3），第20～26页。

2.《混凝土结构施工图平面整体表示方法制图规则和构造详图》（22G101-3），第76～78页。

◈ 工作任务

本项目墙体基础为板式条形基础，布置在独立基础间，通过课程学习，学生需要完成以下子任务：

子任务1　独立基础间板式条形基础施工图识读

子任务2　独立基础间板式条形基础钢筋翻样

◈ 知识准备

1. 条形基础定义

连续的长条形状基础，简称条形基础，也称带形基础。一般位于砖墙或混凝土墙下，用以支承墙体的构件。条形基础的特点是布置在一条轴线上，可与条形基础相交，也可与独立基础相连。其横向配筋为主要受力钢筋，纵向配筋为次要受力钢筋或者是分布钢筋。横向钢筋与纵向钢筋形成钢筋网，主要受力钢筋布置在下，次要受力钢筋或分布钢筋布置在上。

2. 条形基础分类

（1）按有无基础梁分

条形基础按照是否有基础梁可以分为板式条形基础和梁板式条形基础。板式条形基础适用于钢筋混凝土剪力墙结构和砌体结构。梁板式条形基础适用于钢筋混凝土框架结构、框架剪力墙结构、部分框支剪力墙结构和钢结构。平法22G101-3中，将梁板式条形基础分解为基础梁和条形基础底板分别表达。

（2）按基础外形分

条形基础底板通常采用坡形截面或单阶形截面，外形见表1-2-1。

表1-2-1　条形基础编号及外形

类型		代号	截面图
梁板式条形基础	基础梁	JL	
	基础底板	TJB	
板式条形基础	阶形	TJB_J	
	坡形	TJB_P	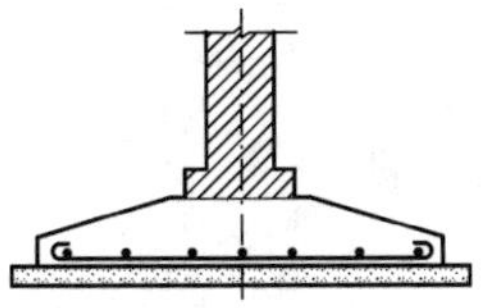

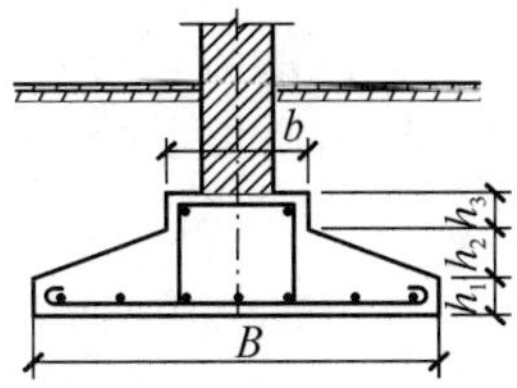

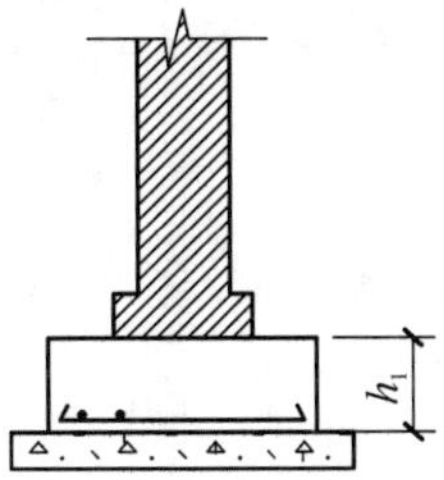

子任务1　独立基础间板式条形基础施工图识读

任务实施

　　通过学习本子任务独立基础间板式条形基础平法施工图的表达方式、表达内容,基础识读示例,参考《混凝土结构施工图平面整体表示方法制图规则和构造详图》(22G101-3)第20~26页,能独立填写本子任务实施单所有的内容,本项目工程独立基础间板式条形基础的识读内容即完成。任务实施单如下:

表1-2-2　独立基础间板式条件基础任务实施单

基础编号（位置）	横截面形状	基础底标高(m)	基础底板宽度(mm)	基础底板长度(mm)	基础总高度(mm)	基础底部受力钢筋	基础底部分布钢筋
①轴/Ⓐ~Ⓑ轴							

2.1.1　独立基础间板式条形基础施工平面图

　　条形基础可与条形基础相交,也可与独立基础相连。条形基础与独立基础相交,通常绘制在一张基础平面图中,如某单层仓库基础平面布置图(图1-2-1)和本项目传达室基础平面图。

图1-2-1基础平面图中,只能读出基础所在的轴线位置,无法读出基础底板宽度,基础外形、基础底标高、配筋等信息。图中的条形基础处共绘制了4根线,靠近轴线两侧的两根线为墙体边线,最外侧的两根线为基础底板边线,黑色图例填充的构件为砼柱。

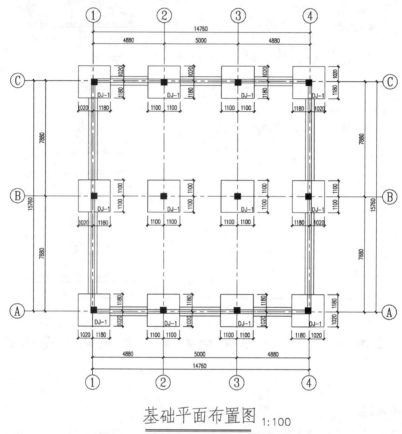

基础平面布置图 1:100

图1-2-1 独立基础间条形基础平面图

⏩ 2.1.2 板式条形基础平法施工图简介

条形基础平法施工图同普通独立基础平法施工图,有平面注写和截面注写两种表示方式,其中平面注写又分为集中标注和原位标注两部分,截面注写分为截面标注和列表注写两种表达方式。板式条形基础平法施工图中需要表达出基础底板编号、截面竖向尺寸、配筋、基础底面标高(与基础底面基准标高不同时)。本任务以板式条形基础截面标注为例进行介绍。

(1)基础底板截面竖向尺寸(基础高度):同普通独立基础截面竖向尺寸(基础高度)一样,从底部往顶部注写为 $h_1/h_2/h_3 \cdots\cdots$,基础总高度(厚度)为 $h_1+h_2+h_3+\cdots\cdots$。板式条形基础通常采用坡形截面或单阶形截面,见图1-2-2,其中坡型条形基础底板端部高度为 h_1,根部总高度为 h_1+h_2。

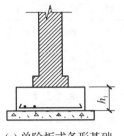
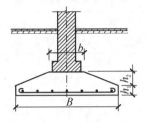

(a) 单阶板式条形基础　　(b) 坡形截面板式条形基础

图 1-2-2　板式条形基础截面竖向尺寸

（2）底板平面尺寸：基础底板宽度在基础截面图中或者基础平面图中同时标注；基础底板长度则需要在基础平面图中，根据条形基础互相之间或与独立基础之间的相互关系计算得出。

（3）底板配筋：条形基础钢筋，底部横向为受力钢筋，纵向为分布钢筋。截面标注绘制的是基础横截面，图 1-2-2 中黑色实心圆代表纵向分布钢筋或次要受力钢筋，水平直线状代表横向受力钢筋。

▶▶ 2.1.3　独立基础间板式条形基础平面注写识读示例

本项目传达室工程砌体墙基础为条形基础，为截面标注表达方式，读出的信息如下：

（1）基础外形：单阶条形基础

（2）基础横截面尺寸：基础厚度（高度）为 200 mm，基础宽度为 600 mm

（3）基础标高：底标高为 -1.500 m，基础顶标高为：-(1.500-0.2)=-1.300 m。

（4）基础配筋：横向受力筋为 Φ 10@200（配筋为 HRB400 三级钢筋，直径为 10 mm、间距为 200 mm），纵向分布筋为 Φ 8@200（配筋为 HRB400 三级钢筋，直径为 8 mm、间距为 200 mm）

（5）基础的长度：需在基础平面图中识读，识读结果如下：

① 条形基础中心线与轴线重合。

② 条形基础长度：以①轴/Ⓐ～Ⓑ轴为例，5 670-1 330-1 330=3 010 mm。

子任务 2　独立基础间板式条形基础钢筋翻样

任务实施

通过学习本子任务独立基础间板式条形基础钢筋构造，独立基础间板式条形基础钢筋翻样示例，参考《混凝土结构施工图平面整体表示方法制图规则和构造详图》(22G101-3)第 76、77 页，能独立填写本子任务实施单所有的内容，本项目工程独立基础间板式条形基础钢筋翻样的内容即完成。任务实施单如下：

表 1-2-3　独立基础间板式条形基础任务实施单

独立基础间板式条形基础	混凝土环境类别	混凝土强度等级	底面保护层厚度	侧面保护层厚度	受力钢筋单根长度	受力钢筋起步距	分布钢筋起步距

位置	钢筋名称	型号规格	钢筋形状	单根长度(mm)	数量(根)	单重(kg)	总重量(kg)
④轴/②～③轴	底部受力筋						
	底部分布筋						
	构件钢筋总重量：		kg				

位置	钢筋名称	型号规格	钢筋形状	单根长度(mm)	数量(根)	单重(kg)	总重量(kg)
	底部受力筋						
	底部分布筋						
	构件钢筋总重量：		kg				

▶ 2.2.1　板式条形基础钢筋构造

平法 22G101-3 关于条形基础底板配筋构造做法有两种,其一是第 76 页构造(一)带基础梁的条形基础,表达了十字交接基础底板、丁字交接基础底板、转角梁板端部无纵向延伸、无交接底板端部 4 种不同部位的构造做法,另一是第 77 页构造(二)剪力墙、砌体墙下的不带基础梁的条形基础,表达了十字交接基础底板、丁字交接基础底板、转角处墙基础底板 3 种不同部位的构造做法。另外第 78 页还介绍了,当条形基础宽度大于等于 2 500 mm,受力钢筋减短 10%构造做法,以及条形基础板底不平构造。

条形基础底板配筋构造

(一)条形基础底板受力筋构造

条形基础底板受力钢筋均为满布。当基础底板宽度＜2 500 mm 时,底部横向受力钢筋为一般构造(不减短构造)见图 1-2-3;当基础底板宽度≥2 500 mm 时,底部横向受力钢筋长度可按减短 10%构造,其中底板交接区的受力钢筋和无交接底板时端部第一根钢筋不应减短,且当基础中心线与墙体中心线重合时,满足两侧均≥1 250 mm 条件,减短钢筋交错布置,见图 1-2-4。若底板受力筋为光圆钢筋,两端应再加做 180°弯钩。

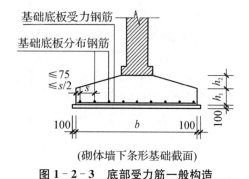

图 1-2-3　底部受力筋一般构造

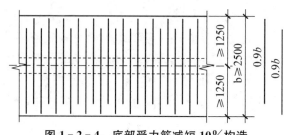

图 1-2-4　底部受力筋减短 10%构造

1. 基础底板宽度 < 2 500 mm

受力钢筋单根长度 = 条基宽度 - 2 个保护层厚度 = $b - 2c$

2. 基础底板宽度 ≥ 2 500 mm

(1) 受力不减短钢筋:单根长度 = 条基宽度 - 2 个保护层厚度 = $b - 2c$

(2) 受力减短钢筋:单根长度 = $0.9 ×$ 条基宽度 = $0.9 × b$

若底板受力筋为光圆钢筋,单根钢筋长度再加 $2 × 6.25d$。

(二)板式条形基础底板分布筋构造

1. 板式条形基础转角墙基础底板钢筋构造

根据 22G101-3,第 77 页(a)构造做法,假设转角处两侧基础底板宽度均为 b,水平方向基础长度为 l_x,竖直方向基础长度为 l_y,标注如图 1-2-5 所示。两向受力钢筋在转角处交接成钢筋网片,分布钢筋与转角处的同向受力钢筋搭接 150 mm。

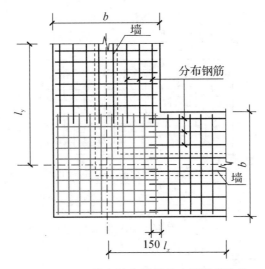

图 1-2-5　转角处条形基础底板配筋构造

(1) 水平方向基础底板分布筋

单根长度 = $l_x - b/2 + c + 150$

$$数量 = \frac{基础宽度 - 2\,起步距}{间距} + 1 = \frac{b - 2\min(s/2, 75)}{s} + 1$$

(2) 竖直方向基础底板分布筋

单根长度 = $l_y - b/2 + c + 150$

$$数量 = \frac{基础宽度 - 2\,起步距}{间距} + 1 = \frac{b - 2\min(s/2, 75)}{s} + 1$$

(3) 受力钢筋

单根长度 = $b - 2c$

$$数量 \quad n_1 = \frac{l_x + b/2 - 2\min(s/2, 75)}{s} + 1$$

数量 $n_2 = \dfrac{l_y + b/2 - 2\min(s/2,75)}{s} + 1$

总数量 $n = n_1 + n_2$

> **说明：**很多资料和软件，分布钢筋长度计算为 $l_x(l_y) - b/2 + 150$。笔者观点：图集中明确分布钢筋与转角处的同向受力钢筋搭接长度为 150 mm，也就是钢筋之间相互搭接 150 mm，如果计算为 $l_x(l_y) - b/2 + 150$，这时相互搭接长度就是 $150 - c$，不足 150 mm。

2. 条形基础无交接底板端部构造

根据 22G101-3，第 76 页（d）构造做法，条形基础端部一个基础宽度范围内设置受力筋钢筋网，分布钢筋与端部的受力钢筋网搭接 150 mm。假设条形基础底板宽度为 b，水平方向基础长度为 l，标注如图 1-2-6 所示。

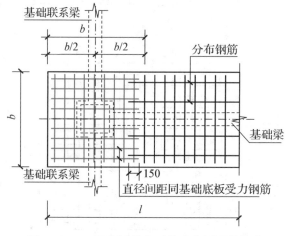

图 1-2-6　无交接端条形基础底板配筋构造

（1）条形基础底板分布筋

单根长度 $= l - b + c + 150$

数量 $= \dfrac{\text{基础宽度} - 2\,\text{起步距}}{\text{间距}} + 1 = \dfrac{b - 2\min(s/2,75)}{s} + 1$

（2）受力钢筋

单根长度 $= b - 2c$

数量 $n_1 = \dfrac{l - 2\min(s/2,75)}{s} + 1$

数量 $n_2 = \dfrac{b - 2\min(s/2,75)}{s} + 1$

总数量 $n = n_1 + n_2$

2.2.2　独立基础间板式条形基础钢筋构造

平法 22G101-3 没有条形基础与独立基础交接处的构造做法，而在实际框架结构工程项目中，这是普遍情况。那条形基础与独立基础交接，条形基础的钢筋构造做法该如何考虑呢? 作者参考了多本教材,结合现场实际施工,基本上有三种理解,第一种是参照平法图集"转角处"构造,分布筋与独立基础同向受力钢筋搭接 150 mm,第二种参照平法图集"无交接端"构造,即 22G101-3 第 76 页(d)构造做法,条形基础端部一个基础宽度范围设置受力筋钢筋网,第三种参照独立基础构造,受力钢筋和分布钢筋参照独立基础 x、y 向钢筋构造。

> **笔者观点:** 当条形基础和独立基础的底标高相同,且同时施工时,可采用第一种"转角处"构造;条形基础底宽在一定程度上体现须承受上部荷载的大小,当基础底板宽度较大时,可采用第二种"无交接端"构造;当基础底板宽度较小时,且独立基础与条形基础不同时施工时,可采用第三种参照独立基础构造。

▶▶▶ 2.2.3　独立基础间板式条形基础钢筋翻样示例

条形基础钢筋翻样(独立基础间)

选择本项目传达室工程Ⓐ轴/②～③轴间的条形基础为例进行翻样。基础信息:横向受力筋为 ⊈ 10@200,纵向分布筋为 ⊈ 8@200,基础宽度 600 mm,基础长度 5 660-1 330-1 000=3 330 mm。混凝土强度等级 C30,混凝土侧面保护层厚度 $c=20$ mm。

说明:带砼垫层的基础,底面钢筋保护层厚度为 40 mm,环境类别为二 a,顶面和侧面保护层厚度为 20 mm,一些教程和软件设置中,把基础钢筋保护层厚度统一取 40 mm,本教材严格参照 22G101-3 标准图集,基础底面、侧面、顶面保护层厚度分开考虑。

1. 参照"转角处"构造翻样

(1)横向受力筋 ⊈ 10@200

单根长度=600-2×20=560 mm

形状　　　　560

数量　　$n=\dfrac{3\,330-2\min(200/2,75)}{200}+1=16.9$　进一取整,取 17 根

(2)纵向分布筋 ⊈ 8@200(与独立基础同向受力钢筋搭接 150 mm)

单根长度=3 330+2×20+2×150=3 670 mm

> **说明:** 一些教程和软件与独立基础同向受力钢筋搭接 150 mm,理解为伸入 150 mm,因此单根长度=3 330+2×150。

形状　　　　3670

数量　　$n=\dfrac{600-2\min(200/2,75)}{200}+1=3.25$　进一取整,取 4 根

(3)编制钢筋翻样单

Ⓐ轴/②～③轴间的条形基础钢筋重量为 11.682 kg,编制钢筋翻样单见表 1-2-4。

表 1-2-4 Ⓐ轴/②~③轴间条形基础钢筋翻样单

构件名称:Ⓐ轴/②~③轴条形基础		构件数量:1		构件钢筋总重量:11.682 kg		
钢筋名称	型号规格	钢筋形状	单根长度（mm）	数量（根）	单重（kg）	总重量（kg）
底部受力筋	Φ10	560	560	17	0.346	5.882
底部分布筋	Φ8	3670	3 670	4	1.450	5.800

钢筋布置示意如图 1-2-7。

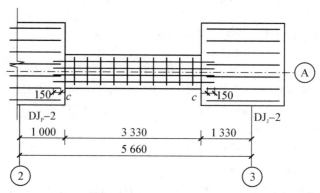

图 1-2-7 Ⓐ轴/②~③轴条形基础钢筋布置示意图

2. 参照"无交接端"构造翻样

（1）横向受力筋

单根长度＝600－2×20＝560 mm

形状 560

数量 $n_1 = \dfrac{3\,330 - 2\min(200/2,75)}{200} + 1 = 16.9$ 进一取整,取 17 根

端部数量 $n_2 = \dfrac{600 - 2\min(200/2,75)}{200} + 1 = 4$（端部一个基础宽度范围设置受力筋）

总数量 $n = n_1 + 2 \times n_2 = 17 + 2 \times 4 = 25$ 根

（2）纵向分布筋

单根长度＝3 330－2×600＋2×20＋2×150＝2 470 mm

形状 2470

数量 $n = \dfrac{600 - 2\min(200/2,75)}{200} + 1 = 3.25$ 进一取整,取 4 根

（3）编制钢筋翻样单

Ⓐ轴/②~③轴间的条形基础钢筋重量为 12.554 kg,编制钢筋翻样单见表 1-2-5。

表 1-2-5　Ⓐ轴/②～③轴间条形基础钢筋翻样单

钢筋名称	型号规格	钢筋形状	单根长度（mm）	数量（根）	单重（kg）	总重量（kg）
底部受力筋	Φ 10	560	560	25	0.346	8.650
底部分布筋	Φ 8	2470	2 470	4	0.976	3.904

构件名称：Ⓐ轴/②～③轴条形基础　　构件数量：1　　构件钢筋总重量：12.554 kg

钢筋布置示意如图 1-2-8

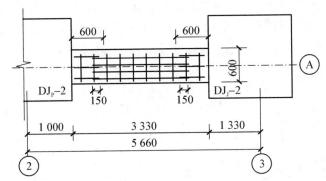

图 1-2-8　Ⓐ轴/②～③轴条形基础钢筋布置示意图

3. 参照独立基础构造翻样

（1）横向受力筋

单根长度＝600－2×20＝560 mm

形状　　560

数量　$n=\dfrac{3\,330-2\min(200/2,75)}{200}+1=16.9$　进一取整，取 17 根

（2）纵向分布筋

单根长度＝3 330－2×20＝3 290 mm

形状　　3290

数量　$n=\dfrac{600-2\min(200/2,75)}{200}+1=3.25$　进一取整，取 4 根

（3）编制钢筋翻样单

Ⓐ轴/②～③轴间的条形基础钢筋重量为 11.082 kg，编制钢筋翻样单见表 1-2-6。

表 1 - 2 - 6 Ⓐ轴/②～③轴间条形基础钢筋翻样单

构件名称:Ⓐ轴/②～③轴条形基础		构件数量:1			构件钢筋总重量:11.082 kg	
钢筋名称	型号规格	钢筋形状	单根长度（mm）	数量（根）	单重（kg）	总重量（kg）
底部受力筋	Φ 10	560	560	17	0.346	5.882
底部分布筋	Φ 8	3290	3 290	4	1.300	5.200

4. 三种方案钢筋翻样结果对比分析

以Ⓐ轴/②～③轴间条形基础三种方案钢筋总重量的平均值为基准价,对比偏差如表 1 - 2 - 7,参照独立基础构造钢筋用量最少,参照无交接底板短构造钢筋用量最多。

表 1 - 2 - 7 条形基础三种方案钢筋翻样结果分析表

构件名称:Ⓐ轴/②～③轴条形基础		构件数量:1			
序号	方案	钢筋总重量（kg）	偏差（kg）	偏差（%）	备注
1	参照转角处交接构造	11.682	−0.091	−0.77%	
2	参照无交接底板端构造	12.554	0.781	6.63%	钢筋用量最大
3	参照独立基础	11.082	−0.691	−5.87%	钢筋用量最小
	平均值	11.773			平均值为基准值

 实践创新

1. 请认真识读本项目传达室基础施工图,若独立基础和条形基础同时施工,请参照"转角处"交接构造,试着完成②轴/Ⓐ～Ⓑ轴间条形基础基础钢筋翻样,并编制钢筋翻样单。

2. 请认真识读本项目传达室基础施工图,分析Ⓑ轴/②～③轴、Ⓑ轴/③～④轴、③轴/Ⓐ～Ⓑ轴间条形基础,采用哪种方案更合理,为什么?

▶ 任务三　框架柱(截面、钢筋不变)识图与钢筋翻样 ◀

◉ 学习内容

1. 现浇混凝土柱分类;
2. 框架柱制图规则和标准构造详图;
3. 框架柱钢筋翻样方法。

◉ 参考标准图集

1.《混凝土结构施工图平面整体表示方法制图规则和构造详图》(22G101-1),第57～64页。

2.《混凝土结构施工图平面整体表示方法制图规则和构造详图》(22G101-1),第7～12页。

3.《混凝土结构施工图平面整体表示方法制图规则和构造详图》(22G101-1),第65～74页。

4.《混凝土结构施工图平面整体表示方法制图规则和构造详图》(22G101-3),第66页。

◉ 工作任务

在框架结构中,框架柱承受梁和板传来的荷载,并将荷载传给基础,是主要的竖向支撑结构。由于框架柱在建筑物中平面位置的不同,其重要性不同,角柱的部位是重要的受力部位,边柱次之,中柱再次之,因此角柱、边柱、中柱的钢筋的构造要求也不同。通过本项目学习,学生需要完成以下子任务:

子任务1　混凝土柱平法施工图识读

子任务2　框架中柱钢筋翻样

子任务3　框架角柱边柱钢筋翻样

◉ 知识准备

钢筋分类与连接

1. 钢筋连接

由于部分构件跨度大超过了厂家供应的钢筋定尺长度(例如:9 m),或者剩余短料需要接长,或者受钢筋构造连接位置限制等原因,纵向钢筋需要进行连接。纵向钢筋的连接方式共有三种:钢筋绑扎搭接、焊接、机械连接。其中① 当受拉钢筋 $d>25$ 及受压钢筋 $d>28$ 时,不宜采用绑扎搭接。② 轴心受拉及小偏心受拉构件中纵向受力钢筋不应采用绑扎搭接。钢筋具体连接样式见图1-3-1。

《混凝土结构设计规范(2015年版)》(GB 50010—2010)规定,混凝土结构中受力钢筋的连接接头宜设置在受力较小处,在同一根受力钢筋上宜少设接头,在结构的重要构件和关键传力部位,纵向受力钢筋不宜设置连接接头。同一构件中相邻纵向受力钢筋的接头宜互相

(a) 绑扎搭接   (b) 机械连接

(c) 水平对焊   (d) 电渣压力焊

图 1-3-1 钢筋连接样式

错开,其中错开长度绑扎搭接为 $1.3l_l$ 或 $1.3l_{lE}$,焊接为 $\max(35d,500)$,机械连接为 $35d$。当相互连接的两根钢筋直径不同时,按直径较小的钢筋 d 计算;当同一构件内不同连接钢筋计算错开长度不同时取大值。相邻纵向钢筋的接头相互错开样式见图 1-3-2。

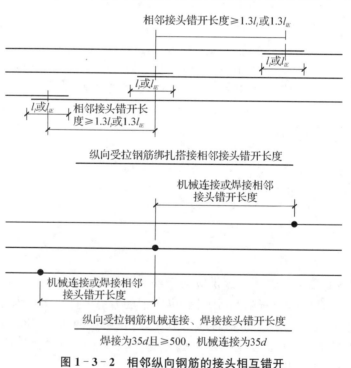

纵向受拉钢筋绑扎搭接相邻接头错开长度

纵向受拉钢筋机械连接、焊接接头错开长度

焊接为35d且≥500,机械连接为35d

图 1-3-2 相邻纵向钢筋的接头相互错开

2. 钢筋搭接与锚固

(1) 钢筋搭接

纵向受拉钢筋绑扎搭接的搭接长度 l_l 与同一连接区段内搭接钢筋面积百分比、钢筋种类、混凝土强度等级,钢筋直径大小有关。22G101-1中第 61、62 页搭接长度取值见表 1-3-1 纵向受拉钢筋搭接长度和表 1-3-2 纵向受拉钢筋抗震搭接长度。

表 1-3-1　纵向受拉钢筋搭接长度 l_l

钢筋种类及同一区段内搭接钢筋面积百分率		混凝土强度等级															
		C25		C30		C35		C40		C45		C50		C55		C60	
		$d\le25$	$d>25$	$d\le25$	$d>25$	$d\le25$	$d>25$	$d\le25$	$d>25$	$d\le25$	$d>25$	$d\le25$	$d>25$	$d\le25$	$d>25$	$d\le25$	$d>25$
HPB300	≤25%	41d	—	36d	—	34d	—	30d	—	29d	—	28d	—	26d	—	25d	—
HPB300	50%	48d	—	42d	—	39d	—	35d	—	34d	—	32d	—	31d	—	29d	—
HPB300	100%	54d	—	48d	—	45d	—	40d	—	38d	—	37d	—	35d	—	34d	—
HRB400 HRBF400 RRB400	≤25%	48d	53d	42d	47d	38d	42d	35d	38d	34d	37d	32d	36d	31d	35d	30d	34d
HRB400 HRBF400 RRB400	50%	56d	62d	49d	55d	45d	49d	41d	45d	39d	43d	38d	42d	36d	41d	35d	39d
HRB400 HRBF400 RRB400	100%	64d	70d	56d	62d	51d	56d	46d	51d	45d	50d	43d	48d	42d	46d	40d	45d
HRB500 HRBF500	≤25%	58d	64d	52d	56d	47d	52d	43d	48d	41d	44d	38d	42d	37d	41d	36d	40d
HRB500 HRBF500	50%	67d	74d	60d	66d	55d	60d	50d	56d	48d	52d	45d	49d	43d	48d	42d	46d
HRB500 HRBF500	100%	77d	85d	69d	75d	62d	69d	58d	64d	54d	59d	51d	56d	50d	54d	48d	53d

表 1-3-2　纵向受拉钢筋抗震搭接长度 l_{lE}

抗震等级	钢筋种类及同一区段内搭接钢筋面积百分率		混凝土强度等级															
			C25		C30		C35		C40		C45		C50		C55		C60	
			$d\le25$	$d>25$	$d\le25$	$d>25$	$d\le25$	$d>25$	$d\le25$	$d>25$	$d\le25$	$d>25$	$d\le25$	$d>25$	$d\le25$	$d>25$	$d\le25$	$d>25$
一、二级抗震等级	HPB300	≤25%	47d	—	42d	—	38d	—	35d	—	34d	—	31d	—	30d	—	29d	—
一、二级抗震等级	HPB300	50%	55d	—	49d	—	45d	—	41d	—	39d	—	36d	—	35d	—	34d	—
一、二级抗震等级	HRB400 HRBF400	≤25%	55d	61d	48d	54d	44d	48d	40d	44d	38d	43d	37d	42d	36d	40d	35d	38d
一、二级抗震等级	HRB400 HRBF400	50%	64d	71d	56d	63d	52d	56d	46d	52d	45d	50d	43d	49d	42d	46d	41d	45d
一、二级抗震等级	HRB500 HRBF500	≤25%	66d	73d	59d	65d	54d	59d	49d	55d	47d	52d	44d	48d	43d	47d	42d	46d
一、二级抗震等级	HRB500 HRBF500	50%	77d	85d	69d	76d	63d	69d	57d	64d	55d	60d	52d	56d	50d	55d	49d	53d
三级抗震等级	HPB300	≤25%	43d	—	38d	—	35d	—	31d	—	30d	—	29d	—	28d	—	26d	—
三级抗震等级	HPB300	50%	50d	—	45d	—	41d	—	36d	—	35d	—	34d	—	33d	—	31d	—
三级抗震等级	HRB400 HRBF400	≤25%	55d	55d	44d	49d	41d	44d	36d	41d	35d	40d	34d	38d	32d	36d	31d	35d
三级抗震等级	HRB400 HRBF400	50%	59d	64d	52d	57d	48d	52d	42d	48d	41d	46d	39d	45d	38d	42d	36d	41d
三级抗震等级	HRB500 HRBF500	≤25%	60d	67d	54d	59d	49d	54d	46d	50d	43d	47d	41d	44d	40d	43d	38d	42d
三级抗震等级	HRB500 HRBF500	50%	70d	78d	63d	69d	57d	63d	54d	59d	50d	55d	48d	52d	46d	50d	45d	49d

注:1. 表 1-3-1 和表 1-3-2 中数值为纵向受拉钢筋绑扎搭接接头的搭接长度。

2. 当为环氧树脂涂层带肋钢筋时,表中数据尚应乘以 1.25。

3. 当纵向受拉钢筋在施工过程中易受扰动时,表中数据尚应乘以 1.1。

4. 当搭接长度范围内纵向受力钢筋周边保护层厚度为 $3d$、$5d$(d 为搭接钢筋的直径)时,表中数据尚可分别乘以 0.8、0.7,中间时按内插值。

5. 当上述修正系数(注 2-注 5)多于一项时,可按连乘计算。

6. 任何情况下,搭接长度不应小于 300。

7. 四级抗震等级时,$l_{lE}=l_l$。

（2）钢筋锚固

钢筋混凝土结构中钢筋能够受力,主要是依靠钢筋和混凝土之间的粘结锚固作用,因此钢筋的锚固是混凝土结构受力的基础,是为了防止钢筋受力时"拔出来"。如锚固失效,则结构将丧失承载能力并由此导致结构破坏。

钢筋锚固与搭接

钢筋锚固长度是指受力钢筋通过混凝土与钢筋的粘结将所受的力传递给混凝土所需的长度,在工程中常用的"钢筋的锚固长度"一般指梁、板、柱等构件的受力钢筋伸入支座或基础中的总长度,可以直线锚固(直锚)和弯折锚固(弯锚)。柱纵筋锚入基础、梁纵筋锚入柱、板纵筋锚入梁情况如图1-3-3纵向钢筋锚固。

(a) 柱钢筋锚入基础　　　(b) 梁钢筋弯锚入柱　　　(c) 板钢筋弯锚入梁

图1-3-3　构件纵向钢筋锚固

《混凝土结构设计规范(2015年版)》(GB 50010—2010)中关于受拉钢筋锚固包括基本锚固长度 l_{ab}、抗震设计时基本锚固长度 l_{abE}、锚固长度 l_a、抗震锚固长度 l_{aE}。22G101-1中第58、59页以表格形式提供了四种钢筋锚固长度,分别为表1-3-3受拉钢筋基本锚固长度、表1-3-4抗震设计时受拉钢筋基本锚固长度、表1-3-5受拉钢筋表、表1-3-6受拉钢筋抗震锚固长度。

表1-3-3　受拉钢筋基本锚固长度 l_{ab}

钢筋种类	混凝土强度等级							
	C25	C30	C35	C40	C45	C50	C55	≥C60
HPB300	$34d$	$30d$	$28d$	$25d$	$24d$	$23d$	$22d$	$21d$
HRB400、HRBF400 RRB400	$40d$	$35d$	$32d$	$29d$	$28d$	$27d$	$26d$	$25d$
HRB500、HRBF500	$48d$	$43d$	$39d$	$36d$	$34d$	$32d$	$31d$	$30d$

表1-3-4　抗震设计时受拉钢筋基本锚固长度 l_{abE}

钢筋种类		混凝土强度等级							
		C25	C30	C35	C40	C45	C50	C55	≥C60
HPB300	一、二级	$39d$	$35d$	$32d$	$29d$	$28d$	$26d$	$25d$	$24d$
	三级	$36d$	$32d$	$29d$	$26d$	$25d$	$24d$	$23d$	$22d$
HRB400 HRBF400	一、二级	$46d$	$40d$	$37d$	$33d$	$32d$	$31d$	$30d$	$29d$
	三级	$42d$	$37d$	$34d$	$30d$	$29d$	$28d$	$27d$	$26d$

续 表

钢筋种类		混凝土强度等级							
		C25	C30	C35	C40	C45	C50	C55	≥C60
HRB500 HRBF500	一、二级	55d	49d	45d	41d	39d	37d	36d	35d
	三级	50d	45d	41d	38d	36d	34d	33d	32d

表 1-3-5　受拉钢筋锚固长度 l_a

钢筋种类	混凝土强度等级															
	C25		C30		C35		C40		C45		C50		C55		≥C60	
	d≤25	d>25	d≤25	d>25	d≤25	d>25	d≤25	d>25	d≤25	d>25	d≤25	d>25	d≤25	d>25	d≤25	d>25
HPB300	34d	—	30d	—	28d	—	25d	—	24d	—	23d	—	22d	—	21d	—
HRB400、HRBF400 RRB400	40d	44d	35d	39d	32d	35d	29d	32d	28d	31d	27d	30d	26d	29d	25d	28d
HRB500、HRBF500	48d	53d	43d	47d	39d	43d	36d	40d	34d	37d	32d	35d	31d	34d	30d	33d

表 1-3-6　受拉钢筋抗震锚固长度 l_{aE}

钢筋种类及抗震等级		混凝土强度等级															
		C25		C30		C35		C40		C45		C50		C55		≥C60	
		d≤25	d>25	d≤25	d>25	d≤25	d>25	d≤25	d>25	d≤25	d>25	d≤25	d>25	d≤25	d>25	d≤25	d>25
HPB300	一、二级	39d	—	35d	—	32d	—	29d	—	28d	—	26d	—	25d	—	24d	—
	三级	36d	—	32d	—	29d	—	26d	—	25d	—	24d	—	23d	—	22d	—
HRB400 HRBF400	一、二级	46d	51d	40d	45d	37d	40d	33d	37d	32d	36d	31d	35d	30d	33d	29d	32d
	三级	42d	46d	37d	41d	34d	37d	30d	34d	29d	33d	28d	32d	27d	30d	26d	29d
HRB500 HRBF500	一、二级	55d	61d	49d	54d	45d	49d	41d	46d	39d	43d	37d	40d	36d	39d	35d	38d
	三级	50d	56d	45d	49d	41d	45d	38d	42d	36d	39d	34d	37d	33d	36d	32d	35d

注:1. 表 1-3-3～表 1-3-6 中,当为环氧树脂涂层带肋钢筋时,表中数据尚应乘以 1.25。

2. 当纵向受拉钢筋在施工过程中易受扰动时,表中数据尚应乘以 1.1。

3. 当锚固长度范围内纵向受力钢筋周边保护层厚度为 3d、5d(d 为搭接钢筋的直径)时,表中数据尚可分别乘以 0.8、0.7,中间时按内插值。

4. 当纵向受拉普通钢筋锚固长度修正系数(注 1-注 3)多于一项时,可按连乘计算。

5. 受拉钢筋的锚固长度 l_a、l_{aE} 计算值不应小于 200。

6. 四级抗震等级时,$l_{abE} = l_{ab}$,$l_{aE} = l_a$。

7. 当锚固钢筋的保护层厚度不大于 5d 时,锚固钢筋长度范围内应设置横向构造钢筋,其直径不应小于 d/4(d 为锚固钢筋的最大直径);对梁、柱等构件间距不应大于 5d,对板、墙等构件间距不应大于 10d,且均不应大于 100(d 为锚固钢筋的最小直径)。

3. 节点与支撑

在现浇钢筋混凝土结构体系中,基础、柱、墙、梁、板、楼梯等各类构件都不是独立存在的,它们通过节点的连接形成一个结构整体,因此节点就是各种构件的交汇区域,是一个空间实体,在结构中起着非常关键的作用。

节点与支撑

由于钢筋混凝土结构是一个完整的结构体系,其构件与构件之间很容易表现为支撑与被支撑关系,具体体现为:基础支撑柱,柱支撑梁,主梁支撑次梁,梁支撑板。也可以理解为支撑构件是被支撑构件的支座,即柱以基础为支座,梁以柱为支座、次梁以主梁为支座、板以梁为支座。根据支撑受力的关系,被支撑构件的纵向钢筋应锚入支座内,如:纵向受力筋板纵筋的锚入梁,梁纵筋锚入柱,次梁纵筋锚入主梁,上柱纵筋锚入下柱,最底层柱纵筋锚入基础,而锚固长度更多的是指纵向钢筋进入支座内的那部分长度。特别注意,纵向钢筋在其支座内或贯或锚,其实也可以贯穿而过的;横向钢筋(箍筋)在支撑构件中连续贯穿节点设置,被支撑构件则躲开节点 50 mm 布置。

并不是所有构件都表现为支撑与被支撑关系,如等跨井字梁——等跨井字梁,基础主梁——基础主梁,基础次梁——基础次梁。由于互相之间没有支撑关系,所以构件交汇节点,纵向钢筋均连续通过该节点,横向钢筋(箍筋)在节点内遵循:宽或高的构件,其横向钢筋连续通过节点;而窄或低的构件,其横向钢筋不连续或不通过节点;若构件宽度和高度相同,则任选其一横向钢筋连续通过节点或由设计指定。

4. 钢筋设计图示长度与下料长度

钢筋长度

钢筋设计图示长度与钢筋的下料长度是两个不同的概念,钢筋图示长度是钢筋的外皮到外皮的长度(外包尺寸),而钢筋的下料长度是钢筋的中心线长度,具体区别见图 1-3-4,该图中钢筋的图示长度 $= l_1 + l_2$,钢筋的下料长度 $= AB + BC$ 弧长 $+ CD$。从前面两个计算式中我们可以清楚地看出两个长度不相等,也就是钢筋的图示长度与下料长度是不同的。这是由于钢筋在弯曲过程中外侧表面受拉伸长,内侧表面受压缩短,钢筋中心线长度始终保持不变。

图示尺寸l_1

r为钢筋弯曲内径

图示尺寸L_2

图 1-3-4 钢筋图示长度与下料长度对比

《房屋建筑与装饰工程工程量计算规范》(GB 50854—2013)和《江苏省建筑与装饰工程计价定额》都规定钢筋长度按设计图示长度计算,所以对于图 1-3-4 中这种不带弯钩的钢筋的图示尺寸之和就是钢筋的预算长度,钢筋的中心线长度就是钢筋的下料长度。对于带弯钩的钢筋,并不完全按照图示尺寸之和来计算,而是考虑了弯钩增长值,带弯钩的钢筋预算长度具体计算参见本教材第 45 页(6. 箍筋预算长度和拉筋预算长度)。

5. 钢筋弯曲调整值与钢筋弯钩增加值

(1) 钢筋弯曲调整值

从图 1-3-4 中可以看出,钢筋弯曲后,在弯折点两侧,外包尺寸与中心线弧长之间有一个长度差值,这个长度差值称为弯曲调整值也叫量度差。

根据钢筋中心线不变的原理:图 1-3-4 钢筋弯曲调整值(量度差)计算结果如下:

设钢筋弯曲 $90°$，$r = 2.5d$

$$AB = l_2 - (r + d) = l_2 - 3.5d \qquad CD = l_1 - (r + d) = l_1 - 3.5d$$

$$BC \text{ 弧长} = 2 \times \pi \times \left(r + \frac{d}{2}\right) \times 90°/360° = 4.71d$$

$$\begin{aligned}钢筋下料长度 &= AB + BC \text{ 弧长} + CD \\ &= l_2 - 3.5d + 4.71d + l_1 - 3.5d = l_1 + l_2 - 2.29d\end{aligned}$$

钢筋弯曲调整值 = 钢筋图示长度 - 钢筋下料长度 = $2.29d$

从图 1-3-4 钢筋弯曲调整值的计算过程，可以发现钢筋弯曲调整值与钢筋弯曲内径和钢筋弯曲角度有关，不同的钢筋弯曲角度和弯曲内径其调整值不同。

22G101-1 第 58 页关于钢筋弯折的弯弧内直径作了如下规定：

① 光圆钢筋，不应小于钢筋直径的 2.5 倍。

② 400 MPa 级带肋钢筋，不应小于钢筋直径的 4 倍。

③ 500 MPa 级带肋钢筋，当直径 $d \leqslant 25$ 时，不应小于钢筋直径的 6 倍；当直径 $d > 25$ 时，不应小于钢筋直径的 7 倍。

④ 位于框架结构顶层端节点处的梁上部纵向钢筋和柱外侧纵向钢筋，在节点角部弯折处，当钢筋直径 $d < 25$ 时，不应小于钢筋直径的 12 倍；当直径 $d > 25$ 时，不应小于钢筋直径的 16 倍。

⑤ 箍筋弯折处尚不应小于纵向受力钢筋直径；箍筋弯折处纵向受力钢筋为搭接或并筋时，应按钢筋实际排布情况确定箍筋弯弧内直径。

结合钢筋的种类和弯弧内直径 D，以下表 1-3-7 列出了钢筋弯曲调整值的计算结果，其中 d 为弯曲钢筋的直径。

表 1-3-7　钢筋弯曲调整值

弯曲内直径　　弯曲角度	HPB300	HRB400 HRBF400 RRB400	HRB500 HRBF500	
	$D = 2.5d$	$D = 4d$	$D = 6d$	$D = 7d$
$30°$	$0.29d$	$0.3d$	$0.31d$	$0.32d$
$45°$	$0.49d$	$0.52d$	$0.56d$	$0.59d$
$60°$	$0.77d$	$0.85d$	$0.96d$	$1.01d$
$90°$	$1.75d$	$2.08d$	$2.5d$	$2.72d$

注：参考依据《钢筋工手册（第三版）》第 239-253 页推导依据。

（2）钢筋 $180°$ 弯钩增加值

光圆钢筋系指 HPB300 级钢筋，由于钢筋表面光滑，主要靠摩阻力锚固，锚固强度很低，一旦发生滑移即被拔出，因此光圆钢筋末端应做 $180°$ 弯钩，弯钩的弯后平直段长度不应小于 $3d$（非抗震）和 $5d$（抗震），但作受压钢筋时可不做弯钩。弯弧内直径不小于 $2.5d$，一个 $180°$ 弯钩的钢筋示意图如图 1-3-5。

图示长度 = $b + 1.25d + d = b + 2.25d$

中心线长 = $b + ABC \text{ 弧长} = b + \pi \times (0.5D + 0.5d)$

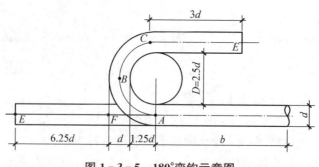

图 1-3-5   180°弯钩示意图

将 $D=2.5d$ 代入得

$$=b+\pi\times(0.5\times2.5d+0.5d)=b+5.495d$$

$b+2.25d=a$ 代入上式得$=b+5.495d=a-2.25d+5.495d=a+3.25d$

以上计算结果显示一个 180°弯钩,钢筋的中心线长度比图示长度增加 3.25d。

(3) 钢筋 135°弯钩增加值

假设一个 135°弯钩,其弯曲内半径为 1.25d,则弯曲直径为 $D=2.5d$,一个 135°弯钩钢筋示意图见图 1-3-6。

135°弯钩图示长度$=d+1.25d=2.25d$

135°弯钩中心线长度$=ABC$ 弧长

$$ABC\ 弧长=\left(R+\frac{d}{2}\right)\times\pi\times\theta/180=(1.25d+0.5d)\times3.14\times135/180=4.12d$$

中心线长度$-$图示长度$=4.12d-2.25d=1.9d$

以上计算结果显示一个 135°弯钩,钢筋的中心线长度比图示长度增加 1.9d。

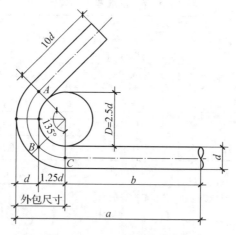

图 1-3-6   135°弯钩示意图

从图 1-3-5 钢筋 180°和图 1-3-6 钢筋 135°弯钩增加值的计算过程,可以发现钢筋弯钩增加值与钢筋弯曲内径和钢筋弯钩角度有关,不同的钢筋弯钩角度和弯曲内径其增加值不同。箍筋末端一般做 180°、135°、90°弯钩,弯钩的弯后平直段长度不应小于 5d(非抗震)和 $\max(10d,75)$(抗震),以下表 1-3-8 列出了箍筋弯钩增加值的计算结果,其中 d 为弯钩钢筋的直径。

表 1-3-8　箍筋弯钩增加值

钢筋级别	弯钩增加长度(d)			平直段长度(d)	
	180°	135°	90°	抗震	非抗震
HPB300($D=2.5d$)	$3.25d$	$1.9d$	$0.5d$	$\max(10d,75)$	$5d$
HRB400、HRBF400、RRB400($D=4d$)	$4.86d$	$2.89d$	$0.93d$	$\max(10d,75)$	$5d$
HRB500、HRBF500($D=6d$)	$7d$	$4.25d$	$1.5d$	$\max(10d,75)$	$5d$

注：参考《钢筋工手册(第三版)》第 253-258 页推导依据。

6. 箍筋预算长度和拉筋预算长度

（1）箍筋预算长度

前面讲到钢筋的预算长度就是钢筋的外包尺寸，但是对于带弯钩的钢筋，并不完全按照外包长度来计算，而是考虑了弯钩增长值和弯后平直段长度，假设某矩形封闭箍筋如下图 1-3-7 箍筋示意图，该箍筋外包尺寸边长分别 a 和 b，那么该箍筋的预算长度 $=2a+2b+2\times$ 弯钩增加值 $+2\times$ 平直段长度。

箍筋、拉筋预算长度

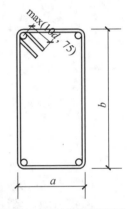

图 1-3-7　箍筋示意图

以下介绍复合箍筋外圈大箍筋和内圈小箍筋的预算长度计算方法，假设某梁复合箍筋如图1-3-8，该梁宽度为 b，高度为 h，钢筋保护层厚度为 c。

① 外圈大箍筋

预算长度 $=2\times(b-2c)+2\times(h-2c)+2\times$ 弯钩增加值 $+2\times$ 平直段长度

$\qquad\qquad =2\times(b+h)-8c+2\times$ 弯钩增加值 $+2\times$ 平直段长度

矩形封闭箍筋直径一般较小，通常为 6 mm、8 mm、10 mm，末端135°弯钩，结合表 1-3-8 箍筋弯钩增加长度和平直段长度，大箍筋的预算长度计算结果列表如下。

表 1-3-9　135°矩形封闭箍筋预算长度计算

钢筋级别	箍筋	
	$d=6$	$d\geqslant 8$
HPB300 Φ	$2\times(b-2c)+2\times(h-2c)+2\times 1.9d+2\times 75$(抗震)	$2\times(b-2c)+2\times(h-2c)+2\times 11.9d$(抗震)
	$2\times(b-2c)+2\times(h-2c)+2\times 6.9d$(非抗震)	$2\times(b-2c)+2\times(h-2c)+2\times 6.9d$(非抗震)
HRB400 Φ	$2\times(b-2c)+2\times(h-2c)+2\times 2.89d+2\times 75$(抗震)	$2\times(b-2c)+2\times(h-2c)+2\times 12.89d$(抗震)
	$2\times(b-2c)+2\times(h-2c)+2\times 7.89d$(非抗震)	$2\times(b-2c)+2\times(h-2c)+2\times 7.89d$(非抗震)

② 内圈小箍筋

如图所示，该梁除了外圈箍筋以外，还有内圈小箍筋 2 号箍筋，假设纵向钢筋的直径为 D，箍筋的直径为 d，纵向钢筋中心均匀布置，相邻钢筋中心到中心的距离为间距 j，钢筋保

护层厚度为 c,则内圈小箍筋的预算长度计算如下:

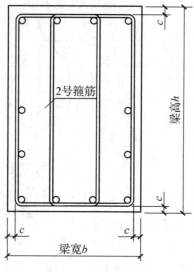

图 1-3-8 箍筋图

间距 $j = \dfrac{b-2c-D-2d}{b\text{ 边纵筋根数}-1}$

图示内圈小箍筋的预算长度 $=2\times($间距 $j\times$间距数$+D+2d)+2\times(h-2c)+2\times$弯钩增加值$+2\times$平直段长度

假设 2 号箍筋为一级钢 HPB300,135°弯钩,末端平直段长度为 $\max(10d,75)$,那么 2 号箍筋间距 $j=\dfrac{b-2c-D-2d}{4-1}=\dfrac{b-2c-D-2d}{3}$

预算长度 $=2\times(j+D+2d)+2\times(h-2c)+2\times1.9d+2\times\max(10d,75)$

(2) 拉筋预算长度

① 拉筋用于梁、柱复合箍筋中单肢箍筋时,两端弯折角度均为 135°,弯折后平直段长度同箍筋。

② 拉筋用于梁腰筋间拉结时,两端弯折角度均为 135°,弯折后平直段长度同箍筋。

拉筋设置有三种方式:拉筋同时勾住纵筋和箍筋、拉筋紧靠纵筋并勾住箍筋、拉筋紧靠箍筋并勾住纵筋,具体设置如图 1-3-9 所示。

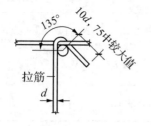
(a)拉筋同时勾住纵筋和箍筋

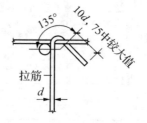
(b)拉筋紧靠纵筋并勾住箍筋

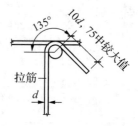
(c)拉筋紧靠箍筋并勾住纵筋

图 1-3-9 拉筋设置示意图

　　根据上图可以看出,构造 a 和 b 两种设置方式的拉筋在箍筋的外侧,保护层厚度从拉筋外侧开始计算,而构造 c 这种设置方式拉筋和箍筋直径相同时,保护层厚度相同,从箍筋外侧开始计算。所图 1-3-10 拉筋的预算长度相同,但是箍筋的计算长度就不同了。

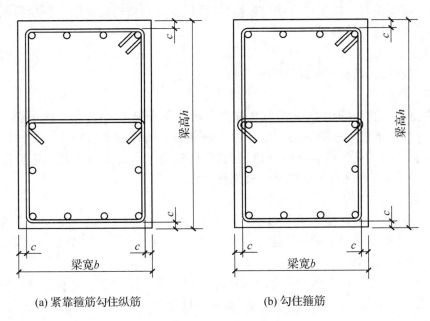

(a) 紧靠箍筋勾住纵筋　　　　　　　(b) 勾住箍筋

图 1-3-10　拉筋

　　拉筋预算长度 $=b-2c+2\times$ 弯钩增加值 $+2\times$ 平直段长度

　　拉筋紧靠箍筋勾住纵筋:

　　箍筋预算长度 $=2\times(b-2c)+2\times(h-2c)+2\times$ 弯钩增加值 $+2\times$ 平直段长度

　　拉筋勾住箍筋:

　　箍筋预算长度为:

$2\times(b-2c)+2\times(h-2c)-2\times2d$ (拉筋直径) $+2\times$ 弯钩增加值 $+2\times$ 平直段长度

　　假设箍筋和拉筋均为一级钢 HPB300,135° 弯钩,末端平直段长度为 $\max(10d,75)$,直径均为 d,那么

　　拉筋预算长度 $=b-2c+2\times1.9d+2\times\max(10d,75)$

　　构造 a 箍筋预算长度 $=2\times(b-2c)+2\times(h-2c)+2\times1.9d+2\times\max(10d,75)$

　　构造 b 箍筋预算长度 $=2\times(b-2c)+2\times(h-2c)-4d+2\times1.9d+2\times\max(10d,75)$

7. 认识现浇混凝土柱

　　依据 22G101-1 平法图集,主体结构中,现浇混凝土柱分为框架柱 KZ、转换柱 ZHZ、芯柱 XZ 三种,16G101-1 平法图集,还有梁上柱 LZ、剪力墙上柱 QZ,共五种。对比两者不同,主要是 22G101 中将 LZ、QZ 归纳为框架柱。

框架柱截面注写

(1) 框架柱 KZ

　　框架柱就是在框架结构中承受梁和板传来的荷载,并将荷载传给基础,是主要的竖向支撑结构。

（2）转换柱 ZHZ

建筑物某层的上部与下部因平面使用功能不同，导致上部楼层部分竖向构件（剪力墙、框架柱）不能直接连续贯通落地，换句话说就是部分剪力墙、框架柱不是直接从基础层施工上来的，因此需要设置一楼层进行结构转换，该楼层就称为结构转换层。转换层的柱即为转换柱，转换层的梁即为转换梁。

转换柱包括部分框支剪力墙结构中的框支柱和框架－核心筒、框架－剪力墙结构中支承托柱转换梁的柱。转换柱是广义的框支柱。

（3）芯柱 XZ

芯柱不是一根独立的柱子，是隐藏在柱内。若柱截面较大，当外侧一圈钢筋不能满足承力要求时，在柱中再设置一圈纵筋。由柱内侧钢筋围成的柱称之为芯柱。芯柱设置是使抗震柱等竖向构件在消耗地震能量时有适当的延性，满足轴压比要求。芯柱边长为矩形柱边长或圆柱直径的 1/3。芯柱钢筋构造同框架柱。

（4）梁上柱 LZ

柱生根不在基础而在楼层梁上的柱称之为梁上柱，梁上柱 LZ（一般为非转换层的框架柱）。注意：生根于基础梁上的柱不能称梁上柱，因为基础梁属于基础而非楼层梁。

（5）剪力墙上柱 QZ

柱的生根不在基础而在剪力墙上的柱称之为剪力墙上柱。建筑物的底部某些位置没有柱子，到了某一层该位置又需要设置柱子，如果该柱子从下一层的剪力墙上生根了，这就是剪力墙上柱。

子任务 1 混凝土柱平法施工图识读

 任务实施

通过学习本子任务的混凝土柱平法施工图的表达方式，框架柱平面注写识读示例，参考《混凝土结构施工图平面整体表示方法制图规则和构造详图》（22G101－1）第 7～12 页，能独立填写本子任务实施单所有的内容，本项目工程框架柱的识读内容即完成。任务实施单如下：

表 1－3－10 框架柱平法施工图识读任务实施单

柱编号 识读内容	KZ1（①轴/Ⓐ轴）	KZ2（③轴/②/Ⓐ轴）	KZ3	
注写方式				
截面尺寸 $b×h$				
柱底基础编号				
柱底标高（m）				
嵌固部位				
柱类型（中、边、角）				

续　表

柱编号 识读内容	KZ1(①轴/Ⓐ轴)	KZ2(③轴/②/Ⓐ轴)	KZ3	
柱角筋				
b 边一侧中部筋				
h 边一侧中部筋				
箍筋型号规格				
箍筋加密区间距				
箍筋非加密区间距				
箍筋 $m \times n$				
柱层高(一层)				
柱净高(一层)				
柱层高(二层)				
柱净高(二层)				

▶▶ 3.1.1　混凝土柱平法施工图简介

柱平法施工图有列表注写和截面注写两种表示方式。

柱列表注写方式,指在柱平面布置图上(一般只需采用适当比例绘制一张柱平面布置图,包括框架柱、框支柱、梁上柱和剪力墙上柱),分别在同一编号的柱中选择一个(有时需要选择几个)截面标注几何参数代号;在柱表中注写柱编号、柱段起止标高、几何尺寸(含柱截面对轴线的偏心情况)与配筋的具体数值,并配以各种柱截面形状及其箍筋类型图的方式,来表达柱平法施工图,见平法22G101-1第11页,如图1-3-11柱列表注写方式。

框架柱列表注写

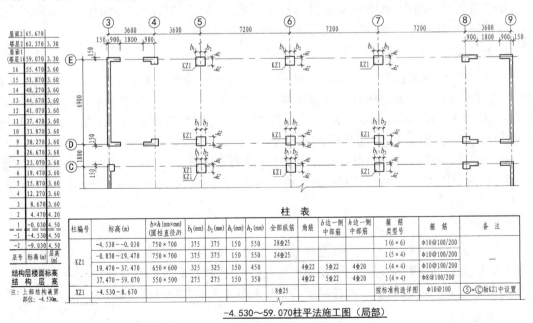

图 1-3-11　柱列表注写方式

截面注写方式,指在柱平面布置图的柱截面上,分别在同一编号的柱中选择一个截面,以直接注写截面尺寸和配筋具体数值的方式来表达柱平法施工图。当纵筋采用两种直径时,需要注写截面各边中部筋的具体数值(对于采用对称配筋的矩形截面柱,可仅在一侧注写中部筋,对称边省略不注),见平法图集22G101-1中第12页。如图1-3-12柱截面注写方式。

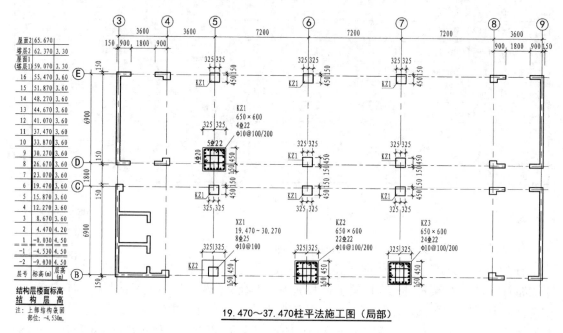

19.470~37.470柱平法施工图(局部)

图1-3-12 柱截面注写方式

在柱平法施工图中,通常需要绘制结构层高表,注明各结构层的楼面标高、结构层高及相应的结构层号,必要时尚应注明上部结构嵌固部位位置。

1. 截面尺寸

对于矩形柱,柱截面尺寸用"$b \times h$"表示,b代表柱平面图中的水平方向,h代表柱平面图中的竖直方向,为了表现柱截面与轴线的关系,用b_1、b_2、h_1、h_2分别表示柱边与轴线的位置关系,其中$b=b_1+b_2$,$h=h_1+h_2$。当截面的某一边收缩变化至与轴线重合或偏到轴线的另一侧时,b_1、b_2、h_1、h_2中的某项为零或为负值。

对于圆柱,截面尺寸用字母d表示其直径,用列表注写方式时,将表中$b \times h$一栏改用d加圆柱直径数字表示。为表达简单,圆柱截面与轴线的关系也用b_1、b_2和h_1、h_2表示,并使$d=b_1+b_2=h_1+h_2$。

2. 柱高度

柱高度有层高、净高之分。层高是指建筑物上下两层结构层层面的垂直距离。净高是下层结构层层面到上层结构层层底(梁底或板底)的垂直距离。高度的计算通过查看建筑物的结构标高。无地下室的建筑物,底层柱的层高是从基础顶面到二层结构层层面的垂直距离。

3. 嵌固部位

柱子嵌固部位简单的理解就是指固定柱子的部位,如果不带地下室的建筑物就是基础顶面;带地下室的建筑物,嵌固部位有可能在基础顶面也有可能在地下室顶板。判断嵌固部位的作用主要是确定该部位箍筋加密区的范围(或者说非连接区的范围),一般在结构设计说明或者结构层高表中有注明。对于嵌固部位有以下一些规定:

(1)框架柱嵌固部位在基础顶面时,无需注明。

(2)框架柱嵌固部位不在基础顶面时,在层高表嵌固部位标高下使用双细线注明(如图1-3-13),并在层高表下注明上部结构嵌固部位标高。

(3)框架柱嵌固部位不在地下室顶板,但仍需考虑地下室顶板对上部结构实际存在嵌固作用范围及纵筋连接位置均按嵌固部位要求设置时,可在层高表地下室顶板标高下使用双虚线注明(如图1-3-13构造b),此时首层柱箍筋加密区长度、范围及纵筋连接位置均按嵌固部位要求设置。

8	26.670	3.60
7	23.070	3.60
6	19.470	3.60
5	15.870	3.60
4	12.270	3.60
3	8.670	3.60
2	4.470	4.20
1	−0.030	4.50
−1	−4.530	4.50
−2	−9.030	4.50
层号	标高|m|	层高|m|

双细实线

结构层楼面标高
结 构 层 高

上部结构嵌固部位:
−0.030

(a) 嵌固部位在地下室顶板

8	26.670	3.60
7	23.070	3.60
6	19.470	3.60
5	15.870	3.60
4	12.270	3.60
3	8.670	3.60
2	4.470	4.20
1	−0.030	4.50
−1	−4.530	4.50
−2	−9.030	4.50
层号	标高|m|	层高|m|

双虚线

结构层楼面标高
结 构 层 高

(b)地下室顶板对上部结构实际存在嵌固

图1-3-13　嵌固部位在层高表中的表示

竖向信息

4. 纵向钢筋

砼柱纵向钢筋有角筋和中部钢筋之分,以矩形柱为例(如图1-3-14)。当中部钢筋与角筋钢筋不同时,分开标注;当b边或h边对称的中部纵筋布置完全一致,可以选择一侧标注;当所有钢筋种类规格都相同时,可以集中标注成全部纵筋。

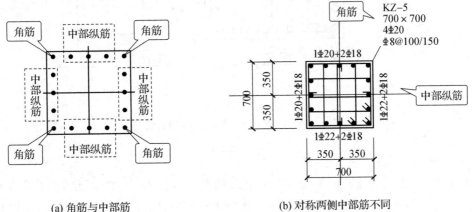

(a) 角筋与中部筋　　　　　　　(b) 对称两侧中部筋不同

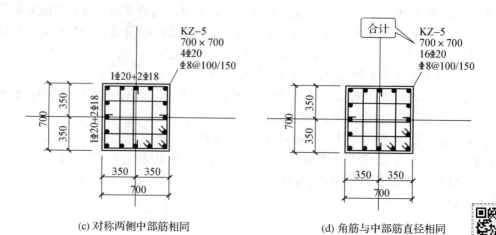

（c）对称两侧中部筋相同　　　　　　　（d）角筋与中部筋直径相同

图 1-3-14　框架柱纵向钢筋截面标注

箍筋表示

5. 箍筋

箍筋有复合箍筋和非复合箍筋之分。对于砼柱来说，非复合箍筋是指砼横截面中只有外圈的环箍；而复合箍筋是指同一横截面内按一定间距配置有两种或两种以上形式的箍筋，就是我们通常说的大箍套小箍。柱箍筋应注写钢筋级别、直径、加密区与非加密区间距及肢数、型号。

用斜线"/"区分加密区与非加密区箍筋的不同间距。当框架节点核心区内箍筋与加密区箍筋设置不同时，应在括号中注明核心区箍筋直径及间距。当箍筋沿柱全高为一种间距时，则不使用"/"线，当圆柱采用螺旋箍筋时，需要在箍筋前加字母"L"。

箍筋类型和肢数：在列表注写中，需要列出箍筋的类型号和肢数，类型号见平法图集 22G101-1 第 9 页，一共有 4 种（16G101-1 中共 7 种），列表中矩形复合箍筋肢数用"$m \times n$"表示，箍筋的具体的样式如图 1-3-15。

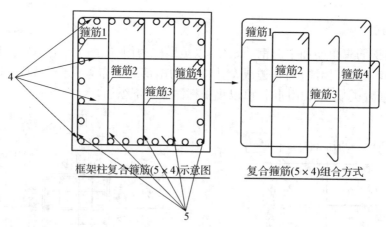

框架柱复合箍筋（5×4）示意图　　　复合箍筋（5×4）组合方式

图 1-3-15　箍筋肢数的表达

6. 柱位置

根据柱在平面中的位置，砼柱可分为边柱、角柱和中柱。《建筑抗震设计规范》（GB 50011—2010）和《高层建筑混凝土结构技术规程》（JGJ 3—2010）中规定，角柱是指位于建筑角部、与柱的正交的两个方向各只有一根框架梁与之相连接的框架柱,边柱是指位于中间位置的处于边缘位置的柱。

3.1.2　框架柱平面注写识读示例

读懂框架柱施工图,应该要准确读出框架柱名称编号、位置、截面形状、截面尺寸、嵌固部位、柱底标高、各楼层标高、砼强度等级、配筋信息等。

1. 框架柱截面注写识读示例

以本项目传达室工程Ⓐ轴交①轴框架柱为例。

(1) 柱名称、位置:框架柱 KZ1,角柱。

(2) 截面形状、尺寸:矩形柱,400 mm×400 mm,$b_1=120$,$b_2=280$,$h_1=120$,$h_2=280$。

(3) 柱底标高:该柱在独立基础 DJ_P-2 上,基础顶标高=柱底标高:$-(1.500-0.25-0.35)=-0.900$ m。

(4) 各楼层标高:该传达室工程为两层,二层楼面结构标高为 3.270 m,屋面结构标高6.600 m。

(5) 纵向钢筋:全部纵筋为 12 Φ 16,其中角筋为 4 Φ 16,b 边一侧中部筋为 2 Φ 16,h 边一侧中部筋为 2 Φ 16。

(6) 箍筋:箍筋为 φ 8 钢筋,加密区间距为 100 mm,非加密区间距为 200 mm,箍筋类型为1,肢数为 4×4。

(7) 嵌固部位:基础顶面,即 -0.900 m 标高处。

2. 框架柱列表注写识读示例

以本项目传达室工程②/Ⓐ轴交③轴框架柱为例。

(1) 柱名称、位置:框架柱 KZ2,中柱。

(2) 截面形状、尺寸:矩形柱,400 mm×400 mm,$b_1=280$,$b_2=120$,$h_1=280$,$h_2=120$。

(3) 柱标高:列表中列出了柱底标高为 -1.200 m,柱顶标高为 6.600 m,该传达室工程为两层,识读二层楼面结构标高为 3.270 m。

(4) 纵向钢筋:角筋为 4 Φ 16,b 边一侧中部筋为 1 Φ 14,h 边一侧中部筋为 1 Φ 16。全部纵筋因为 6 Φ 16+2 Φ 14。

(5) 箍筋:箍筋为 φ 8 钢筋,加密区间距为 100 mm,非加密区间距为 200 mm,箍筋类型为1,肢数为 3×3。

(6) 嵌固部位:基础顶面,即 -1.200 m 标高处。

子任务2　框架中柱钢筋翻样

 任务实施

通过学习本子任务框架柱基础层、楼层、中柱顶层纵向钢筋、箍筋构造,柱截面、钢筋都不变化的框架中柱钢筋翻样示例,参考《混凝土结构施工图平面整体表示方法制图规则和构造详图》(22G101-1 第65、67、72 页,22G101-3 第66页),能独立填写本子任务实施单所有的内容,本项目工程框架中柱钢筋翻样的内容即完成。任务实施单如下:

表 1 - 3 - 11　框架中柱(截面、钢筋均不变化)钢筋翻样任务实施单

框架中柱	混凝土强度等级	结构抗震等级	纵向钢筋 L_{ae}	基础层保护层厚度(mm)	基础层直锚构造	基础层弯锚构造	顶层直锚构造	顶层弯锚构造
	纵向钢筋连接方式	钢筋接头错开长度(mm)	嵌固部位非连接区长度(mm)	楼板(梁)顶非连接区长度(mm)	楼板(梁)底非连接区长度(mm)	基础层箍筋(起步距、间距、非复合)	嵌固部位箍筋紧密区长度(mm)	楼板(梁)顶、底箍筋加密区长度(mm)

柱编号	钢筋名称	型号规格	钢筋形状	单根长度(mm)	数量(根)	单重(kg)	总重量(kg)
KZ2 ③轴/ ②/A	基础插筋1(长)						
	基础插筋2(短)						
	一层纵筋						
	顶层纵筋1(长)						
	顶层纵筋2(短)						
	箍筋基础层						
	箍筋一层						
	箍筋二层						
	拉筋一层						
	拉筋二层						
	构件钢筋总重量:		kg				
	纵向钢筋接头数量:		个				

注:根据需要增减表格行。

3.2.1　框架柱纵向钢筋构造

22G101 平法图集将框架柱纵向钢筋构造做法按照所在竖向位置分三部分:柱纵向钢筋在基础中构造见 22G101 - 3 中第 66 页、柱纵向钢筋在楼层(地面层)中构造见 22G101 - 1 中第 65、66、页、柱纵向钢筋在柱顶层中构造见 22G101 - 1 中第 70、71、74 页。

(一)基础层柱纵向钢筋

1. 基础层柱纵向钢筋构造

柱纵向钢筋在基础中构造做法共 a、b、c、d 四种,见图 1 - 3 - 16。要读懂四种构造做法,首先要判断保护层厚度 $>5d$ 或 $\leqslant5d$、基础插筋弯锚或直锚。

(1) d 为柱纵向钢筋直径。

基础插筋
构造做法

(2) h_j 为基础底面至基础顶面的高度(即基础厚度),当柱下为基础梁时,h_j 为梁底面至顶面的高度。

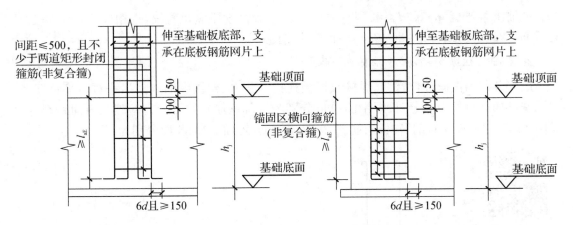

(a) 保护层厚度＞5d；基础高度满足直锚　　　(b) 保护层厚度≤5d；基础高度满足直锚

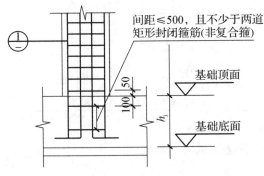
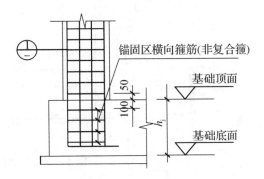

(c) 保护层厚度＞5d；基础高度不满足直锚　　(d) 保护层厚度≤5d；基础高度不满足直锚

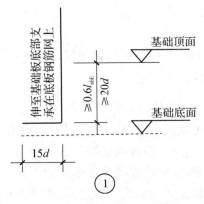

图 1-3-16　柱纵向钢筋在基础中构造

（3）保护层厚度＞5d 或≤5d 判断：图中保护层厚度是指柱纵向钢筋外侧到基础边线的距离（非到柱外边线距离，也非基础底保护层厚度），因此工程项目中保护层厚度＞5d 居多，也就是（a）、（c）构造做法多。

（4）基础中纵向钢筋（也称基础插筋）弯直锚判断：图中明确基础插筋应伸至基础板底部支承在底板钢筋网片上，通常用 h_j-c（c 取基础底部保护层厚度，一般取 40 mm，图纸设计有说明除外）与 l_{aE} 的大小进行比较。$h_j-c \geqslant l_{aE}$，基础高度满足直锚，选用（a）、（b）构造；

基础插筋末端弯折 $\max(6d, 150)$，$h_j - c < l_{aE}$，基础高度不满足直锚，选用(c)、(d)构造，基础插筋末端弯折 $15d$，见 22G101-3 第 66 详图①。

2.基础层柱纵向钢筋（基础插筋）计算

以基础顶为嵌固部位，钢筋焊接或机械连接为例，框架柱纵向钢筋接头百分率≤50%，因此基础插筋有长短之分，长短钢筋数量分别为基础钢筋总数一半。基础层纵向钢筋计算见图 1-3-17，长纵向钢筋（长插筋）和短纵向钢筋（短插筋）的长度分别为：

基础插筋翻样示例

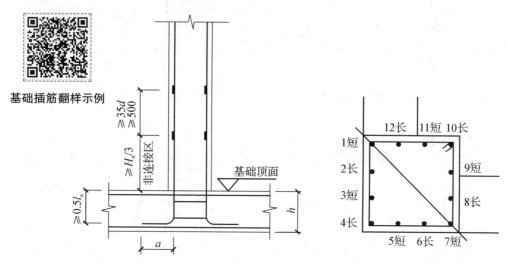

图 1-3-17　基础层柱纵向钢筋计算图

短纵向钢筋（短插筋）：

弯折长度 a + 基础中竖直长度 + 非连接区长度 = 弯折长度 $a + (h-c) + H_n/3$

当无地下室时，短纵向钢筋（短插筋）= 弯折长度 $a + (h-c) + H_1/3$

长纵向钢筋（长插筋）：

短纵向钢筋长度 + 接头错开距离[机械连接为 $35d$，焊接为 $\max(35d, 500)$]

（二）楼层（地面层）柱纵向钢筋

1.楼层（地面层）柱纵向钢筋在基础中构造

根据施工规范要求，框架柱钢筋按楼层施工，相邻纵向钢筋连接接头宜相互错开，同一连接区段内钢筋接头面积百分率不宜大于 50%，因此每层钢筋通常分两批截断，具体的连接构造做法如下图 1-3-18。

**楼层纵筋
构造做法**

要读懂柱纵向钢筋连接构造，需要熟悉 4 个知识点：

(1) 嵌固部位的判定：参照子任务 2 中基础层柱纵向钢筋嵌固部位的有关规定。

(2) 纵向钢筋连接方式和相邻钢筋错开长度：机械连接，相邻钢筋错开长度为 $35d$；焊接连接，相邻钢筋错开长度为 $\max(35d, 500)$。

(3) 非连接区：简单地说，就是在该区域范围内不允许钢筋进行连接。

(4) 非连接区域范围：不论是带地下室的建筑还是不带地下室的建筑，嵌固部位（可能是基础顶面也可能是地下室顶板面）以上 $H_n/3$ 为非连接区域，普通楼地面（即非嵌固部位）以上 $\max(H_n/6, h_c, 500)$ 为非连接区域，梁柱节点核心区（也就是梁与柱相交的梁高范围）

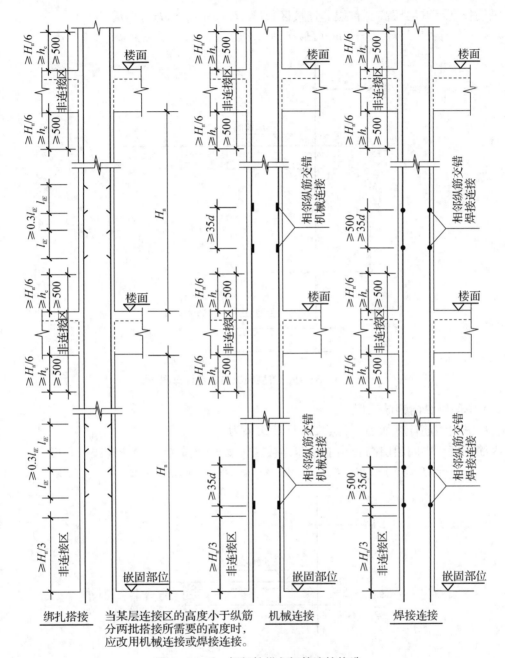

图 1-3-18 框架柱纵向钢筋连接构造

为非连接区域,楼结构底面(梁底或板底)以下 $\max(H_n/6, h_c, 500)$ 为非连接区域。h_c 为柱截面长边尺寸(圆柱为截面直径),H_n 为所在楼层的柱净高。

2. 楼层(地面层)柱纵向钢筋(基础插筋)计算

以无地下室结构为例。

(1)首层纵向钢筋

首层纵向钢筋计算如图 1-3-19,计算结果为:

纵筋长度＝首层层高－首层非连接区长度 $H_n/3+\max(H_n/6,h_c,500)$
$$=H_1-H_1/3+\max(H_2/6,h_c,500)$$

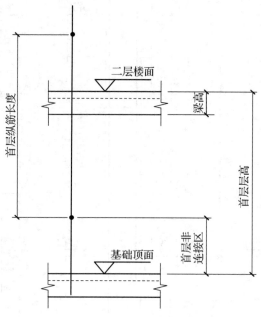

图 1‑3‑19　首层柱纵向钢筋计算图

（2）中间层纵向钢筋长度

首层纵向钢筋计算如图 1‑3‑20，计算结果为：

纵筋长度＝中间层层高－当前层非连接区长度＋（当前层＋1）非连接区长度
$$=H_n-\max(H_n/6,h_c,500)+\max(H_{n+1}/6,h_c,500)$$

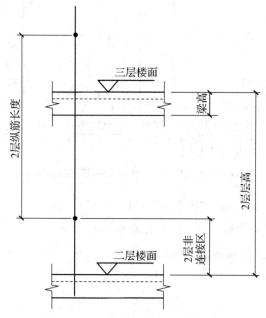

图 1‑3‑20　中间层柱纵向钢筋计算图

（三）顶层中柱纵向钢筋

柱顶层纵向钢筋构造有中柱和角柱边柱柱顶两种，顶层
与基础层对应，有长短之分，某根钢筋基础层为长插筋，顶层
即为短纵筋，反之，基础层为短插筋，顶层即为长纵筋。

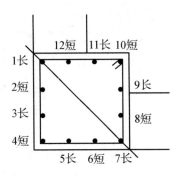

图 1-3-21

1. 中柱柱顶纵向钢筋构造

平法图集 22G101-1 第 72 页，共有四种做法见图
1-3-21，构造①、②做法均伸至柱顶弯折 $12d$，钢筋翻样计
算方法一致；构造③做法需要焊接锚头施工不方便，构造④
做法是直锚。因此钢筋翻样首先判断顶部纵筋弯锚还是直
锚，判断条件为屋面梁（板）高度 $-c \geqslant l_{aE}$（抗震），直锚；屋面梁（板）高度 $-c < l_{aE}$（抗震），
弯锚。

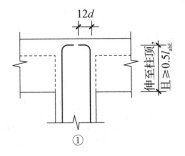

①

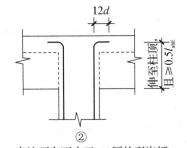

②

（当柱顶有不小于100厚的现浇板）

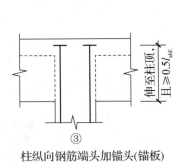

③

柱纵向钢筋端头加锚头(锚板)

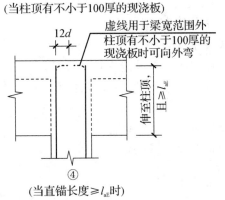

④

（当直锚长度 $\geqslant l_{aE}$ 时）

图 1-3-22　中柱柱顶纵向钢筋构造

2. 中柱柱顶纵向钢筋计算

（1）①②弯锚构造计算图见 1-3-23，计算结果如下：

顶层长纵筋＝顶层层高－顶层非连接区－保护层＋$12d$

或＝顶层柱净高－顶层非连接区＋（屋顶梁高－保护层）＋$12d$

顶层短纵筋＝长纵筋长度－接头错开距离

（2）④ 直锚构造计计算结果如下：

梁宽范围内纵向钢筋

顶层长纵筋（3、5、9、11 号钢筋）

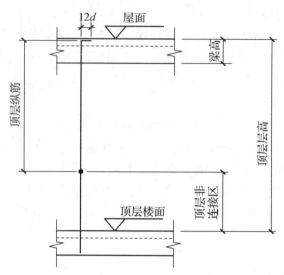

图 1-3-23 顶层中柱纵向钢筋弯锚计算图

＝顶层层高－顶层非连接区－保护层

或＝顶层柱净高－顶层非连接区＋（屋顶梁高－保护层）

顶层短纵筋(2、6、8、12号钢筋)

＝长纵筋长度－接头错开距离

梁宽范围外纵向钢筋，

顶层长纵筋(1、7号钢筋)

＝顶层层高－顶层非连接区－保护层＋12d

或＝顶层柱净高－顶层非连接区＋（屋顶梁高－保护层）＋12d

顶层短纵筋(4、10号钢筋)

＝长纵筋长度－接头错开距离

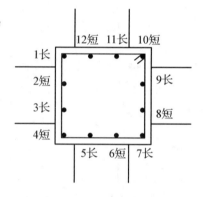

图 1-3-24

▐▶ 3.2.2 框架柱箍筋构造

框架柱箍筋根数计算

1. 基础层框架柱箍筋

（1）基础层框架柱箍筋构造

框架柱箍筋在基础中属于非复合封闭箍筋，即只有最外圈箍筋，箍筋距离基础顶面100 mm。箍筋在基础中的间距有两种做法见图1-3-16柱纵向钢筋在基础中构造，当保护层厚度>5d时，箍筋间距≤500 mm，且不少于两道；当保护层厚度≤5d时，设计应满足箍筋直径≥$d/4$(d为纵筋最大直径)，间距≤5d(d为纵筋最小直径)且≤100 mm。

（2）基础层框架柱箍筋计算

根数 n＝(基础高度－基础底部保护层 c－100)/间距＋1

其中 a、c 构造做法

根数 n＝(基础高度－c－100)/500＋1　且不小于2根

2.楼层(地面层)框架柱箍筋

(1)楼层(地面层)框架柱箍筋构造

除了具体工程设计标注箍筋全高加密外,框架柱箍筋有加密区与非加密区之分,加密区域也就是纵向钢筋非连接区域,见图1-3-25,两种构造做法的不同点在于,无地下室的结构嵌固部位在基础顶面,带地下室的结构,嵌固部位有可能在地下室顶板顶面。嵌固部位箍筋加密区长度为 $H_n/3$,其它楼层梁顶、梁底部位加密区长度为 max(柱长边尺寸 h_c、$H_n/6$、500),其中 H_n 为所在楼层的柱净高。

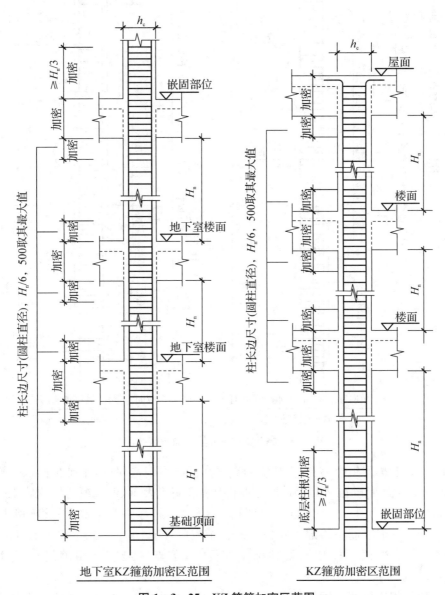

图1-3-25 KZ箍筋加密区范围

22G101-1平法图集中第67页中还介绍了单向穿层KZ和双向穿层KZ(跃层)箍筋加密区范围,单向穿层是该KZ单方向无梁且无板,双向穿层是该KZ双方向无梁且无板,见图

1-3-26，其中 H_{n*} 为穿层的柱净高。

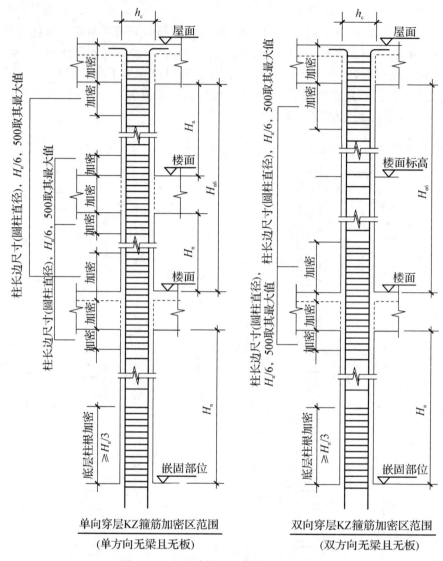

图 1-3-26　穿层 KZ 箍筋加密区范围

22G101-3 平法图集中第 66 页柱纵向钢筋在基础中构造明确，基础顶面以上箍筋的起步距为 50 mm，楼地面层在 22G101 平法图集中没有明确表示，但混凝土结构施工钢筋排布规则与构造详图 18G901-1 中明确了，见图 1-3-27。柱净高范围最下一组箍筋距底部梁顶 50 mm，最上一组箍筋距顶部梁底 50 mm。节点区最下、最上一组箍筋距节点区梁底、梁顶不大于 50 mm；当顶层柱顶与梁顶标高相同时，节点区最上一组箍筋距梁顶不大于 150 mm。

当与框架柱相连的两侧框架梁高度或标高不同时，见图 1-3-28，节点高度为梁顶最高标高到梁底最低标高之间的距离，柱净高范围底部箍筋加密区从梁顶最高标高位置起算，柱净高范围顶部箍筋加密区从梁底最底标高位置起算。

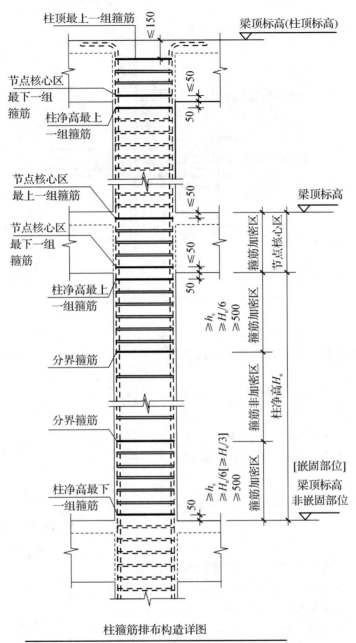

柱箍筋排布构造详图

(柱高范围箍筋间距相同时，无加密区、非加密区划分)

图 1-3-27 柱箍筋排布构造图

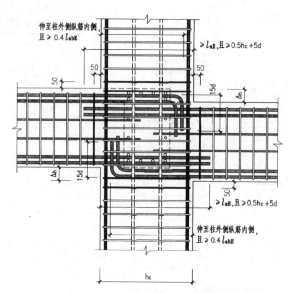

图 1-3-28　框架节点箍筋排布构造图

（2）楼层（地面层）框架柱箍筋构造

以无地下室结构，钢筋焊接或机械连接为例。

① 首层

根部（基础顶面）根数＝（加密区长度－50）/加密间距＋1

$\quad=(H_1/3-50)/$加密间距＋1

梁下根数＝（加密区长度－50）/加密间距＋1

$\quad=(\max(H_1/6,h_c,500)-50)/$加密间距＋1

梁高范围根数＝梁高/加密间距

非加密区根数＝非加密区长度/非加密间距－1

$\qquad=(H_1-H_1/3-\max(H_1/6,h_c,500))/$非加密间距－1

② 中间层

根部根数＝（加密区长度－50）/加密间距＋1

$\qquad=(\max(H_n/6,h_c,500)-50)/$加密间距＋1

梁下根数＝（加密区长度－50）/加密间距＋1

$\qquad=(\max(H_n/6,h_c,500)-50)/$加密间距＋1

梁高范围根数＝梁高/加密间距

非加密区根数＝非加密区长度/非加密间距－1

$\qquad=(H_n-\max(H_n/6,h_c,500)-\max(H_n/6,h_c,500))/$非加密间距－1

③ 顶层

根部根数＝（加密区长度－50）/加密间距＋1

梁下根数＝（加密区长度－50）/加密间距＋1

梁高范围根数＝梁高/加密间距（简化计算，未考虑柱顶最上一层箍筋距离梁顶≤150 mm）

非加密区根数＝非加密区长度/非加密间距－1

3.2.3　框架中柱钢筋翻样示例

以本项目传达室工程②/A轴交③轴框架柱 KZ2 为例。该柱的相关信息:混凝土强度 C30 级,环境类别±0.000 以下二 a 类,±0.000 以上一类,手工简化计算,该柱环境类别统一按一类计算,保护层厚度 $c=20$ mm;三级抗震,$l_{aE}=37d$;假设纵向钢筋连接方式为电渣压力焊,相邻钢筋接头错开长度为 $\max(35d,500)$,全部纵筋 6 ⊕ 16+2 ⊕ 14。

与柱相关联的构件信息:该柱 KZ2 基础为 J-1,$h_j=400$ mm,基础顶标高为−1.200 m,基础底保护层厚度 $c=40$ mm;与该柱相关联的②/A轴和③轴的二层梁梁高均为 650 mm;屋顶层梁梁高均为 570 mm;计算各楼层净高 $H_1=3\,270-650+1\,200=3\,820$ mm,$H_2=6\,600-570-3\,270=2\,760$ mm。

(一) 基础插筋

1. 判断基础插筋弯直锚

⊕ 16　$h_j-c=400-40=360<l_{aE}=37d=37\times16=592$,弯锚

⊕ 14　$h_j-c=400-40=360<l_{aE}=37d=37\times14=518$,弯锚

2. 选择构造做法

KZ2 柱纵向钢筋外侧距离基础 J-1 外边线远>$5d$,故选择标准图集 22G101-3 第 66 页构造"c"做法,钢筋支承在基础底钢筋网片上弯折长度为 $15d$。

3. 基础插筋钢筋翻样

(1) 基础插筋 1(角筋——短——1、3、5、7 号钢筋)4 ⊕ 16

数量　4 根

单根长度=$h_j-c+H_1/3+15d$(弯折长度)=$400-40+3\,820/3+15\times16=1\,633+240=1\,873$ mm

形状　240⌐_____1633_____

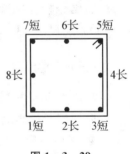

图 1-3-29

(2) 基础插筋 2(h 边——长——4、8 号钢筋)2 ⊕ 16

数量　2 根

单根长度=基础短插筋+相邻接头错开长度

　　　　=$1\,633+240+\max(35d,500)=(1\,633+35\times16)+240=2\,193+240=2\,433$ mm

形状　240⌐_____2193_____

(3) 基础插筋 3(b 边——长——2、6 号钢筋)2 ⊕ 14

数量　2 根

单根长度=$h_j-c+H_1/3+\max(35d,500)+15d$(弯折长度)

　　　　=$400-40+3\,820/3+35\times16+15\times14=2\,193+210=2\,403$ mm

形状　210⌐_____2193_____

注:1. 框架柱纵向钢筋接头百分率≤50%,因此基础插筋有长短之分,长短钢筋数量分别为基础钢筋总数一半;

2. 22G101-1 中第 60 页,当同一构件内不同连接钢筋计算连接区段长度不同时取大值,故接头错开长度取大的钢筋直径 d,$\max(35d,500)=35\times16$。

（二）一层纵筋 6 ⊕ 16＋2 ⊕ 14

1. 一层纵筋 1（角筋） 4 ⊕ 16

数量 4 根

单根长度＝$\max(H_2/6, h_c, 500) + (3\,270 + 1\,200) - H_1/3$

$\qquad = \max(2\,760/6, 400, 500) + 4\,470 - 3\,820/3 = 3\,697$ mm

形状 ————3697————

2. 一层纵筋 2（h 边） 2 ⊕ 16

数量 2 根

单根长度 ＝ $\max(H_2/6, h_c, 500) + \max(35d, 500) + (3270 + 1\,200) - H_1/3 - \max(35d, 500) = \max(2\,760/6, 400, 500) + 4\,470 - 3\,820/3 = 3\,697$ mm

形状 ————3697————

3. 一层纵筋 3（b 边） 2 ⊕ 14

数量 2 根

单根长度 ＝ $\max(H_2/6, h_c, 500) + \max(35d, 500) + (3\,270 + 1\,200) - H_1/3 - \max(35d, 500) = \max(2\,760/6, 400, 500) + 4\,470 - 3\,820/3 = 3\,697$ mm

形状 ————3697————

总结分析： 本工程无地下室，嵌固部位在基础顶面，所以首层纵筋长度＝$\max(H_2/6, hc, 500) + H_1 - H_1/3 = 3\,697$ mm

（三）顶层纵筋 6 ⊕ 16＋2 ⊕ 14

1. 判断顶部钢筋弯直锚

屋顶层梁梁高均为 570 mm

⊕ 16 屋顶层梁梁高－c＝570－20＝550＜l_{aE}＝37d＝37×16＝592,弯锚

⊕ 14 屋顶层梁梁高－c＝570－20＝550＞l_{aE}＝37d＝37×14＝518,直锚

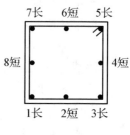

图 1－3－30

2. 选择构造做法

KZ2 柱顶层纵向钢筋，⊕16 弯锚选择标准图集 22G101－1 第 72 页构造②做法，伸至柱顶弯折长度为 12d；⊕14 直锚选择标准图集 22G101－1 第 72 页构造④做法，伸至柱顶。

3. 顶层纵筋 6 ⊕ 16＋2 ⊕ 14

（1）顶层纵筋 1（角筋——长——1、3、5、7 号钢筋） 4 ⊕ 16

数量 4 根

单根长度＝顶层梁高－c＋H_2－$\max(H_2/6, h_c, 500)$＋12d（弯折长度）

$\qquad = 570 - 20 + 2\,760 - 500 + 12 \times 16 = 2\,810 + 192 = 3\,002$ mm

形状 192└————2810————

（2）顶层纵筋 2（h 边纵筋——短——4、8 号钢筋） 2 ⊕ 16

数量　2根

单根长度＝顶层长纵筋－相邻接头错开长度

$$=2\,810-\max(35d,500)+192=(3\,002-35\times16)+192$$

$$=2\,250+192=2\,442\ \text{mm}$$

形状　　192 ⌐‾‾‾‾‾2250‾‾‾‾‾

（3）顶层纵筋3（b 边纵筋——短——2、6号钢筋）　2 Φ 14

数量　2C根　直锚

单根长度＝顶层梁高－c＋H_2－$\max(H_2/6,h_c,500)$－相邻接头错开长度

$$=570-20+2\,760-500-\max(35d,500)$$

$$=2\,810-35\times16=2\,250\ \text{mm}$$

形状　　‾‾‾‾‾‾2250‾‾‾‾‾‾

注:1. 框架柱纵向钢筋接头百分率≤50%,因此顶层纵筋也有长短之分,长短钢筋数量分别为顶层钢筋总数一半;顶层纵筋长短与基础层长短插筋对应,基础插筋长,顶层该纵筋短。

2. 22G101-1第60页当同一构件内不同连接钢筋计算连接区段长度不同时取大值,因此相邻钢筋直径 d 不同时,接头错开长度取大的钢筋直径 d。

3. 22G101-1第72页中柱柱顶钢筋构造4,虚线用于梁宽范围外纵向钢筋,2、6号钢筋属于梁宽范围内钢筋。

（四）箍筋与拉筋　Φ8@100/200

1. 箍筋长度　Φ8

箍筋的长度计算过程参见本教材第45页,本项目箍筋为一级钢筋,箍筋末端弯折135°,钢筋弯弧直径取 $2.5d$。

（1）箍筋长度　Φ8

单根长度＝$(b+h)\times2-8c+1.9d\times2+\max(10d,75)\times2$

$$=(400+400)\times2-8\times20+1.9\times8\times2+10\times8\times2=1\,630\ \text{mm}$$

形状　360 ⬜360/

（2）拉筋（单肢箍）长度　Φ8

单根长度＝$b-2c+1.9d\times2+\max(10d,75)\times2$

$$=400-2\times20+1.9\times8\times2+10\times8\times2=550\ \text{mm}$$

形状　＜‾‾‾360‾‾‾＞

注:拉筋按紧靠箍筋并勾住纵筋计算。

2. 箍筋数量　Φ8@100/200

（1）基础层箍筋

数量　$n_0=(h_j-c-100)/500+1=(400-40-100)/500+1=2$ 根

注:基础层箍筋为非复合箍筋,仅有大箍筋。

（2）一层箍筋

基础顶嵌固部位加密区 $n_1 = (H_1/3 - 50)/100 + 1 = (3\,820/3 - 50)/100 + 1 = 13.2$ 取 14 根

二层梁底加密区 $n_2 = \max[(H_1/6, h_c, 500) - 50]/100 + 1 = (3\,820/6 - 50)/100 + 1 = 6.9$ 取 7 根

注：部分教材梁底加密区数量未考虑最上层箍筋距离梁底 50 mm 计算 $n = \max(H_n/6, h_c, 500)/100 + 1$，计算结果可能有 1 根偏差。

柱梁节点核心区（梁高范围）加密区 $n_3 = $梁高$/100 = 650/100 = 6.5$ 取 7 根

一层非加密区 $n_4 = [H_1 - H_1/3 - \max(H_1/6, h_c, 500)]/200 - 1$

$= (3\,820 - 3\,820/3 - 3\,820/6)/200 - 1 = 8.6$ 取 9 根

汇总

箍筋数量 $= n_1 + n_2 + n_3 + n_4 = 14 + 7 + 7 + 9 = 37$ 根

拉筋数量 $= 2 \times (n_1 + n_2 + n_3 + n_4) = 2 \times (14 + 7 + 7 + 9) = 74$ 根

注：楼层箍筋为复合箍筋，拉筋 b、h 两个方向均有。

（3）二层箍筋

二层梁顶加密区 $n_5 = \max[(H_2/6, h_c, 500) - 50]/100 + 1 = (500 - 50)/100 + 1 = 5.5$ 取 6 根

屋顶层梁底加密区 $n_6 = \max[(H_2/6, h_c, 500) - 50]/100 + 1 = (500 - 50)/100 + 1 = 5.5$ 取 6 根

屋顶层柱梁节点核心区（梁高范围）加密区 $n_7 = $梁高$/100 = 570/100 = 5.7$ 取 6 根

二层非加密区 $n_8 = [H_2 - 2 \times \max(H_2/6, h_c, 500)]/200 - 1 = (2\,760 - 2 \times 500)/200 - 1 = 7.8$ 取 8 根

汇总

箍筋数量 $= n_5 + n_6 + n_7 + n_8 = 6 + 6 + 6 + 8 = 26$ 根

拉筋数量 $= 2 \times (n_5 + n_6 + n_7 + n_8) = 2 \times (6 + 6 + 7 + 8) = 52$ 根

（5）编制钢筋翻样单

②/A 轴交 ③ 轴框架柱 KZ2 钢筋总重量为 188.429 kg，钢筋翻样单如表 1-3-12。

表 1-3-12 ②/A 轴交 ③ 轴框架柱 **KZ2 钢筋翻样单**

构件名称：KZ2 构件数量：1 构件钢筋总重量：188.429 kg						
钢筋名称	型号规格	钢筋形状	单根长度(mm)	数量(根)	单重(kg)	总重量(kg)
基础插筋 1	⌀ 16	240⌐____1633____	1 873	4	2.959	11.836
基础插筋 2	⌀ 16	240⌐____2193____	2 433	2	3.844	7.688
基础插筋 3	⌀ 14	210⌐____2193____	2 403	2	2.908	5.816
一层纵筋 1	⌀ 16	____3697____	3 697	6	5.841	35.046
一层纵筋 2	⌀ 14	____3697____	3 697	2	4.473	8.946

构件名称:KZ2	构件数量:1	构件钢筋总重量:188.429 kg				
顶层纵筋1	⏀ 16	192└　2810	3 002	4	12.088	48.352
顶层纵筋2	⏀ 16	192└　2250	2 442	2	4.884	9.768
顶层纵筋3	⏀ 14	2250	2 250	2	2.723	5.446
箍筋	⏀ 8	360 ⌷360	1 630	65	0.644	41.860
拉筋	⏀ 8	⌐360⌐	550	63	0.217	13.671

注:本钢筋翻样单钢筋比重取值:⏀ 16　1.58 kg/m,⏀ 14　1.21 kg/m,⏀ 8　0.395 kg/m。

子任务3　框架边、角柱钢筋翻样

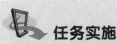

任务实施

通过学习本子任务框架柱边、角柱顶层纵向钢筋,框架边、角柱钢筋翻样示例,参考《混凝土结构施工图平面整体表示方法制图规则和构造详图》(22G101-1第65、67、70、71页,22G101-3第66页),能独立填写本子任务实施单所有的内容,本项目工程框架边、角柱钢筋翻样的内容即完成。任务实施单如下:

表1-3-13　框架边角柱(截面、钢筋均不变化)钢筋翻样任务实施单

框架边角柱	基础层保护层厚度	基础层直锚构造	基础层弯锚构造	梁宽范围外顶层外侧筋构造	梁宽范围内顶层外侧筋构造	顶层内侧钢筋构造	顶层角部节点附加钢筋构造
	嵌固部位非连接区长度(mm)	楼板(梁)顶非连接区长度(mm)	楼板(梁)底非连接区长度(mm)	基础层箍筋(起步距、间距、非复合)	嵌固部位箍筋加密区长度(mm)	楼板(梁)顶、底箍筋加密区长度(mm)	楼板(梁)、底箍筋起步距(mm)

柱编号	钢筋名称	型号规格	钢筋形状	单根长度(mm)	数量(根)	单重(kg)	总重量(kg)
KZ1 ③轴/ⓑ轴	基础插筋1(长)						
	基础插筋2(短)						
	一层纵筋						
	梁宽范围外顶层外侧纵筋1(长)						
	梁宽范围外顶层外侧纵筋2(短)						
	梁宽范围内顶层内侧纵筋1(长)						

续　表

柱编号	钢筋名称	型号规格	钢筋形状	单根长度（mm）	数量（根）	单重(kg)	总重量(kg)
KZ1 ③轴/ Ⓑ轴	梁宽范围内顶层内侧纵筋2(短)						
	顶层内侧纵筋1(长)						
	顶层内侧纵筋1(短)						
	角部节点附加钢筋1						
	角部节点附加钢筋2						
	箍筋(基础层)						
	箍筋(一层)						
	箍筋(二层)						
	拉筋(一层)						
	拉筋(二层)						
	构件钢筋总重量：			kg			
	纵向钢筋接头数量：			个			

注：根据需要增减表格行。

▐▶ 3.3.1　边、角柱柱顶纵向钢筋构造

边角柱纵向钢筋构造

1. 边、角柱顶层外侧纵向钢筋构造

边、角柱柱顶纵向钢筋构造见平法 22G101-1 第 70、71、74 页。边、角柱柱顶纵向钢筋复杂,有伸出屋顶和不伸出屋顶之分,伸出屋顶构造做法见图 1-3-31。不伸出屋顶柱外侧纵向钢筋和梁上部钢筋又分在顶外侧直线搭接(俗称梁锚柱)见图 1-3-32、在节点外侧弯折搭接(俗称柱锚梁)见图 1-3-33。

对于不伸出屋顶边、角柱柱顶构造做法,设计没有明确时,因为弯折搭接(柱锚梁)施工方便,施工单位通常优先选择。

图 1-3-33 不伸出屋顶柱外侧纵向钢筋和梁上部钢筋在顶外侧弯折搭接,又分为梁宽范围内钢筋和梁宽范围外钢筋,共(a)、(b)、(c)、(d)4 种构造。要正确选用四种构造做法,首先要分清柱外侧钢筋、内侧钢筋、梁宽范围内钢筋、梁宽范围外钢筋。边、角柱内外侧钢筋具体划分见图 1-3-34。以边柱为例,外侧一共 4 根钢筋,外1、外4 钢筋如果朝着内侧梁方向锚固,伸不到内侧梁中,属于梁宽范围外钢筋,外2、外3 钢筋朝着内侧梁方向锚固,可以伸到内侧梁中,属于梁宽范围内钢筋。

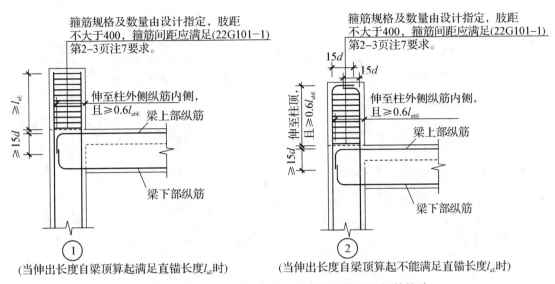

图 1-3-31　KZ 边、角柱柱顶等截面伸出屋顶钢筋构造

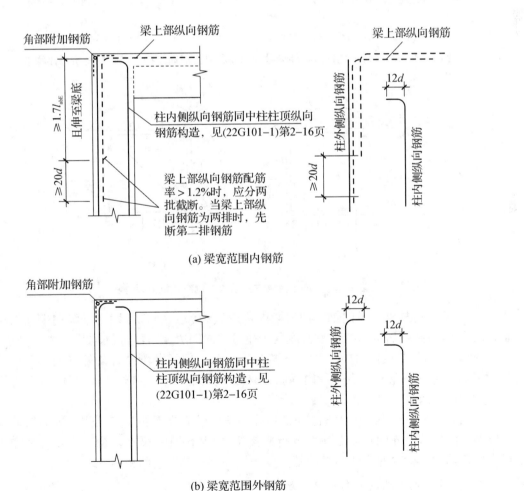

(a) 梁宽范围内钢筋

(b) 梁宽范围外钢筋

图 1-3-32　边、角柱柱顶柱外侧纵向钢筋和梁上部钢筋在柱外侧直线搭接构造

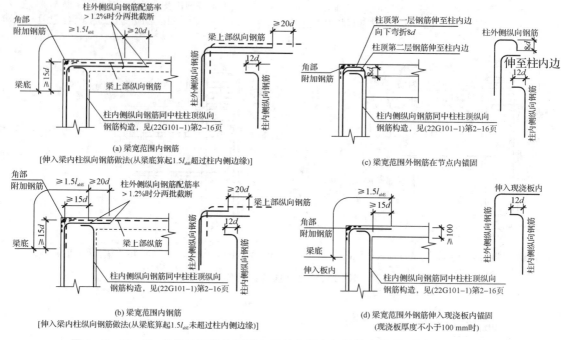

图1-3-33　边、角柱柱顶柱外侧纵向钢筋和梁上部钢筋在节点外侧弯折搭接构造

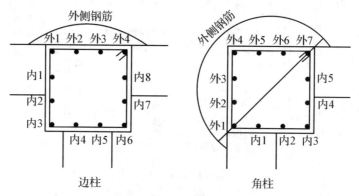

图1-3-34　边、角柱柱顶内外侧纵向钢筋示意图

图1-3-33柱外侧纵向钢筋伸入梁内构造做法(a)、(b),区别在于纵向钢筋从梁底开始$1.5l_{abE}$,弯折到屋面梁中的水平长度是否超过柱内侧边缘,若弯折长度>(柱宽-2c),选构造 a 做法;若弯折长度≤(柱宽-2c),选构造 b 做法。梁宽范围外柱外侧纵向钢筋构造(c)、(d)做法,若直接在梁柱节点范围内锚固,选构造 c 做法,伸入到现浇板内锚固,其现浇板厚度≥100 mm,选 d 构造做法。

根据22G101-1第70页备注,KZ边柱和角柱梁宽范围外节点外侧柱纵向钢筋构造应与梁宽范围内节点外侧和梁端顶部弯折搭接构造配合使用;梁宽范围内 KZ 边柱和角柱柱顶纵向钢筋伸入梁内的柱外侧纵筋不宜少于柱外侧全部纵筋面积的65%。

2. 边、角柱顶层外侧纵向钢筋长度计算

以边、角柱柱顶柱外侧纵向钢筋和梁上部钢筋在节点外侧弯折搭接构造为例。

a 构造做法梁外侧钢筋计算结果如下：

顶层长纵向钢筋

＝顶层层高－顶层非连接区－梁高＋$1.5l_{abE}$

或＝（顶层层高－顶层非连接区－保护层厚度 c）＋（$1.5l_{abE}$－（梁高－c））

顶层短纵向筋＝长纵向钢筋－接头错开距离

b 构造做法梁外侧钢筋计算结果如下：

顶层长纵向钢筋

＝顶层层高－顶层非连接区－保护层厚度 c＋$\max[1.5l_{abE-}$－（梁高－c），$15d]$

或＝顶层柱净高－顶层非连接区＋（顶层梁高－保护层厚度 c）＋$\max[1.5l_{abE-}$－（梁高－c），$15d]$

顶层短纵向筋＝长纵向钢筋－接头错开距离

c 构造做法梁外侧钢筋计算结果如下：

顶层第一层长纵向钢筋

＝顶层层高－顶层非连接区－保护层厚度 c＋（柱宽－2×保护层厚度）＋$8d$

或＝顶层柱净高－顶层非连接区＋（顶层梁高－c）＋（柱宽－2×c）＋$8d$

顶层短纵向筋＝长纵向钢筋－接头错开距离

d 构造做法梁外侧钢筋计算结果如下：

顶层长纵向钢筋

＝顶层层高－顶层非连接区－保护层厚度 c＋$\max[1.5l_{abE-}$－（梁高－c），柱宽－3＋$15d]$

或＝顶层柱净高－顶层非连接区＋（顶层梁高－保护层厚度 c）＋$\max[1.5l_{abE-}$－（梁高－c），柱宽－c＋$15d]$

顶层短纵向筋＝长纵向钢筋－接头错开距离

3. 边、角柱顶层内侧纵向钢筋长度计算

对于不伸出屋顶边、角柱柱顶构造做法中，内侧纵筋构造同中柱柱顶纵向钢筋，具体计算见中柱柱顶纵向钢筋计算。

4. 顶层柱角部附加钢筋

（1）顶层柱角部附加钢筋构造

在梁柱顶层角部节点，柱宽范围的柱箍筋内侧设置间距≤150 mm 且不少于 3 根直径不小于 10 mm 的角部附加钢筋和 $1\phi10$ 附加钢筋。角柱角部附加钢筋，布置在外角边两侧箍筋内，所以附加钢筋总数不少于 6 根＋$2\phi10$；边柱角部附加钢筋，布置在外边侧箍筋内，附加钢筋总数不少于 3 根＋$1\phi10$。

节点柱角部附加钢筋要求见本图集 22G101－1 第 71 页，如图 1－3－35。

（2）顶层柱角部附加钢筋计算

① 角柱角部附加钢筋

$2\phi10$　长度＝柱宽－2×保护层厚度

$\phi10@150$

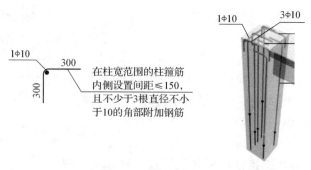

图 1-3-35 节点纵向钢筋弯折和角部附加钢筋要求

单侧根数＝(柱宽－2×保护层厚度)/150＋1,且不少于 3 根,共 2 侧

② 边柱角部附加钢筋

$1\phi10$　　长度＝柱宽－2×保护层厚度

$\phi10@150$　　根数＝(柱宽－2×保护层厚度)/150＋1,且不少于 3 根

3.3.2 框架柱(角柱)钢筋翻样示例

角柱顶层示例

以Ⓐ轴交①轴框架柱 KZ1 为例。保护层厚度 $c=20$ mm;三级抗震,$l_{aE}=37d$;假设纵向钢筋连接方式为机械连接,相邻钢筋接头错开长度为 $35d$,全部纵筋 12 Φ 16。该柱基础为 DJ_P-2,$h_j=600$ mm,基础顶标高为－0.900 m,基础底保护层厚度 $c=40$ mm。

与该柱相关联的①轴和Ⓐ轴的二层梁梁高均为 650 mm;屋顶层梁梁高均为 570 mm;计算各楼层净高 $H_1=3\,270-650+900=3\,520$ mm,$H_2=6\,600-570-3\,270=2\,760$ mm。

> **学习引导**:角柱与中柱的钢筋构造,仅顶部纵向钢筋构造不同,基础层和普通楼层钢筋构造相同。中柱 KZ2 的连接方式为电渣压力焊,箍筋为 3×3,本柱钢筋的连接方式假设为机械连接,箍筋为 4×4。

1. 基础插筋

2. 一层纵筋

请尝试自行对该柱的基础层、一层纵向钢筋进行翻样,扫码查看参考答案。

参考答案

3. 顶层纵筋

(1) 计算外侧、内侧钢筋数量

外侧、内侧钢筋分布如图所示,以梁外侧外边线为分界线,梁外侧外边线以内为内侧钢筋,梁外侧外边线以外(含对角线上的角筋)为外侧钢筋,因此内侧钢筋为 5 Φ 16(8、9、10、11、12 号钢筋);外侧钢筋为 7 Φ 16(1-7 号钢筋)。

(2) 柱外侧钢筋选择构造做法

KZ1 柱顶未伸出屋面,$1.5l_{abE}=1.5\times37d=1.5\times37\times16=888$ mm

$888-(570-c)=888-(570-20)=338\leqslant$ 柱宽－2$c=$

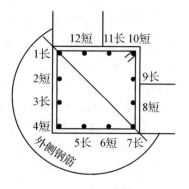

图 1-3-36

$400-2\times20=360$

梁宽范围内钢筋选择 22G101-1 第 70 页柱外侧纵向钢筋和梁上部纵向钢筋在节点外侧弯折搭接构造 b 做法。

(3) 梁宽范围内顶层外侧纵筋

根据 22G101-1 第 70 页注 2,梁宽范围内 KZ 边柱和角柱柱顶纵向钢筋伸入梁内的柱外侧纵筋不宜少于柱外侧全部纵筋面积的 65%,那么伸入梁宽范围内的外侧钢筋数量为:$7\times65\%=4.55$,取 5 根。3 号、5 号钢筋肯定能锚固到梁内,假设 2~6 号为伸入梁宽范围内的外侧钢筋,那么 2 长 3 短。

① 顶层长纵筋 1(3 号、5 号钢筋)

数量　$2\,\underline{\Phi}\,16$

$$\begin{aligned}\text{单根长度}&=(\text{层高}-\max(H_2/6,h_c,500)-c)+\max(1.5l_{abE}-(\text{节点梁高}-c),15d)\\&=(6\,600-3\,270-500-20)+(1.5\times37\times16-(570-20))\\&=2\,810+338=3\,148\text{ mm}\end{aligned}$$

形状　$338\,\rule[-0.5em]{0.5pt}{1.2em}\!\!\underline{\hspace{3em}2810\hspace{3em}}$

② 顶层短纵筋 2(2 号、4 号、6 号钢筋)

数量　$3\,\underline{\Phi}\,16$

$$\begin{aligned}\text{单根长度}&=\text{顶层长纵筋}-\text{相邻接头错开长度}=3\,148-35d\\&=(2\,810-35\times16)+338=2\,250+338=2\,588\text{ mm}(\text{为了绘图方便,直接在竖}\\&\quad\text{直长度}-35d)\end{aligned}$$

形状　$338\,\rule[-0.5em]{0.5pt}{1.2em}\!\!\underline{\hspace{3em}2250\hspace{3em}}$

(4) 梁宽范围外顶层外侧纵筋(1 号、7 号钢筋)

22G101-1 第 70 页梁宽范围外钢筋 c、d 两种构造做法没有明确规定,由于梁柱节点钢筋多,c 构造施工难度$>d$ 构造施工难度小,本项目板厚 120 mm,假设选择 d 构造做法,1 号、7 号均为长钢筋。

顶层长纵筋 3

数量　$2\,\underline{\Phi}\,16$

$$\begin{aligned}\text{单根长度}&=\text{顶层层高}-\text{顶层非连接区}-\text{保护层厚度}\,c+\max[1.5l_{abE}-(\text{梁高}-c),\text{柱}\\&\quad\text{宽}-c+15d]\\&=(\text{层高}-\max(H_2/6,h_c,500)-c)+(400-20+15d)\\&=(6\,600-3\,270-500-20)+(400-20+15\times16)\\&=2\,810+620=3\,430\text{ mm}\end{aligned}$$

形状　$620\,\rule[-0.5em]{0.5pt}{1.2em}\!\!\underline{\hspace{3em}2810\hspace{3em}}$

(5) 顶层内侧纵筋

判断弯直锚,屋顶层梁梁高均为 570 mm

屋顶层梁梁高$-c=570-20=550<l_{aE}=37d=37\times16=592$,弯锚,本工程板厚度 120 mm,选择 22G101-1 第 72 页构造②。

① 顶层长纵筋 4(9 号、11 号钢筋)

数量　2 ⽫ 16

单根长度＝顶层梁高－c＋H_2－$\max(H_2/6, h_c, 500)$＋12d(弯折长度)

$\qquad$＝570－20＋2 760－500＋12×16＝2 810＋192＝3 002 mm

形状　192 └───── 2810 ─────

② 顶层短纵筋 5(8 号、10 号、12 号钢筋)

数量　3 ⽫ 16

单根长度＝顶层长纵筋－相邻接头错开长度

＝(2 810－35d)＋12d＝(2 810－35×16)＋12×16＝2 250＋192＝2 442 mm

形状　192 └───── 2250 ─────

箍筋翻样

4. 箍筋　φ8@100/200

(1) 箍筋长度

① 大箍筋

单根长度＝$(b+h)×2-8c+1.9d×2+\max(10d, 75)×2$

$\qquad$＝(400＋400)×2－8×20＋1.9×8×2＋10×8×2＝1 630 mm

形状　360 ┌──360──┐

② 小箍筋

小箍筋长度计算参见本教材第 46 页,该柱 b 方向、h 方向小箍筋相同。

间距 $j = \dfrac{400-2×20-16-2×8}{4-1} = 109.3$ mm

单根长度＝(109.3＋16＋2×8)×2＋(400－2×20)×2＋1.9×8×2＋10×8×2

$\qquad$＝141×2＋360×2＋23.8×8＝1 192 mm

形状　141 ┌──360──┐

(2) 基础层箍筋

数量 $n_0 = (h_j-c-100)/500+1 = (600-40-100)/500+1 = 2$ 根

(3) 一层箍筋

基础顶嵌固部位加密区 $n_1 = (H_1/3-50)/100+1 = (3\,520/3-50)/100+1 = 12.2$　取 13 根

二层梁底加密区 $n_2 = [\max(H_1/6, h_c, 500)-50]/100+1$

$\qquad = (3\,520/6-50)/100+1 = 6.7$　取 7 根

二层梁高(节点)加密区 $n_3 = $ 梁高$/100 = 650/100 = 6.5$　取 7 根

一层非加密区 $n_4 = (H_1-H_1/3-\max(H_1/6, h_c, 500))/200-1$

$\qquad = (3\,520-3\,520/3-3\,520/6)/200-1 = 7.8$　取 8 根

汇总

大箍筋数量 $= n_1 + n_2 + n_3 + n_4 = 13 + 7 + 7 + 8 = 35$ 根

小箍筋数量 $= 2 \times (n_1 + n_2 + n_3 + n_4) = 2 \times (13 + 7 + 7 + 8) = 70$ 根

> **注:** 楼层箍筋为复合箍筋,拉筋 b、h 两个方向均有。

（4）二层箍筋

二层梁顶加密区 $n_5 = [\max(H_2/6, h_c, 500) - 50]/100 + 1$

$\qquad\qquad\qquad\qquad = (500 - 50)/100 + 1 = 5.5$ 取 6 根

屋顶层梁底加密区 $n_6 = [\max(H_2/6, h_c, 500) - 50]/100 + 1$

$\qquad\qquad\qquad\qquad = (500 - 50)/100 + 1 = 5.5$ 取 6 根

屋顶层梁高（节点）加密区 $n_7 =$ 梁高$/100 = 570/100 = 5.7$ 取 6 根

二层非加密区 $n_8 = (H_2 - 2 \times \max(H_2/6, h_c, 500))/200 - 1$

$\qquad\qquad\qquad\qquad = (2\,760 - 2 \times 500)/200 - 1 = 7.8$ 取 8 根

汇总

大箍筋数量 $= n_5 + n_6 + n_7 + n_8 = 6 + 6 + 6 + 8 = 26$ 根

小箍筋数量 $= 2 \times (n_5 + n_6 + n_7 + n_8) = 2 \times (6 + 6 + 6 + 8) = 52$ 根

5. 角部节点附加钢筋

（1）角部节点附加钢筋 1 $\phi 10$

数量 2 根

单根长度 = 柱宽 $-2c = 400 - 2 \times 20 = 360$ mm

形状 <u>　　　　360　　　　</u>

（2）角部节点附加钢筋 2 $\phi 10@150$

数量 6 根

单根长度 $= 300 + 300 = 600$ mm

形状

3.3.3 框架柱（边柱）钢筋翻样示例

以Ⓐ轴交②轴框架柱 KZ1 为例。

> **学习引导:** 对比Ⓐ轴交①轴 KZ1,两柱均为 KZ1,配筋相同,并且两柱在同一基础上,二层和顶层与柱关联的框架梁高也相同。唯一不同的就是所在轴线位置不同,一为角柱,一为边柱,边柱角柱配筋构造区别仅在于外侧和内侧钢筋的判定,因此就本柱顶层纵向钢筋进行如下分析。

1. 判断梁外侧、梁内侧钢筋

矩形柱,外侧边线上的所有钢筋为外侧钢筋,其余为内侧钢筋,因此本柱外侧钢筋为 4 ⊕ 16(1～4 号钢筋),内侧钢筋为 8 ⊕ 16(5～12 号钢筋)。如下图所示。

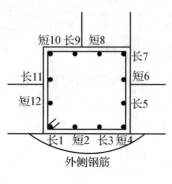

图 1 - 3 - 37

参考答案

2. 分析梁外侧钢筋（梁宽范围内，梁宽范围外）

根据 22G101 - 1 第 70 页注 2，梁宽范围内 KZ 边柱和角柱柱顶纵向钢筋伸入梁内的柱外侧纵筋不宜少于柱外侧全部纵筋面积的 65%，那么伸入梁宽范围内的外侧钢筋数量为：$4 \times 65\% = 2.6$，取 3 根。由于 3 号、4 号钢筋肯定能锚固到梁内，因此 2、3、4 号钢筋为伸入梁宽范围内的外侧钢筋，1 号钢筋为伸入梁宽范围外的外侧钢筋。

3. 选择构造做法

KZ1 柱顶未伸出屋面，$1.5 l_{abE} = 1.5 \times 37d = 1.5 \times 37 \times 16 = 888$ mm

$888 - (570 - c) = 888 - (570 - 20) = 338 \leqslant$ 柱宽 $- 2c = 400 - 2 \times 20 = 360$

梁宽范围内的外侧钢筋选择 22G101 - 1 第 70 页柱外侧纵向钢筋和梁上部纵向钢筋在节点外侧弯折搭接构造 b 做法。

22G101 - 1 第 70 页梁宽范围外钢筋 c、d 两种构造没有明确如何选择，假设梁宽范围内的外侧钢筋选择 c 构造做法。

屋顶层梁梁高均为 570 mm，本工程屋面板厚度 120 mm，屋顶层梁梁高 $- c = 570 - 20 = 550 < l_{aE} = 37d = 37 \times 16 = 592$，顶层内侧纵筋选择 22G101 - 1 第 72 页构造②。

假设该柱纵向钢筋连接为电渣压力焊，请自行根据以上分析，对该柱顶层纵向钢筋和角部附加钢筋进行翻样，扫码查看参考答案。

实践创新

1. 框架柱平法施工图表示方法

请认真识读本项目传达室柱定位平面图，并完成以下任务：

（1）请将Ⓐ轴交②轴框架柱 KZ1 用列表注写表达。

（2）请将㉔/A轴交③轴框架柱 KZ2 用截面注写表达。

2. 请分析本任务箍筋长度计算原理，尝试计算框架柱 KZ3 内圈箍筋长度。

▶ 任务四　框架梁识图与钢筋翻样 ◀

学习内容

1. 现浇混凝土梁分类；
2. 框架梁制图规则和标准构造详图；
3. 框架梁钢筋翻样方法。

参考标准图集

1.《混凝土结构施工图平面整体表示方法制图规则和构造详图》(22G101-1)，第26～37页。

2.《混凝土结构施工图平面整体表示方法制图规则和构造详图》(22G101-1)，第89～90、93页。

3.《混凝土结构施工图平面整体表示方法制图规则和构造详图》(22G101-1)，第95～97、99页。

工作任务

砼梁的种类较多，22G101-1平法图集中列了八种，不同类型梁钢筋构造不同，同类型梁支座不同钢筋构造也不同，砼梁钢筋构造重点在于梁支座处的节点钢筋构造。砼梁的支座按位置分，有端支座和中间支座；按支座构件分，有砼柱、砼墙、砼梁。本项目就框架结构中最常见的抗震结构楼层框架梁 KL、屋面框架梁 WKL、非框架梁 L 钢筋构造做分析。

通过课程学习，学生需要完成以下子任务：

子任务1　混凝土梁平法施工图识读

子任务2　框架梁(不带悬挑端)钢筋翻样

子任务3　框架梁(带悬挑端)钢筋翻样

子任务4　非框架梁钢筋翻样

子任务5　框架梁(支座两侧梁顶梁底高差 $\Delta_h/(h_c-50)>1/6$)钢筋翻样

梁构件种类

知识准备

依据 22G101-1 平法图集，主体结构中，现浇混凝土梁分为楼层框架梁 KL、楼层框架扁梁 KBL、屋面框架梁 WKL、框支梁 KZL、托柱转换梁 TZL、非框架梁 L、悬挑梁 XL、井字梁 JZL 八种。

1. 楼层框架梁 KL

框架梁(KL)一般是指两端与框架柱(KZ)相连的梁，或者两端与剪力墙相连但跨高比不小于5的梁。楼层框架梁是指顶层以下的各楼层的框架梁。

2. 楼层框架扁梁 KBL

框架扁梁是框架梁的一种，普通矩形截面梁的高宽比 h/b 一般取 2.0～3.5；当梁宽大于梁高时,梁就称为扁梁(或称宽扁梁、扁平梁、框架扁梁)。

3. 屋面框架梁 WKL

屋面框架梁是指用在屋面的框架梁。当框架柱不伸出屋面时,该屋面框架梁柱节点处,框架梁做法就应该按照屋面框架梁的节点要求来做。

4. 框支梁 KZL、托柱转换梁 TZL

因为建筑功能要求,下部大空间,上部部分竖向构件不能直接连续贯通落地,而通过水平转换结构与下部竖向构件连接。当布置的转换梁支撑上部剪力墙的时候,转换梁叫框支梁,支撑框支梁的柱子就叫做框支柱;当布置的转换梁支撑上部柱的时候,转换梁叫托柱转换梁。

5. 非框架梁 L

非框架梁是指不与钢筋混凝土柱和钢筋混凝土墙相连接的钢筋混凝土梁。设置在框架结构中框架梁之间,起将楼板的荷载传给框架梁的作用。

6. 悬挑梁 XL

不是两端都有支撑的,一端埋在或者浇筑在支撑物上,另一端伸出挑出支撑物的梁叫做悬挑梁。

7. 井字梁 JZL

井字梁就是不分主次,高度相当的梁,同位相交,呈井字型。这种一般用在楼板是正方形或者长宽比小于 1.5 的矩形楼板,大厅比较多见,梁间距 3 m 左右。由同一平面内相互正交或斜交的梁所组成的结构构件。又称交叉梁或格形梁。

子任务1 混凝土梁平法施工图识读

 任务实施

通过学习本子任务的框架梁平法施工图的表达方式,框架梁平面注写识读示例,参考《混凝土结构施工图平面整体表示方法制图规则和构造详图》(22G101-1)第 26～37 页,能独立填写本子任务实施单所有的内容,本项目工程框架梁的识读内容即完成。任务实施单如下:

表 1-4-1　现浇混凝土梁平法施工图识读任务实施单

识读内容 ＼ 梁编号	KL3(2)	KL4(1B)	L1(1)	WKL5(3)
截面尺寸 $b \times h$				
梁顶标高(m)				
跨数量				
端支座名称编号				
中间支座名称编号				
第一净跨 l_{n1} 长度(mm)				
第二净跨 l_{n2} 长度(mm)				

续　表

识读内容 ＼ 梁编号	KL3(2)	KL4(1B)	L1(1)	WKL5(3)
悬挑端净长度(mm)				
上部通长筋				
上部架立筋				
上部端支座筋(第一排/第二排)				
上部中间支座筋(第一排/第二排)				
第一跨下部纵筋(第一排/第二排)				
第二跨下部纵筋(第一排/第二排)				
悬挑端下部纵筋				
侧面中部第一跨钢筋(每侧/两侧)				
侧面中部第二跨钢筋(每侧/两侧)				
侧面中部悬挑端钢筋(每侧/两侧)				
箍筋型号规格				
箍筋加密区间距				
箍筋非加密区间距				

注:根据需要增减表格行。

▶ 4.1.1　混凝土梁平法施工图简介

梁平法施工图系在梁平面布置图上采用平面注写方式或截面注写方式表达。在实际工程中,平面注写方式应用广泛。

梁截面注写

平面注写方式,系在梁平面布置图上,分别在不同编号的梁中各选一根梁,在其上注写截面尺寸和配筋具体数值的方式来表达梁平法施工图。平面注写包括集中标注与原位标注,集中标注表达梁的通用数值,原位标注表达梁的特殊数值。当集中标注中的某项数值不适用于梁的某部位时,则将该项数值原位标注,施工时,原位标注取值优先,如图1-4-1。

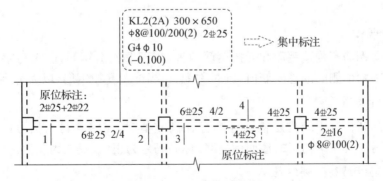

图1-4-1　梁平面注写示例

截面注写方式,系在分标准层绘制的梁平面布置图上,分别在不同编号的梁中各选择一根梁用剖面号引出配筋图,并在其上注写截面尺寸和配筋具体数值的方式来表达梁平法施工图,

图 1-4-1 平面注写图中标注的剖面号 1、2、3、4 位置处，所对应的截面注写方式见图 1-4-2。

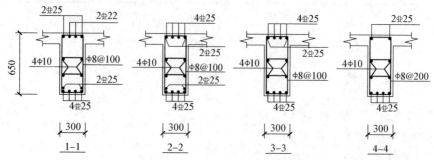

图 1-4-2 梁截面注写示例

(一) 平面注写集中标注

1. 截面尺寸

梁平面注写集中标注

对于矩形梁，梁截面尺寸用梁宽 b ×梁高 h 表示；若悬挑梁根部和端部的高度不同时，用斜线分隔根部与端部的高度值，即为梁宽 b ×梁高 h_1/h_2。

2. 跨数及是否带悬挑

梁编号中的 (××) 括号内数字代表跨数，(××A) 为一端有悬挑，(××B) 为两端有悬挑，悬挑不计入跨数。

3. 梁箍筋

包括钢筋级别、直径、加密区与非加密区间距及肢数。箍筋加密区与非加密区的不同间距及肢数需用斜线 "/" 分隔；当梁箍筋为同一种间距及肢数时，则不需用斜线；当加密区与非加密区的箍筋肢数相同时，则将肢数注写一次；箍筋肢数应写在括号内。

4. 梁上部通长筋、架立筋

集中标注一般需要注写梁上部通长筋或架立筋，当仅有通长筋时，注写规格与根数；既有通长筋又有架立筋时，应用加号 "+" 将通长筋和架立筋相联，并且架立筋需要加括号，通长筋写在加号的前面，架立筋写在加号后面的括号内，以示区别；当全部采用架立筋时，则将其写入括号内。

5. 梁侧面钢筋

梁侧面纵向钢筋有构造钢筋和受扭钢筋两种，当配置构造钢筋，以大写字母 G 打头，接续注写设置在梁两个侧面的总配筋值，且对称配置；当配置受扭钢筋，以大写字母 N 打头。

6. 梁顶面标高高差

当梁顶面标高相对于结构层楼面标高存在高差值时，需将其写入括号内，无高差时不注。当梁顶面高于所在结构层的楼面标高时，标高高差为正值，反之为负值。

7. 梁的上部纵筋和下部纵筋

当梁的上部纵筋和下部纵筋全跨相同，或多数跨配筋相同时，可在集中标注中加注下部纵筋的配筋值，用分号 ";" 将上部与下部纵筋的配筋值分隔开来，少数跨不同者，用原位标注加以区分。

（二）平面注写原位标注

1. 梁支座上部纵筋

梁平面注写原位标注

上部支座纵筋为含通长筋在内的所有纵筋。

（1）当上部纵筋多于一排时，用斜线"/"将各排纵筋自上而下分开。

（2）当同排纵筋有两种直径时，用加号"＋"将两种直径的纵筋相联，注写时将角部纵筋写在前面。

（3）当梁中间支座两边的上部纵筋不同时，须在支座两边分别标注；当梁中间支座两边的上部纵筋相同时，可仅在支座的一边标注配筋值，另一边省去不注。

2. 梁下部纵筋

（1）当下部纵筋多于一排时，用斜线"/"将各排纵筋自上而下分开。

（2）当同排纵筋有两种直径时，用加号"＋"将两种直径的纵筋相联，注写时将角部纵筋写在前面。

（3）当梁下部纵筋不全部伸入支座时，将梁支座下部纵筋减少的数量写在括号内。

3. 当在梁上集中标注的内容（即梁截面尺寸、箍筋、上部通长筋或架立筋，梁侧面纵向构造钢筋或受扭纵向钢筋，以及梁顶面标高高差中的某一项或几项数值）不适用于某跨或某悬挑部分时，则将其不同数值原位标注在该跨或该悬挑部位，施工时应按原位标注数值取用。

4. 附加箍筋或吊筋

若框架梁与非框架梁交接处需要配置附加箍筋或吊筋，将其直接画在平面图中的主梁上，用线引注总配筋值，当多数附加箍筋或吊筋相同时，可在梁平法施工图上统一注明，少数与统一注明值不同时，再原位引注。

▶ 4.1.2 框架梁平面注写识读示例

读懂框架梁施工图，除了要准确读出框架梁集中标注、原位标注信息外，还要识读框架梁支座、跨度等信息。现以本项目传达室工程为例。

（一）框架梁 KL3(2) 识读

二层梁平面图中的 3 轴 KL3(2) 识读如下：

1. 集中标注信息

（1）梁名称、编号、跨数：楼层框架梁 KL3，共 2 跨，从下往上数Ⓐ轴～②/A轴为第一跨，②/A轴～Ⓑ轴为第二跨。

（2）形状、截面尺寸：矩形梁，240 mm（梁宽）×650 mm（梁高）。

（3）梁箍筋：箍筋为φ8，加密区间距 100 mm，非加强区间距 200 mm，2 肢箍。

（4）纵向钢筋：梁上部通长筋为 2 ⊕ 16，下部通长筋为 3 ⊕ 16。

（5）梁侧面钢筋：构造钢筋，2 ⊕ 12，即每侧 1 ⊕ 12。

（6）梁顶标高：同结构标高，即 3.270 m。

2. 原位标注信息

（1）梁上部支座筋：Ⓐ轴、②/A轴支座上部纵筋为 3 ⊕ 16，其中 2 ⊕ 16 为上部通长筋，

1 Φ 16为支座附加筋。

(2) 梁下部支座筋:第一跨(Ⓐ轴～②/A轴)下部纵筋共 5 Φ 16,分两排布置,第一排为 2 Φ 16,第二排为 3 Φ 16;第二跨(②/A轴～Ⓑ轴)下部纵筋为集中标注中";"后面的 3 Φ 16。

3. 其他信息

(1) 支座:共有 3 个支座,分别为端支座Ⓐ轴交③轴的 KZ3,端支座Ⓑ轴交③轴的 KZ1,中间支座②/A轴交③轴的 KZ2。

(2) 跨长:净跨用代号"l_n"表示,第一跨 $l_{n1}=900+3\,340-280-280=3\,680$ mm,第二跨 $l_{n2}=1\,520-120-280=1\,120$ mm。

(二) 框架梁 KL5(3A)识读

二层梁平面图Ⓐ轴 KL5(3A),与 KL3(2)对比,有不同,识图如下:

1. 集中标注信息

(1) 梁名称、编号、跨数:楼层框架梁 KL5,共 3 跨,一端带悬挑,从左往右数①～②轴为第一跨,②～③轴为第二跨,③～④为第三跨,④轴以右为悬挑端。

(2) 形状、截面尺寸:矩形梁,240 mm(梁宽)×650 mm(梁高)。

(3) 梁箍筋:箍筋为φ 8,加密区间距 100 mm,非加强区间距 200 mm,2 肢箍。

(4) 纵向钢筋:梁上部通长筋为 2 Φ 14,下部通长筋为 2 Φ 14。

(5) 梁侧面钢筋:构造钢筋,2 Φ 12,即每侧 1 Φ 12。

(6) 梁顶标高:同结构标高,即 3.270 m。

2. 原位标注信息

(1) 梁上部支座筋:②、③轴支座上部纵筋为 4 Φ 14,分 2 排,其中"/"前面的 2 Φ 14 为上部通长筋,"/"后面的 2 Φ 14 为支座附加筋。

(2) 梁下部支座筋:第二跨②～③轴下部纵筋共 3 Φ 16,第一跨①～②轴、第三跨③～④下部纵筋为集中标注中";"后面的 2 Φ 14。

(3) 悬挑端的原位标注:悬挑端梁高为 400 mm,箍筋间距为 100 mm,梁顶标高比该层结构标高低 0.200 m,即悬挑端梁顶标高为 3.270-0.200=3.070 m。

3. 其他信息

(1) 支座:共有 4 个支座,分别为端支座Ⓐ轴交①轴的 KZ1,中间支座Ⓐ轴交②轴的 KZ1、Ⓐ轴交③轴的 KZ3,端支座④轴的 KL4(1B)。

(2) 跨长:$l_{n1}=2\,600-280-280=2\,040$ mm,$l_{n2}=5\,660-120-280=5\,260$ mm,$l_{n3}=3\,500-120-120=3\,260$ mm,悬挑端长度 $l=1\,400-120+120=1\,400$ mm。

子任务2　框架梁(不带悬挑端)钢筋翻样

 **任务实施**

通过学习本子任务不带悬挑端楼层(屋面)框架梁上部、下部、侧面中部纵向钢筋、箍筋构造,框架梁截面、梁顶、梁底标高都不变化的楼层框架梁、屋面框架梁钢筋翻样示例,参考《混凝土结构施工图平面整体表示方法制图规则和构造详图》(22G101-1)第89、90、95、97页,能独立填写本子任务实施单所有的内容,本项目工程框架梁钢筋翻样的内容即完成。任务实施单如下:

表1-4-2　框架梁(不带悬挑端)钢筋构造与翻样任务实施单

	纵向钢筋 l_{aE}	上部通长筋端支座构造	上部端支座钢筋构造	上部中间支座钢筋构造	下部纵筋端支座构造	下部纵筋中间支座构造	侧面构造钢筋构造
KL3(2)							
	侧面受扭钢筋构造	箍筋加密区长度(单个)	第一净跨箍筋非加密区长度(mm)	第二净跨箍筋非加密区长度(mm)	拉筋直径间距排数	附加吊筋构造数量	附加箍筋直径数量

梁编号	钢筋名称	型号规格	钢筋形状	单根长度(mm)	数量(根)	单重(kg)	总重量(kg)
KL3(2)	上部通长筋						
	上部端支座筋						
	上部中间支座筋						
	下部第一跨纵筋						
	下部第二跨纵筋						
	侧面第一跨纵筋						
	侧面第二跨纵筋						
	箍筋第一跨						
	箍筋第二跨						
	拉筋第一跨						
	拉筋第二跨						
	附加吊筋						
	构件钢筋总重量:		kg				

注:根据需要增减表格行。

▚▚▶ 4.2.1 框架梁(不带悬挑端)钢筋构造

1. 楼层框架梁 KL 端支座锚固构造

22G101-1平法图集第89页楼层框架梁纵向钢筋构造中,端支座钢筋有弯锚和直锚,图1-4-3为直锚构造,其中a构造端支座加锚头施工不方便,一般不优先选择,b构造端支座为直锚常见做法;端支座弯锚做法见图1-4-4楼层框架梁 KL 纵向钢筋构造。

楼层框架梁上部钢筋构造

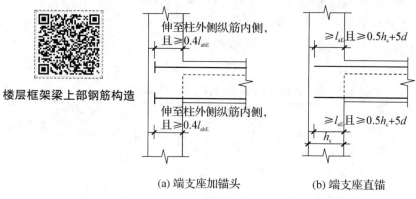

(a) 端支座加锚头   (b) 端支座直锚

图1-4-3　端支座直锚构造

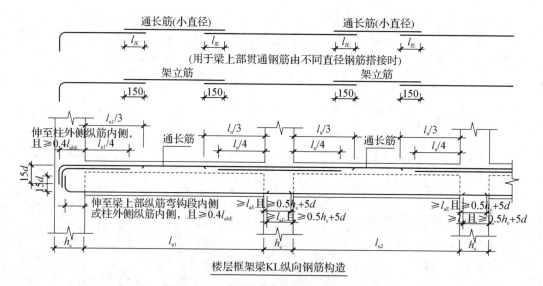

楼层框架梁KL纵向钢筋构造

图1-4-4　楼层框架梁 KL 纵向钢筋构造

(1) 当 $h_c - c \geqslant \max(l_{aE}, 0.5h_c + 5d)$,选择图1-4-3中端支座直锚 b 构造做法,上、下部钢筋直锚长度为 $\max(l_{aE}, 0.5h_c + 5d)$。

(2) 当 $h_c - c < \max(l_{aE}, 0.5h_c + 5d)$,选择图1-4-4中端支座弯锚构造做法,上、下部钢筋弯锚长度为 $h_c - c + 15d$,即伸入到支座的直段长度为 $h_c - c$,弯折长度为 $15d$。

注: h_c 为柱截面沿框架梁方向的截面边长。

2. 楼层框架梁 KL 钢筋构造

楼层框架梁 KL 钢筋构造做法参见平法图集 22G101-1 第 89 页,具体构造见图 1-4-4 楼层框架梁 KL 纵向钢筋构造。

(1) 梁上部纵筋

上部通长筋:也叫贯通筋,若需要连接时,接头位置宜位于跨中 $l_{ni}/3$ 范围内,且在同一连接区段内连接钢筋接头面积百分率不宜大于 50%。

支座纵筋:由于在支座处承受负弯矩,所以又称支座负筋。上部支座纵筋含上部通长筋,除通长筋以外的支座负筋由支座向跨内延伸,延伸长度从支座内侧边起算。具体规定如下:

① 第一跨端支座,第一排支座负筋延伸长度为 $l_{n1}/3$,第二排支座负筋延伸长度为 $l_{n1}/4$;

② 中间支座第一排支座负筋延伸长度为 $\max(l_{ni}/3, l_{ni+1}/3)$,中间支座第二排支座负筋延伸长度为 $\max(l_{ni}/4, l_{ni+1}/4)$;

③ 贯通小跨,当相邻两净跨大小差距大,两跨中间支座延伸长度 $\max(l_{ni}/3, l_{ni+1}/3)$ 或 $\max(l_{ni}/4, l_{ni+1}/4)$ 较大,与小跨的另一支座同排负筋有交叉,本着节约的原则,该支座负筋贯通小跨设置。

(2) 梁下部纵筋

① 伸入支座纵筋:不论是集中标注下部通长筋还是原位标注每跨的下部纵筋,伸入支座纵筋均可以贯穿支座布置,也可在支座中断开布置。但是由于支座中钢筋数量多,为了施工方便,一般锚入到支座断开布置。若贯穿支座时,接头位置宜位于支座 $l_{ni}/3$ 范围内,且在同一连接区段内连接钢筋接头面积百分率不宜大于 50%。

楼层框架梁下部钢筋

② 不伸入支座纵筋:22G101-1 第 97 页,见图 1-4-5 不伸入支座的梁下部纵向钢筋构造,端部距支座边 $0.1 l_{ni}$,钢筋长度$= l_{ni} - 2 \times 0.1 L_{ni}$。

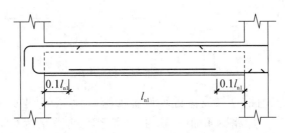

图 1-4-5　不伸入支座的梁下部纵向钢筋构造

侧面钢筋

(3) 梁侧面纵筋与拉筋

梁侧面钢筋构造见 22G101-1 第 97 页,见图 1-4-6 两侧面纵向钢筋和拉筋构造。

① 侧面构造纵筋:锚固长度 15d;若需要搭接连接,搭接长度也为 15d。

② 侧面受扭纵筋:锚固长度为 l_{aE} 或 l_a;若需要搭接连接,搭接长度为 l_{lE} 或 l_l。

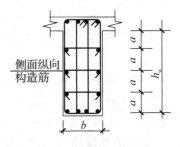

图 1-4-6　两侧面纵向钢筋和拉筋构造

注:锚固方式同框架梁下部纵筋,可以理解为侧面纵向钢筋同下部纵向钢筋,受扭钢筋可贯穿支座也可在支座中断开。若锚入支座中,能直锚不弯锚;弯锚时弯折长度同下部纵筋弯折15d。

③ 当梁宽<350 mm 时,拉筋直径为 6 mm;梁宽>350 mm 时,拉筋直径为 8 mm。拉筋间距为非加密区箍筋间距的 2 倍,当该跨箍筋全部加密,拉筋间距为加密区箍筋间距的 2 倍。当设有多排拉筋时,上下两排拉筋竖向错开设置。

(4) 梁箍筋

梁箍筋构造见 22G101-1 第 95 页,见图 1-4-7 框架梁箍筋构造。箍筋长度构造见基本知识 0.2.7,本项目重点介绍箍筋排布(数量)。加密区长度与梁抗震等级有关,抗震等级为一级,加密区长度为 $\max(2.0h_b, 500)$;抗震等级为二~四级加密区长度为 $\max(1.5h_b, 500)$,箍筋起步距 50 mm。

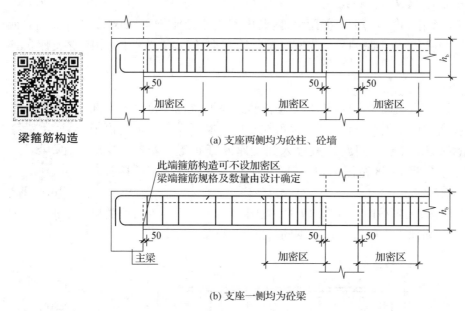

梁箍筋构造

(a) 支座两侧均为砼柱、砼墙

(b) 支座一侧均为砼梁

图 1-4-7 框架梁箍筋构造

① 梁两端支座均为砼柱:两端支座处均设置加密区,跨中为非加密区,每个加密区箍筋数量为(加密区长度-50)/加密区间距+1,非加密区箍筋数量为(净跨 l_n -2×加密区长度)/非加密区间距-1。

② 梁一端支座为砼梁:砼梁支座端箍筋可不设加密区,若设计未明确箍筋规格及数量,一般按非加密区考虑,那么非加密区箍筋数量为(净跨 l_n -50-加密区长度)/非加密区间距。

(5) 梁附加箍筋与吊筋

当主次梁相交时,在节点处通常设置附加箍筋和吊筋,梁附加箍筋和吊筋构造见 22G101-1 第 95 页,见图 1-4-8 梁附加箍筋构造。

梁附加箍筋、吊筋构造

① 附加箍筋布置在主梁上,除主梁箍筋外另外增加的箍筋,因此附加箍筋布置范围内,梁正常箍筋照设;

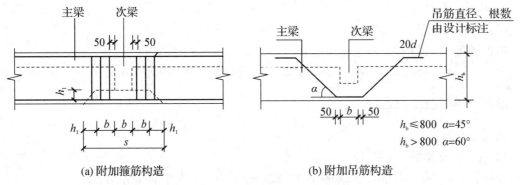

图 1-4-8 梁附加箍筋和吊筋构造

② 附加箍筋配筋值(根数、直径)由设计标注;

③ 箍筋样式同梁正常外圈大箍筋。

④ 附加吊筋布置在主梁两侧

⑤ 吊筋配筋值直径由设计标注,根数为 2 根;

⑥ 吊筋为弯起钢筋,底边宽度=次梁宽+2×50,顶部平直段长度为 20d,弯起角度与主梁高度 h_b 有关,当梁高≤800 mm 时,弯起角度 45°;当梁高>800 mm 时,弯起角度 60°。因此单根吊筋长度:

$$45°弯起:(b+2×50)+2×20d+2×\sqrt{2}\,(h_b-2c)$$

$$60°弯起:(b+2×50)+2×20d+2×\frac{2\sqrt{3}}{3}(h_b-2c)$$

4.2.2 框架梁(不带悬挑端)钢筋翻样示例

以本项目传达室工程二层③轴框架梁 KL3(2)为例,该梁基本信息:混凝土强度 C30 级,环境类别一类,保护层厚度 $c=20$ mm;三级抗震,$l_{aE}=37d$。

该梁关联信息:梁支座为Ⓐ轴 KZ3、②/A 轴 KZ2、Ⓑ轴 KZ1,截面边长均为 400 mm,梁顶标高与二层结构顶标高 3.270 m 平齐,$l_{n1}=3\,680$ mm,$l_{n2}=1\,120$ mm。

(一)梁上部纵筋

1. 判断上部钢筋弯直锚

$\oplus$ 16 $h_c-c=400-20=380<\max(l_{aE},0.5h_c+5d)=37d=37×16=$
592,弯锚

梁上部钢筋翻样

2. 上部通长筋 2 $\oplus$ 16

单根长度=15d(弯折)+(梁总长-2c)+15d(弯折)

    $=15×16+(5\,760+2×120-2×20)+15×16=240+5\,960+240=6\,440$ mm

形状 240└──5960──┘240

数量 2 根

3. 上部支座筋

(1) Ⓐ轴支座筋　1 ⊈ 16

单根长度＝15d(弯折)＋(支座边长－c)＋$l_{n1}/3$

　　　　　＝15×16＋(400－20)＋3 680/3＝240＋1 607＝1 847 mm

形状　240└──────1607──────

数量　1 根

(2) ②/Ⓐ轴支座筋　1 ⊈ 16

分析：$\max(l_{n1}/3, l_{n2}/3)$＝3 680/3＝1 227 mm＞l_{n2}　支座筋贯穿第二跨

单根长度＝$\max(l_{n1}/3, l_{n2}/3)$＋(400＋1 120＋400－c)＋15d(弯折)

　　　　　＝3 680/3＋(400＋1 120＋400－20)＋15×16＝3 127＋240＝3 367 mm

形状　240└──────3127──────

数量　1 根

(二) 梁下部纵筋

1. 判断下部钢筋弯直锚

⊈ 16　h_c－c＝400－20＝380＜$\max(l_{aE}, 0.5h_c＋5d)$＝37d＝37×16＝592，弯锚

2. 第一跨下部纵筋(Ⓐ轴～②/Ⓐ轴)　5 ⊈ 16 2/3

单根长度＝15d(弯折)＋(边长－c)＋l_{n1}净跨＋$\max(l_{aE}, 0.5h_c＋5d)$

　　　　　＝15×16＋(400－20)＋3 680＋592＝240＋4 652＝4 892 mm

形状　240└──────4652──────

3. 第二跨下部纵筋(②/Ⓐ轴～Ⓑ轴)　3 ⊈ 16

单根长度＝$\max(l_{aE}, 0.5h_c＋5d)$＋l_{n2}净跨＋(边长－c)＋15d(弯折)

　　　　　＝592＋1 120＋(400－20)＋15×16＝2 092＋240＝2 332 mm

形状　240└──────2092──────

数量　3 根

(三) 梁侧面构造筋

1. 第一跨侧面构造筋(Ⓐ轴～②/Ⓐ轴)　2 ⊈ 12

单根长度＝15d＋l_{n1}＋15d＝15×12＋3 680＋15×12＝4 040 mm

形状　──────4040──────

数量　2 根

2. 第二跨侧面构造筋(②/Ⓐ～Ⓑ轴)　2 ⊈ 12

单根长度＝15d＋l_{n2}＋15d＝15×12＋1 120＋15×12＝1 480 mm

$$\underline{1480}$$

形状

数量 2 根

注:本构造筋按遇支座断开设置,该梁总长不足 6 m,也可以遇支座贯通设置。

(四)梁附加吊筋 2 Φ 12

单根长度=240+2×50+2×20×12+2×$\sqrt{2}$×(650−2×20)

   =340+2×240+2×863=2 546 mm

形状

数量 2 根

(五)梁箍筋与附加箍筋 ϕ8@100/200

1. 箍筋长度

单根长度=(b+h)×2−8c+1.9d×2+max(10d,75)×2

   =(240+650)×2−8×20+1.9×8×2+10×8×2=1 810 mm

形状 610

2. 箍筋数量

数量=n_1+n_2+n_3=30+12+6=48 根

(1)第一跨数量

加密区数量=(加密区长度−50)/加密区间距+1

   =(1.5×650−50)/100+1=10.25 取 11 根

非加密区数量=(净跨 l_{n1}−2×加密区长度)/非加密区间距−1

   =(3 680−2×1.5×650)/200−1=7.65 取 8 根

n_1=2×11+8=30 根

(2)第二跨数量

加密区长度=1.5×650=975 mm

两端加密区长度=2×975=1 950 mm>l_{n2},因此全跨加密

   n_2=(净跨 l_{n2}−2×50)/加密区间距+1

   =(1 120−2×50)/100+1=11.2 取 12 根

(3)附加箍筋数量

n_3=6 根

(六)梁侧面拉筋 ϕ6@400

1. 长度

单根长度=b−2c+1.9d×2+max(10d,75)×2

   =(240−2×20)+1.9×6×2+75×2=373 mm

形状

2. 数量

数量＝n_1+n_2＝10＋4＝14 根

（1）第一跨数量

$$单排数量＝\frac{(净跨\ l_{n1}-2×50)}{2×非加密区间距}+1＝\frac{(3\ 680-2×50)}{2×200}+1＝9.95 \quad 取 10 根$$

排数 1 排

n_1＝排数×单排数量＝1×10＝10 根

（2）第二跨数量

$$单排数量＝\frac{(净跨\ l_{n2}-2×50)}{2×非加密区间距}+1＝\frac{(1\ 120-2×50)}{2×200}+1＝3.55 \quad 取 4 根$$

排数 1 排

n_2＝排数×单排数量＝1×4＝4 根

（七）编制钢筋翻样单

二层③轴框架梁 KL3(2)钢筋总重量为 128.096 kg,钢筋翻样单如表 1－4－3。

表 1－4－3 二层③轴框架梁 KL3(2)钢筋翻样单

构件名称:KL3(2) 构件数量:1 构件钢筋总重量:128.096 kg						
钢筋名称	型号规格	钢筋形状	单根长度（mm）	数量（根）	单重（kg）	总重量（kg）
上部通常筋	⊈16	240⌐ 5960 ⌐240	6 440	2	10.175	20.350
A 轴支座筋	⊈16	240⌐ 1607	1 847	1	2.918	2.918
2/A 轴支座筋	⊈16	240⌐ 3127	3 367	1	5.320	5.320
第一跨下部纵筋	⊈16	240⌐ 4652	4 892	5	7.729	38.645
第二跨下部纵筋	⊈16	240⌐ 2092	2 332	3	3.685	11.055
第一跨侧面构造筋	⊈12	4040	4 040	2	3.588	7.176
第一跨侧面构造筋	⊈12	1480	1 480	2	1.314	2.628
吊筋	⊈12	240 45 340 610	2 546	2	2.261	4.522
箍筋	Φ8	610 200	1 810	48	0.715	34.320
拉筋	Φ6	200	373	14	0.083	1.162

注:钢筋比重取值 ⊈16 1.58 kg/m,⊈12 0.888 kg/m,Φ8 0.395 kg/m,Φ6 0.222 kg/m。

4.2.3 屋面框架梁钢筋构造与钢筋翻样

屋面框架梁上部
钢筋构造与翻样

(一)屋面框架梁 WKL 钢筋构造

屋面层框架梁纵向钢筋构造见 22G101-1 第 90 页,见图 1-4-9,与楼层框架梁 KL 纵向钢筋构造相比,有 3 点不同。具体如下:

(1)上部纵筋在端支座只能弯锚不能直锚。

(2)上部纵筋在端支座弯折到与梁底平齐,即竖直弯折长度=梁高-c(楼层框架梁 $15d$)。

(3)端支座节点角部设置附加钢筋,在柱宽范围的柱箍筋内侧设置间距<150,但不少于 3 根直径不小于 10 mm 的角部附加钢筋,钢筋样式见 22G101-1 第 P71 页。由于角部附加钢筋详细设置在框架柱中,所以在本任务钢筋翻样中不体现。

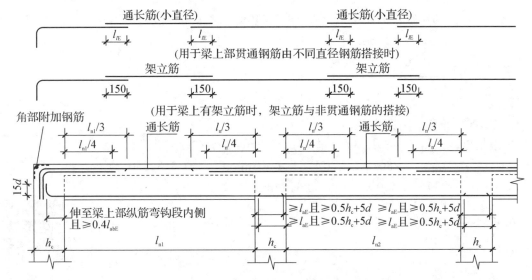

图 1-4-9 屋面框架梁 WKL 纵向钢筋构造

(二)屋面层框架梁钢筋翻样示例

以屋面层Ⓐ轴框架梁 WKL5(3)为例,对比③轴框架梁 KL3(2)有以下不同:

(1)侧面纵向钢筋为受扭钢筋

(2)④轴支座为框架梁 WKL4(1B),而不是框架柱

Ⓐ轴框架梁 WKL5(3)信息:混凝土强度 C30 级,环境类别一类,保护层厚度 $c=20$ mm;三级抗震,$l_{aE}=37d$,梁宽 240 mm,梁高 570 mm。

该梁①轴、②轴支座为 KZ1,③轴支座为 KZ3、④轴支座为 WKL4(1B),梁净跨 $l_{n1}=2\ 600-280-280=2\ 040$ mm,$l_{n2}=5\ 660-280-120=5\ 260$ mm,$l_{n3}=3\ 500-120-120=3\ 260$ mm。

1. 梁上部纵筋

(1)上部通长筋 2 ⊈ 14

单根长度=(梁高-c)(弯折)+(梁总长-2c)+(梁高-c)(弯折)

$\qquad$ =(570-20)+(11 760+2×120-2×20)+(570-20)

$=550+11\,960+550=13\,060$ mm

形状 550 ⌐ 11960 ⌐ 550

数量 2根

（2）上部支座筋

①轴支座伸入跨内的长度为 $l_{n1}/3=2\,040/3$

②轴支座伸入第一跨内的长度为 $\max(l_{n1}/3,l_{n2}/3)=l_{n2}/3=5\,260/3$

$l_{n1}/3+l_{n2}/3=2\,040/3+5\,260/3=2\,433$ mm$>l_{n1}=2\,040$ mm

所以①轴支座筋与②轴支座筋连通设置

1）①、② 轴支座筋 1 Φ 14

单根长度$=$（梁高$-c$）（弯折）$+$（①轴支座边长$-c$）$+l_{n1}+$②轴支座边长$+\max(l_{n1}/3,$
   $l_{n2}/3)$

$=(570-20)+(400-20)+2\,040+400+\max(2\,040/3,5\,260/3)=550+$
   $4\,573=5\,123$ mm

形状 550 ⌐ 4573

数量 1根

2）③轴支座筋 1 Φ 14

单根长度$=\max(l_{n2}/3,l_{n3}/3)+$支座边长$+\max(l_{n2}/3,l_{n3}/3)$

   $=\max(5,260/3,3,260/3)+400+\max(5,260/3,3,260/3)$

   $=1,753+400+1,753=3\,906$ mm

形状 _____ 3906 _____

参考答案

数量 1根

2. 梁下部纵筋

屋面框架梁下部纵筋构造与楼层框架梁完全相同，请参照 4.2.2 楼层框架梁示例，独立完成，扫二维码查看参考答案。

3. 梁侧面受扭钢筋

本屋面框架梁侧面为受扭钢筋，与侧面构造钢筋略有不同。

（1）判断弯直锚 Φ 12

①轴支座 $h_c-c=400-20=380<\max(l_{aE},0.5h_c+5d)=37d=37\times12=444$，弯锚

④轴支座 $h_c-c=240-20=220<\max(l_{aE},0.5h_c+5d)=37d=37\times$
$12=444$，弯锚

（2）第一跨侧面受扭筋（①轴～②轴） 2 Φ 12

单根长度$=15d$（弯折）$+$（支座边长$-c$）$+l_{n1}$净跨$+l_{aE}$

   $=15\times12+(400-20)+2\,040+37\times12=180+2\,864=$
   $3\,044$ mm

形状 180 ⌐ 2864

侧面受扭钢筋

数量　2根

（3）第二跨侧面受扭筋（②轴~③轴）　2 Φ 12

单根长度—$l_{aE}+l_{n2}+l_{uE}$
$$=37\times12+5\,260+37\times12=6\,148\ \text{mm}$$

形状　　　<u>　　　6148　　　</u>

数量　2根

（4）第三跨侧面受扭筋（③轴~④轴）　2 Φ 12

单根长度=$l_{aE}+l_{n3}$净跨+（支座边长-c）+15d（弯折）
$$=37\times12+3\,260+（240-20）+15\times12=3\,924+180=4\,104\ \text{mm}$$

形状　210$\llcorner$<u>　　3998　　</u>

数量　2根

4. 梁附加吊筋

5. 梁箍筋与附加箍筋　$\phi\,8@100/200$

6. 梁侧面拉筋　$\phi\,6@400$

梁附加吊筋、屋面框架梁箍筋与附加箍筋及梁侧面拉筋请参照 4.2.2 楼层框架梁示例完成，扫二维码查看参考答案。

参考答案

7. 编制钢筋翻样

子任务3　框架梁（带悬挑端）钢筋翻样

 任务实施

　　通过学习本子任务带悬挑端框架梁，悬挑端上部、下部、侧面中部纵向钢筋、箍筋构造，带悬挑端框架梁钢筋翻样示例，参考《混凝土结构施工图平面整体表示方法制图规则和构造详图》（22G101-1）第 99 页，能独立填写本子任务实施单所有的内容，本项目工程带悬挑端框架梁钢筋翻样的内容即完成。任务实施单如下：

表 1-4-4　框架梁（带悬挑端）钢筋翻样任务实施单

带悬挑端框架梁	悬挑端根部上部钢筋支座构造	悬挑端端部上部第一排不向下弯钢筋构造	悬挑端端部上部第一排向下弯钢筋构造	悬挑端端部上部第二排向下弯钢筋构造	悬挑端下部钢筋构造	悬挑端侧面中部钢筋构造
	非悬挑端端支座上部钢筋构造	上部中间支座钢筋构造	非悬挑端端支座下部钢筋构造	下部纵筋中间支座构造	非悬挑端箍筋构造	悬挑端箍筋构造

续 表

梁编号	钢筋名称	型号规格	钢筋形状	单根长度（mm）	数量（根）	单重（kg）	总重量（kg）
带悬挑端楼屋面框架梁编号	上部通长筋						
	上部端支座筋						
	上部中间支座筋						
	上部悬挑端钢筋						
	下部第一跨纵筋						
	下部第二跨纵筋						
	下部悬挑端钢筋						
	侧面第一跨纵筋						
	侧面第二跨纵筋						
	侧面悬挑端钢筋						
	箍筋第一跨						
	箍筋第二跨						
	箍筋悬挑端						
	拉筋第一跨						
	拉筋第二跨						
	拉筋悬挑端						
	附加吊筋						
构件钢筋总重量：			kg				

注：根据需要增减表格行。

▶ 4.3.1 悬挑端钢筋构造

悬挑砼梁包括纯悬挑梁 XL 和带悬挑端(××A,××B)的砼梁,悬挑端钢筋构造见 22G101-1 第 99 页。

悬挑梁上部钢筋

1. 纯悬挑梁 XL 钢筋构造

普通砼梁下部钢筋为主要受力筋,悬挑端钢筋正好相反,上部钢筋为主要受力钢筋,钢筋构造见图 1-4-10。

(1)当悬挑端净长度 $l < 4h_b$ 时,且上部钢筋仅有一排,所有钢筋可伸至悬挑梁外端,向下弯折 $12d$;

(2)当悬挑端净长度 $l < 5h_b$ 时,上部钢筋有两排,所有钢筋可伸至悬挑梁外端,向下弯折 $12d$;

(3)当悬挑端净长度 $l \geqslant 5h_b$ 时,上部钢筋第一排钢筋,至少 2 根角筋,并不少于第一排纵筋 1/2 钢筋伸至悬挑梁外端,向下弯折 $12d$,第一排其余纵筋 $45°$ 弯下,末端平直段长度为

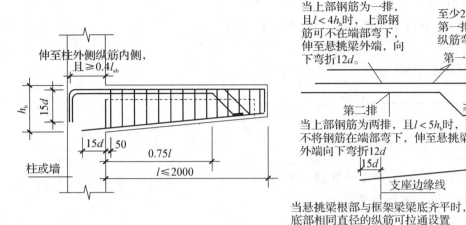
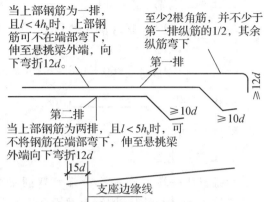

图 1－4－10　纯悬挑梁 XL 钢筋构造

$10d$；上部第二排钢筋伸至 $0.75l$ 处 $45°$ 弯下，末端平直段长度为 $10d$。

（4）下部钢筋在支座内锚固 $15d$。

2. 带悬挑端砼梁的悬挑端钢筋构造

带悬挑端砼梁的悬挑端钢筋构造见图 1－4－11，悬挑端钢筋末端构造同纯悬挑梁。

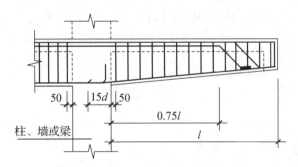

图 1－4－11　各类梁的悬挑端钢筋构造

（1）上部通长筋从梁内延伸至悬挑末端，上部支座筋同框架梁支座钢筋构造。

（2）当悬挑梁根部与框架梁梁底齐平时，下部相同直径的纵筋可拉通设置。

（3）当悬挑梁根部与框架梁梁底不齐平时，框架梁下部纵筋同框架梁端支座钢筋构造。

（4）悬挑端下部钢筋在支座内锚固 $15d$。

4.3.2　框架梁（带悬挑端）钢筋翻样示例

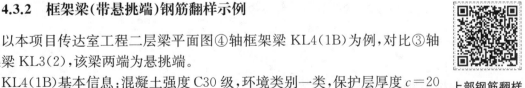

上部钢筋翻样

以本项目传达室工程二层梁平面图④轴框架梁 KL4(1B) 为例，对比③轴框架梁 KL3(2)，该梁两端为悬挑端。

KL4(1B)基本信息：混凝土强度 C30 级，环境类别一类，保护层厚度 $c=20$ mm；三级抗震，$l_{aE}=37d$。⓪/Ⓐ、②/Ⓐ 轴支座为的框架柱 KZ1，⓪/Ⓐ～②/Ⓐ 轴梁净跨 $l_{n1}=3\,340-280-280=2\,780$ mm，⓪/Ⓐ 轴端悬挑净长 $l_1=900$ mm，②/Ⓐ 轴端悬挑净长 $l_2=1\,520$ mm。

1. 上部通长筋 2 Φ 14

单根长度＝12d(弯折)＋(梁总长－2c)＋12d(弯折)

＝12×14＋(5 760＋2×120－2×20)＋12×14

＝168＋5 960＋168＝6 296 mm

形状 168└─────5960─────┘168

数量 2根

2. 上部支座筋

当某支座一端为悬挑端,一端为普通梁跨,在工程实际施工过程中,该支座上部支座筋伸到悬挑末端,构造同悬挑端上部钢筋。

(1) ①/A轴支座筋 1 Φ 14

单根长度＝12d(弯折)＋(悬挑净长 l_1－c＋支座边长＋l_{n1}/3)

＝168＋(900－20＋400＋2 780/3)＝168＋2 207＝2 375 mm

形状 168└─────2207─────

数量 1根

(2) ②/A轴支座筋 1 Φ 14

单根长度＝(l_{n1}/3＋支座边长＋悬挑净长 l_1－c)＋12d(弯折)

＝(2 780/3＋400＋1 520－20)＋12×14＝2 827＋168＝2 995 mm

形状 168└─────2827─────

数量 1根

3. 下部纵筋

(1) ①/A轴悬挑端 2 Φ 14

单根长度＝悬挑净长 l_1－c＋15d＝900－20＋15×14＝1 090 mm

形状 ─────1090─────

下部钢筋

数量 2根

(2) ①/A轴～②/A轴 2 Φ 14

单根长度＝max(0.5h_c＋5d,l_{aE})＋l_{n1}＋max(0.5h_c＋5d,l_{aE})

＝37×14＋2 780＋37×14＝3 816 mm

形状 ─────3816─────

数量 2根

(3) ②/A轴悬挑端 2 Φ 14

单根长度＝悬挑净长 l_2－c＋15d＝1 520－20＋15×14＝1 710 mm

形状 ─────1710─────

数量   2 根

4. 侧面构造筋

(1) ①/A 轴悬挑端   2 ⌀ 12

单根长度=悬挑净长 $l_1-c+15d=900-20+15\times12=1\,060$ mm

形状   1060

数量   2 根

(2) ①/A 轴～②/A 轴   2 ⌀ 12

单根长度$=15d+l_{n1}+15d$

$\qquad =15\times12+2\,780+15\times12=3\,140$ mm

形状   3140

数量   2 根

(3) ②/A 轴悬挑端   2 ⌀ 14

单根长度=悬挑净长 $l_2-c+15d=1\,520-20+15\times12=1\,680$ mm

形状   1680

数量   2 根

5. 箍筋   ⌀ 8@100/200

单根钢筋长度$=(b+h)\times2-8c+1.9d\times2+10d\times2$

$\qquad =(240+650)\times2-8\times20+1.9\times8\times2+10\times8\times2=1\,810$ mm

形状   610 [200 /]

数量 $n=n_1+n_2+n_3=10+26+16=52$ 根

(1) ①/A 轴悬挑端   数量⌀ 8@100

$n_1=(900-20-50)/100+1=9.3$ 取 10 根

注:悬挑末端箍筋图集中未规定起步距,取保护层厚度 c。

(2) ①/A 轴～②/A 轴   数量⌀ 8@100/200

加密区数量=(加密区长度-50)/加密区间距+1

$\qquad =(1.5\times650-50)/100+1=10.25$ 取 11 根

非加密区数量=(净跨 $l_{n1}-2\times$加密区长度)/非加密区间距-1

$\qquad =(2\,780-2\times1.5\times650)/200-1=3.15$ 取 4 根

$n_2=2\times11+4=26$ 根

(3) ②/A 轴悬挑端数量   ⌀ 8@100

$n_3=(1\,520-20-50)/100+1=15.5$ 取 16 根

6. 拉筋   ⌀ 6

单根钢筋长度$=(b-2c)+1.9d\times2+\max(75.10d)\times2$

$$=(240-2\times20)+1.9\times6\times2+75\times2=373 \text{ mm}$$

形状 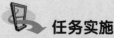 200

数量$=n_1+n_2+n_3=4+8+9=21$ 根

(1) ①/Ⓐ轴悬挑端数量

$$单排数量=\frac{(悬挑净长\ l_1-50-20)}{2\times非加密区间距}+1=\frac{(900-50-20)}{2\times100}+1=5.15 \quad 取6根$$

排数 1 排

$n_1=$排数×单排数量$=1\times6=6$ 根

(2) ①/Ⓐ轴～②/Ⓐ轴数量

$$单排数量=\frac{(净跨\ l_{n1}-2\times50)}{2\times非加密区间距}+1=\frac{(2\ 780-2\times50)}{2\times200}+1=7.7 \quad 取8根$$

排数 1 排

$n_2=$排数×单排数量$=1\times8=8$ 根

(3) ②/Ⓐ轴悬挑端数量

$$单排数量=\frac{(悬挑净长\ l_2-50-20)}{2\times加密区间距}+1=\frac{(1\ 520-50-20)}{2\times100}+1=8.25 \quad 取9根$$

排数 1 排

$n_2=$排数×单排数量$=1\times9=9$ 根

7. 编制钢筋翻样单

子任务4 非框架梁钢筋翻样

任务实施

通过学习本子任务非框架梁上部、下部、侧面中部纵向钢筋、箍筋构造,非框架梁钢筋翻样示例,参考《混凝土结构施工图平面整体表示方法制图规则和构造详图》(22G101-1)第96页,能独立填写本子任务实施单所有的内容,本项目工程非框架梁钢筋翻样的内容即完成。任务实施单如下:

表1-4-5 非框架梁钢筋翻样任务实施单

	上部通长筋端支座直锚构造	上部通长筋端支座弯锚构造	"L"梁上部端支座钢筋构造	"Lg"梁上部端支座钢筋构造	上部中间支座钢筋构造	下部纵筋端支座直锚构造	下部纵筋端支座弯锚构造
非框架梁	下部纵筋中间支座构造	侧面受扭钢筋构造	"LN"梁下部端支座钢筋构造	"LN"梁下部中间支座钢筋构造	"LN"梁侧面端支座钢筋构造	箍筋构造	纵向钢筋La

续　表

梁编号	钢筋名称	型号规格	钢筋形状	单根长度（mm）	数量（根）	单重（kg）	总重量（kg）
L1(1)二层	上部通长筋						
	上部端支座筋						
	上部中间支座筋						
	下部第一跨纵筋						
	下部第二跨纵筋						
	侧面第一跨纵筋						
	侧面第二跨纵筋						
	箍筋第一跨						
	箍筋第二跨						
	拉筋第一跨						
	拉筋第二跨						
	构件钢筋总重量：			kg			

注：根据需要增减表格行。

▶▶ 4.4.1　非框架梁钢筋构造

图中"设计按铰接时"用于代号为"L"的非框架梁，"充分利用钢筋的抗拉强度时"用于代号为"Lg"的非框架梁或原位标注"g"的梁端。非框架梁钢筋构造参照 22G101-1 第 96 页，见图 1-4-12。

非框架梁上部钢筋

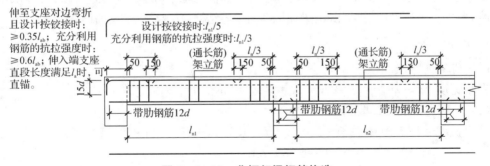

图 1-4-12　非框架梁钢筋构造

（1）上部钢筋端支座满足（支座宽度$-c$）$\geqslant l_a$（非框架梁不考虑抗震）时，直锚；若不满足则弯锚，伸至支座对边弯折 $15d$。

（2）非框架梁"L"，上部支座负筋由支座向跨内延伸长度为 $l_{n1}/5$；非框架梁"Lg"或原位标注"g"的梁端，上部支座负筋由支座向跨内延伸长度为 $l_{n1}/3$。

（3）下部带肋钢筋锚入支座直锚长度为 $12d$。

（4）下部带肋钢筋端支座构造，当（支座宽度$-c$）$<12d$ 时，弯锚，有两种做法，其一伸至

支座对边弯折$135°$,末端平直段为$5d$;其二伸至支座对边$90°$后弯折,末端平
直段为$12d$,见图$1-4-13$。

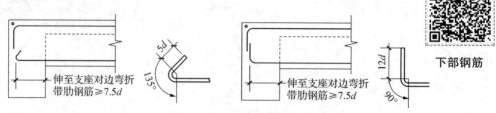

图 $1-4-13$　端支座非框架梁下部纵筋弯锚构造

（5）侧面设置了受扭钢筋的非框架梁,下部纵筋在端支座弯锚时,伸至支座对边后弯折
$15d$,支座锚固见图$1-4-14$。

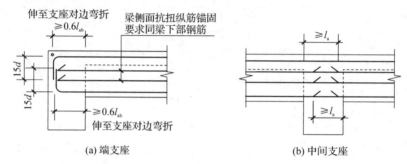

图 $1-4-14$　受扭非框架梁下部纵筋构造

▶ 4.4.2　非框架梁钢筋翻样示例

以本项目传达室工程二层非框架梁L1(1)为例,该梁的相关信息:混凝土强度C30级,环境类
别一类,保护层厚度$c=20$ mm,$l_a=35d$。该梁Ⓐ、Ⓑ轴支座为KL5(3A),支座宽度240 mm,梁净
跨$l_n=5\ 760-120-120=5\ 520$ mm,梁顶标高与二层结构顶标高平齐,梁顶标高为3.270 m。

1. 上部纵筋

（1）判断直锚、弯锚

支座宽度$-c=240-20=220<L_a=35d=35\times14=490$,弯锚

（2）上部通长筋　$2\ \underline{\Phi}\ 14$

单根长度$=15d+$（梁总长$-2c$）$+15d=15\times14+$（$5\ 760+240-2\times20$）$+15\times14$

　　　　$=210+5\ 960+210=6\ 380$ mm

形状　$210\ \underline{\qquad\qquad 5960\qquad\qquad}\ 210$

数量　2根

2. 下部纵筋　$2\ \underline{\Phi}\ 14$

（1）判断直锚、弯锚

支座宽度$-c=240-20=220>12d=12\times14=168$,直锚

（2）下部通长筋　$2\ \underline{\Phi}\ 14$

单根长度$=12d+l_n$净跨$+12d=12\times14+5\ 520+12\times14$

$$=168+5\,520+168=5\,856 \text{ mm}$$

形状 <u>　　5856　　</u>

数量　2 根

3. 箍筋　$\phi 8@200(2)$

22G101-1 第 63 页,非框架梁箍筋的弯钩平直段长度可取 $5d$,本着节约原则,本任务取 $5d$。

单根长度$=(b+h)\times 2-8c+1.9d\times 2+5d\times 2$

$$=(240+400)\times 2-8\times 20+1.9\times 8\times 2+5\times 8\times 2=1\,230 \text{ mm}$$

形状　360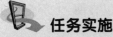

数量$=(l_n\,净跨-2\times 50)/200+1=(5\,520-2\times 50)/200+1=28.1$　取 29 根

子任务 5　框架梁(支座两侧梁顶梁底高差 $\Delta_h/(h_c-50)>1/6$)钢筋翻样

任务实施

通过学习本子任务支座两侧梁顶梁底有高差的楼屋面框架梁,支座两侧上部、下部、侧面中部纵向钢筋构造,支座两侧梁顶梁底高差 $\Delta_h/(h_c-50)>1/6$ 楼层框架梁钢筋翻样示例,参考《混凝土结构施工图平面整体表示方法制图规则和构造详图》(22G101-1)第 93 页,能独立填写本子任务实施单所有的内容,本项目工程框架梁(支座两侧梁顶、梁底不平齐)钢筋翻样的内容即完成。任务实施单如下:

表 1-4-6　框架梁(支座两侧梁顶梁底高差 $\Delta_h/(h_c-50)>1/6$)钢筋翻样任务实施单

支座两侧梁底梁顶有高差框架梁	梁顶平梁底不平构造 $\Delta_h/(h_c-50)>1/6$		梁顶平梁底不平构造 $\Delta_h/(h_c-50)\leqslant 1/6$		梁不平梁底平构造 $\Delta_h/(h_c-50)>1/6$		梁顶不平梁底平构造 $\Delta_h/(h_c-50)\leqslant 1/6$	
	梁顶底均不平,高差均 $\Delta_h/(h_c-50)>1/6$ 构造		梁顶底均不平,高差均 $\Delta_h/(h_c-50)\leqslant 1/6$ 构造		梁底 $\Delta_h/(h_c-50)>1/6$,梁顶 $\Delta_h/(h_c-50)\leqslant 1/6$ 构造		梁顶 $\Delta_h/(h_c-50)>1/6$,梁底 $\Delta_h/(h_c-50)\leqslant 1/6$ 构造	

梁编号	钢筋名称	型号规格	钢筋形状	单根长度 (mm)	数量(根)	单重(kg)	总重量 (kg)
KL5 (3A) Ⓐ轴	上部通长筋						
	上部端支座筋						
	上部中间支座筋						
	下部第一跨纵筋						
	下部第二跨纵筋						
	侧面第一跨纵筋						

续 表

KL5 (3A) Ⓐ轴	侧面第二跨纵筋					
	箍筋第一跨					
	箍筋第二跨					
	拉筋第一跨					
	拉筋第二跨					
	附加吊筋					
	构件钢筋总重量:			kg		

注:根据需要增减表格行。

▶ 4.5.1 框架梁(支座两侧梁顶、梁底不平齐)钢筋构造

中间支座两侧框架梁有的梁顶梁底不平齐(标高不同或梁高不同),有的梁边线不对齐(梁宽不同或梁中心线不重合)。22G101-1 第 93 页为框架梁中间支座两侧梁顶梁底不平齐和梁边线不对齐纵向钢筋构造。支座锚固构造总体原则是节约和施工方便,上部钢筋能贯穿则连续通过,下部钢筋能直锚不弯锚。

22G101-1 第 93 页中间支座两侧梁顶、梁底标高不同,纵向钢筋共有①、②、④、⑤四种构造做法,其中①、②为屋顶框架梁中间支座,④、⑤为楼层框梁中间支座,见图 1-4-15。

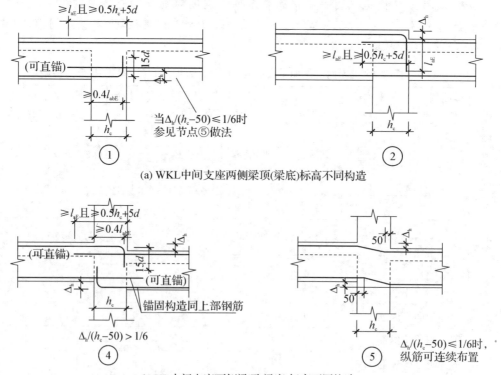

图 1-4-15 中间支座两侧梁顶(梁底)标高不同构造

（1）屋顶框架梁 WKL 中间支座两侧梁顶标高不同时，构造②做法，梁顶标高高的一侧上部纵向钢筋弯锚到支座中，弯折的长度为 $\Delta h - c + l_{aE}$，梁顶标高低的一侧上部纵向钢筋直锚，直锚长度为 $\max(l_{aE}, 0.5h_c + 5d)$。

（2）屋顶框架梁 WKL 中间支座两侧梁底标高不同时，$\Delta h / (h_c - 50) > 1/6$ 时，构造①做法，梁底标高低的一侧下部纵向钢筋弯锚到支座中，弯折的长度 $15d$，梁底标高高的一侧下部纵向钢筋直锚，直锚长度为 $\max(l_{aE}, 0.5h_c + 5d)$；$\Delta h / (h_c - 50) \leqslant 1/6$ 时，构造做法同⑤。

（3）楼层框架梁 KL 中间支座梁顶、梁底标高不同时，当 $\Delta h / (h_c - 50) \leqslant 1/6$ 时，构造⑤做法，上部纵筋连续通过，下部纵筋在支座内直锚，直锚长度为 $\max(l_{aE}, 0.5h_c + 5d)$。

（4）楼层框架梁 KL 中间支座梁顶、梁底标高不同时，$\Delta h / (h_c - 50) > 1/6$ 时，构造④做法，可直锚钢筋，直锚长度为 $\max(l_{aE}, 0.5h_c + 5d)$；不可直锚钢筋，伸至支座对边弯折，弯锚长度为 $15d$。

▶ 4.5.2　框架梁（支座两侧梁顶梁底高差 $\Delta h/(h_c - 50) > 1/6$）钢筋翻样示例

以本项目传达室工程二层Ⓐ轴框架梁 KL5(3A) 为例，对比子任务 3 框架梁 KL3(2)、屋面框架梁 WKL5(3)、子任务 4 框架梁 KL4(1B) 有以下不同：

（1）一端带悬挑端。

（2）上部支座钢筋分 2 排布置。

（3）④轴支座两侧的梁顶梁底标高不同。

KL5(3A) 基本信息：混凝土强度 C30 级，环境类别一类，保护层厚度 $c = 20$ mm；三级抗震，$l_{aE} = 37d$。①轴、②轴支座为 KZ1，③轴支座为 KZ3，④轴支座为 KL4(1B)。梁净跨 $l_{n1} = 2\,040$ mm，$l_{n2} = 5\,260$，$l_{n3} = 3\,260$ mm，悬挑端净长 $l = 1\,400$ mm。悬挑端梁顶标高为 $3.270 - 0.2 = 3.070$ m，梁高为 400 mm，梁底标高为 $3.070 - 0.4 = 2.670$ m，梁跨的梁顶标高为 3.270 m，梁高 650 mm，梁底标高 $3.270 - 0.65 = 2.620$ m，梁顶高差 $\Delta_{h1} = 200$ mm，梁底高差 $\Delta_{h2} = 50$ mm。④轴支座两侧梁纵断面如图 1-4-16：

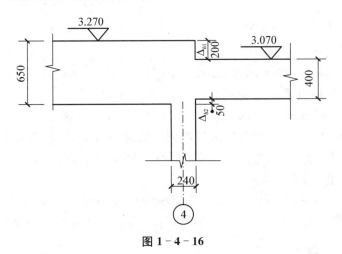

图 1-4-16

KL5(3A) ④轴支座两侧梁顶、梁底均不平齐，还一端悬挑，钢筋构造复杂。结合前面已完成的任务,方便理解,将该梁分段进行讲解,①~④轴段和悬挑端。

1. 梁上部纵向钢筋(①~④ 轴)

(1)判断①轴支座上部钢筋弯直锚

Φ 14　$h_c - c = 400 - 20 = 380 < \max(l_{aE}, 0.5h_c + 5d) = 37d = 37 \times 14 = 518$ mm,弯锚

(2)选择④轴中间支座纵向钢筋构造做法

梁顶高差 $\Delta_{h1} = 200$ mm,$\Delta_{h1}/(h_c - 50) = 200/(240 - 50) > 1/6$

选择 22G101-1 第 93 页　构造④做法

(3)上部通长筋　2 Φ 14

数量　2根

$$\begin{aligned}\text{单根长度} &= 15d(弯折) + (2\,600 + 3\,500 + 240 - 2c) + 15d(弯折)\\&= 15 \times 14 + (2\,600 + 3\,500 + 240 - 2 \times 20) + 15 \times 14\\&= 210 + 11\,960 + 210 = 12\,380 \text{ mm}\end{aligned}$$

形状　210└─────11960─────┘210

(4)上部支座筋

②轴支座筋　2 Φ 14　第二排

$$\begin{aligned}\text{单根长度} &= \max(l_{n1}/4, l_{n2}/4) + 支座边长 + \max(l_{n1}/4, l_{n2}/4)\\&= 5\,260/4 + 400 + 5\,260/4 = 3\,030 \text{ mm}\end{aligned}$$

形状　─────3030─────

③轴支座筋　2 Φ 14　第二排

$$\begin{aligned}\text{单根长度} &= \max(l_{n2}/4, l_{n3}/4) + 支座边长 + \max(l_{n2}/4, l_{n3}/4)\\&= 5\,260/4 + 400 + 5\,260/4 = 3\,030 \text{ mm}\end{aligned}$$

形状　─────3030─────

2. 梁下部纵向钢筋(①~④轴)

(1)判断①轴支座下部钢筋弯直锚

Φ 14　$h_c - c = 400 - 20 = 380 < \max(l_{aE}, 0.5h_c + 5d) = 37d = 37 \times 14 = 518$,弯锚

(2)④轴支座纵向钢筋构造做法

梁底高差 $\Delta_{h2} = 50$ mm,$\Delta_{h2}/(h_c - 50) = 50/(240 - 50) > 1/6$

22G101-1 第 99 页,当悬挑梁根部与框架梁梁底不齐平时,框架梁下部纵筋同框架梁支座钢筋构造,不满足直锚时,弯锚,伸至支座外侧钢筋内侧弯折 15d。

(3)第一跨纵筋(①轴~②轴)　2 Φ 14

$$\begin{aligned}\text{单根长度} &= 15d(弯折) + (边长 - c) + l_{n1}(净跨) + \max(l_{aE}, 0.5h_c + 5d)\\&= 15 \times 14 + (400 - 20) + 2\,040 + 518 = 210 + 2\,938 = 3\,148 \text{ mm}\end{aligned}$$

形状　210└─────2938─────

数量　2根

（4）第二跨纵筋（②轴～③轴）　3 ⾞ 16

单根长度＝$\max(l_{aE}, 0.5h_c+5d)+l_{n2}$（净跨）＋$\max(l_{aE}, 0.5h_c+5d)$

　　　　　＝$37×16+5\,260+37×16=6\,444$ mm

形状　　　　6444

数量　3根

（5）第三跨纵筋（③轴～④轴）　2 ⾞ 14

单根长度＝$\max(l_{aE}, 0.5h_c+5d)+l_{n3}$（净跨）＋（240－c）＋15d（弯折）

　　　　　＝$518+3\,260+240-20+15×14=3\,998+210=4\,208$ mm

形状　210 ｜　3998

数量　2根

3. 梁箍筋和附加箍筋（①轴～④轴）　⾞ 8@100/200

4. 梁附加吊筋　2 ⾞ 12

请自行完成梁箍筋和附加箍筋、附加吊筋的翻样,扫码查看参考答案。

参考答案

5. 悬挑端钢筋翻样

（1）上部纵向钢筋　2 ⾞ 14

单根长度＝$\max(l_{aE}, 0.5h_c+5d)+l$（悬挑端净长）－c＋12d（弯折）

　　　　　＝$518+(1400-20)+12×14=1898+168=2\,066$ mm

形状　168 ｜　1898

（2）下部纵向钢筋　2 ⾞ 14

单根长度＝15d＋l（悬挑端净长）－c

　　　　　＝$15×14+(1400-20)=1\,590$ mm

形状　　　　1590

（3）梁箍筋⾞ 8@100

单根长度＝$(b+h)×2-8c+1.9d×2+\max(10d, 75)×2$

　　　　　＝$(240+400)×2-8×20+1.9×8×2+10×8×2=1\,310$ mm

形状　360 ｜200／

数量＝$(l_{悬挑端净长}-50-c)/100+1$

　　　＝$(1\,400-50-20)/100+1=14.7$　取 15 根

实践创新

1. 请认真识读本项目传达室工程二层框架梁平面图①/A轴 KL7(1A)，参照 22G101-1 第 95 页框架梁(KL、WKL)箍筋加密区(二)，尝试对该梁进行钢筋翻样。

2. 框架梁平法施工图表示方法

请认真识读本项目传达室工程屋顶层框架梁平面图 WKL4(1B)，并绘制指定位置横截面图 1-1～5-5，1-1～5-5 依次距离Ⓐ轴 450 mm、850 mm、2 550 mm、3 400 mm、5 350 mm，需标注梁截面尺寸、梁顶标高、梁钢筋(纵筋、箍筋、构造等)信息。

▶任务五　现浇混凝土楼板识图与钢筋翻样◀

▶ 学习内容

1. 现浇混凝土楼板分类；
2. 现浇混凝土楼板制图规则和标准构造详图；
3. 现浇混凝土楼板钢筋翻样方法。

▶ 参考标准图集

1.《混凝土结构施工图平面整体表示方法制图规则和构造详图》(22G101-1)，第38～43页。

2.《混凝土结构施工图平面整体表示方法制图规则和构造详图》(22G101-1)，第106、109、110页。

▶ 工作任务

通过课程学习，学生需要完成以下子任务：

子任务1　有梁楼盖平法施工图识读

子任务2　有梁楼盖钢筋翻样

▶ 知识准备

根据受力特点，现浇混凝土板分为单向板和双向板；根据位置关系，现浇混凝土楼板分为楼面板 LB、屋面板 WB、悬挑板 XB，22G101-1平法图集中，现浇混凝土楼板根据楼板下面是否有梁分为有梁楼盖、无梁楼盖。

1. 有梁楼盖（有梁楼板）

是由梁和楼面板组成。楼面荷载通过楼面板传递给梁，再通过梁传递给柱子或墙体。

2. 无梁楼盖（无梁楼板）

现浇钢筋混凝土板

柱上不设置梁（无梁），钢筋混凝土板直接支承在柱上。当楼面荷载较大时，需要设置"柱帽"，以提高楼板承载能力和刚度，以免楼板太厚，楼面荷载通过"柱帽"，传递给柱子。

3. 单向板与双向板

根据《混凝土结构设计规范》(GB 50010—2010)规定，两对边支撑的板应按单向板计算；四边支撑的板应按下列规定计算：

(1) 当长边与短边长度之比小于或等于 2.0 时，应按双向板计算；

(2) 当长边与短边长度之比大于 2.0，但小于 3.0 时，宜按双向板设计；

(3) 当长边与短边长度之比大于或等于 3.0 时，可按沿短边方向受力的单向板计算，并应沿长边方向布置构造钢筋。

4. 悬挑板 XB

悬挑板只有一边支承,其主要受力筋摆在板的上方,分布钢筋放在主要受力筋的下方,由于悬挑的根部与端部承受弯矩不同,悬挑板的端部厚度有时设计比根部厚度小。

子任务1　有梁楼盖平法施工图识读

 任务实施

通过学习本子任务的有梁楼盖平法施工图的表达方式,平面注写识读示例,参考《混凝土结构施工图平面整体表示方法制图规则和构造详图》(22G101-1)第38～43页,能独立填写本子任务实施单所有的内容,本项目工程现浇有梁楼盖的识读内容即完成。任务实施单如下:

表1-5-1　现浇混凝土板识图任务实施单

本项目传达室工程有梁楼盖识读(双层双向贯通配筋)							
板位置/编号	板厚度(mm)	板面标高(m)	板底标高(m)	底部X向钢筋	底部Y向钢筋	顶部X向钢筋	顶部Y向钢筋	板块数量
屋面板								
二层④轴右								
	板厚度(mm)	板面标高(m)	x向净跨(mm)	y向净跨(mm)	底部X向钢筋	底部Y向钢筋	顶部X向钢筋	顶部Y向钢筋
二层①～②轴								
本项目传达室工程有梁楼盖识读(单层双向配筋)							
板位置/编号	板厚度(mm)	板面标高(m)	x向净跨(mm)	y向净跨(mm)	底部X向钢筋	底部Y向钢筋	顶部①筋	顶部分布筋
LB2								
板位置/编号	板厚度(mm)	x向净跨(mm)	y向净跨(mm)	底部X向钢筋	底部Y向钢筋	顶部①筋	顶部②筋	顶部分布筋
③～④轴交⑴/Ⓐ-⑴/Ⓑ								
本项目传达室工程现浇悬挑板识读						
板位置/编号	板端部厚度(mm)	板根部厚度(mm)	板顶标高(m)	板长度(mm)	板宽度(mm)	顶部受力筋	顶部分布筋
XB1(雨棚板)							

▶▶ 5.1.1　有梁楼盖平法施工图简介

有梁楼盖平法施工图,系在楼面板和屋面板布置图上,采用平面注写的表达方式。板平面注写主要包括板块集中标注和板原位标注。

1. 板块集中标注

有梁楼盖是指以梁为支座的楼面与屋面板。对于普通楼面,同向相邻两根梁之间为一跨,x、y 两向均以一跨为一板块;对于密肋楼盖,两向主梁(框架梁)均以一跨为一板块(非主梁密肋不计)。所有板块应逐——编号,相同编号的板块可择其一做集中标注,其他仅注写置于圆圈内的板编号,以及当板面标高不同时的标高高差,板块集中标注见图 1-5-1。

板集中标注

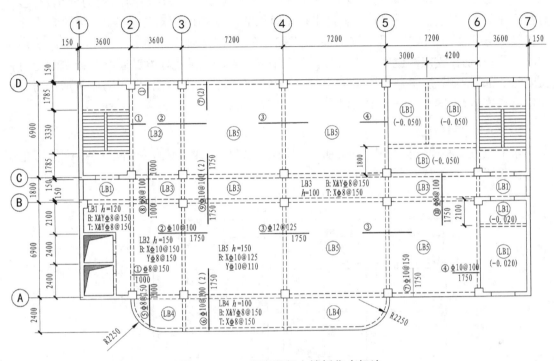

图 1-5-1　现浇混凝土楼板集中标注

(1)板厚注写为 $h=\times\times\times$(为垂直于板面的厚度);当悬挑板的端部改变截面厚度时,用斜线分隔根部与端部的高度值,注写为 $h=\times\times\times/\times\times\times$;当设计已在图注中统一注明板厚时,此项可不注。

(2)纵筋按板块的下部纵筋和上部贯通纵筋分别注写(当板块上部不设贯通纵筋时则不注),并以 B 代表下部纵筋,以 T 代表上部贯通纵筋,B&T 代表下部与上部;x 向纵筋以 X 打头,y 向纵筋以 Y 打头,两向纵筋配置相同时则以 X&Y 打头。

(3)板面标高高差,系指相对于结构层楼面标高的高差,应将其注写在括号内。且有高差则注,无高差不注。

2. 板块支座原位标注

当板支座上部设置有非贯通纵筋和悬挑板上部受力钢筋时,集中标注无法表现,需要在板平面图中支座处进行原位标注。板支座原位标注的钢筋,应在配置相同跨的第一跨表达(当在梁悬挑部位单独配置时则在原位表达)。

板原位标注

（1）在配置相同跨的第一跨（或梁悬挑部位），垂直于板支座（梁或墙）绘制一段适宜长度的中粗实线以该线段代表支座上部非贯通纵筋（也称支座负筋或支座附加筋），并在线段上方注写钢筋编号（如①、② 等）、配筋值、横向连续布置的跨数（注写在括号内，且当为一跨时可不注），以及是否横向布置到梁的悬挑端。

（2）当该筋通长设置在悬挑板或短跨板上部时，实线段应画至对边或贯通短跨，该线段代表上部跨板支座非贯通纵筋（也称跨板支座负筋或跨板支座附加筋）。

（3）板支座上部非贯通筋自支座边线（自支座中线——16G101）向跨内的伸出长度，注写在线段的下方位置。当中间支座上部非贯通纵筋向支座两侧对称伸出时，可仅在支座一侧线段下方标注伸出长度，另一侧不注，见图 1-5-1 中③轴②钢筋；当向支座两侧非对称伸出时，应分别在支座两侧线段下方注写伸出长度；对线段画至对边贯通全跨或贯通全悬挑长度的上部通长纵筋，贯通全跨或伸出至全悬挑一侧的长度值不注，只注明非贯通筋另一侧的伸出长度值，见图 1-5-1 中④轴⑤钢筋。

3. 板块原位标注

除了板块支座原位标注外，板块所有配筋也可以用实线段原位标注。楼板配筋有单层配筋和双层配筋，板块双层配筋原位标注见图 1-5-2。

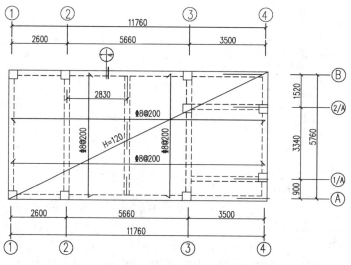

图 1-5-2　现浇混凝土楼板原位标注

（1）下部（底部）x 向水平纵筋末端弯钩朝上，y 向竖直纵筋末端弯钩朝左。

（2）上部（顶部）x 向水平纵筋末端弯钩朝下，y 向竖直纵筋末端弯钩朝右。

（3）板厚度、板面标高高差可以在平面图中直接标注，也可以在图纸说明中集中描述。

（4）单层配筋上部支座钢筋分布筋一般在平面图中不用实线段表示，而是在图纸说明中集中描述。

▶▶ 5.1.2　有梁楼盖平法施工图识读示例

识读现浇混凝土楼板施工图，应准确识读板名称编号、位置、板厚度、板面标高、砼强度等级、配筋信息等。

(一) 有梁楼盖平法施工图集中标注识读示例

以本项目传达室工程二层板平面图②～③轴板块为例。

(1) ②～③轴共 2 块板,选第一块板进行集中标注,第 2 块板仅标注板名称和编号。

(2) 板名称编号:LB2。

(3) 厚度、板面标高:120 mm,板面与结构无高差,标高为 3.270 m。

(4) 钢筋信息:该板块为单层配筋,底部 x、y 向钢筋均为 Φ 8@200;顶部Ⓐ、Ⓑ轴支座非贯通筋为⑤钢筋 Φ 8@180,自支座边线向跨内的伸出长度 1 050 mm,两块板中间支座非贯通筋为②钢筋 Φ 8@180,自支座边线向两侧跨内的伸出长度均为 750 mm;支座非贯通筋下面的分布筋为 ϕ 8@250(说明 2)。

(5) 有梁楼盖,是由梁和楼面板组成,梁为板的支座,板净跨算至梁的内侧。板净跨 $l_{nx} = 5\ 660/2 - 120 - 120 = 2\ 590$ mm,$l_{ny} = 5\ 760 - 120 - 120 = 5\ 520$ mm。

(二) 有梁楼盖平法施工图原位标注识读示例

以本项目传达室工程二层板平面图①～②、③～④轴板块为例。

1. ①～②轴板块双层配筋

(1) 水平方向钢筋共有 2 根实线,末端弯钩朝上的为底部钢筋,末端弯钩朝下的为顶部钢筋,并且该顶部钢筋贯穿整个板块后伸入到 LB2 中,自支座边线向跨内的伸出长度 750 mm。

(2) 竖直方向钢筋也有 2 根实线,末端弯钩朝左的为底部钢筋,末端弯钩朝右的为顶部钢筋,均贯穿整个板块。

(3) 钢筋实线均未标注钢筋信息,识读说明 1 未注明钢筋均为 Φ 8@200,所以该板块为双层(底部、顶部)双向(x、y 向)配筋,钢筋均为 Φ 8@200。

2. ③～④轴板块单层配筋

与①～②轴板块对比发现,有以下不同:

(1) ③～④轴共有 3 块板,①～②轴为 1 块板;

(2) ③～④轴板块为单层(底部)双向(x、y 向)配筋,且底部 y 向钢筋贯穿 3 块板,顶部支座设置了非贯通筋。

(3) 顶部支座分布筋为 ϕ 8@250。

子任务 2　有梁楼盖钢筋翻样

任务实施

通过学习本子任务有梁楼盖底部纵向钢筋、顶部纵向钢筋、顶部分布钢筋构造,有梁楼盖(双层双向贯通式配筋)、有梁楼盖(单层双向分离式配筋)钢筋翻样示例,参考《混凝土结构施工图平面整体表示方法制图规则和构造详图》(22G101-1)第 106、108、109 页,能独立填写本子任务实施单所有的内容,本项目工程现浇混凝土楼板钢筋翻样的内容即完成。任务实施单如下:

表1-5-2　有梁楼盖钢筋构造任务实施单

有梁楼盖	纵向钢筋La	底部纵筋端支座构造	底部贯通式纵筋中间支座构造	底部分离式纵筋中间支座构造	顶部端支座钢筋直锚构造
	顶部端支座钢筋弯锚构造	顶部贯通钢筋中间支座构造	顶部非贯通钢筋中间支座构造	顶部分布筋构造	钢筋起步距

表1-5-3　有梁楼盖钢筋翻样任务实施单

板位置	钢筋名称	型号规格	钢筋形状	单根长度（mm）	数量（根）	单重（kg）	总重量（kg）
二层①～②轴	底部 x 向纵筋						
	底部 y 向纵筋						
	顶部 x 向纵筋						
	顶部 y 向纵筋						
	构件钢筋总重量：			kg			
二层③～④轴交⑴/Ⓐ～Ⓑ轴	底部 x 向纵筋						
	底部 y 向纵筋						
	顶部③筋						
	顶部④筋						
	顶部 y 向纵筋的分布筋						
	构件钢筋总重量：			kg			

▶▶ 5.2.1　有梁楼盖钢筋构造

　　混凝土楼板支座有端支座和中间支座，端支座有砼梁和剪力墙两种，砼梁端部支座构造做法见22G101-1第106页，剪力墙端部支座构造做法见22G101-1第107页。根据所在楼层性质有普通楼屋面板和梁板式转换层楼面板，本项目以最常见的端部支座为砼梁普通楼屋面板为例进行介绍。

板钢筋构造

1. 有梁楼盖端部支座锚固构造

　　钢筋具体构造做法见22G101-1第106页，见图1-5-3。

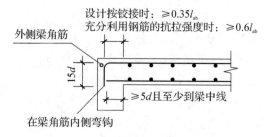

图1-5-3　普通楼屋面板端部钢筋构造

（1）底部钢筋：伸入端部支座锚固长度 $5d$ 且至少到梁的中线，也就是锚固长度为 $\max(5d, 梁宽/2)$。

（2）顶部纵向钢筋：当端部支座梁宽度较大，梁宽度－保护层厚度 $c \geq l_a$、l_{aE}（板考虑抗震）时，顶部纵向钢筋直锚入梁支座中，不需要弯折；当端部支座梁宽度不满足直锚条件时，顶部纵向钢筋弯锚，伸至梁角筋内侧后弯折 $15d$。（22G101－1 第 42 页 5.4.2 描述为 $12d$）

2. 有梁楼盖中间支座和跨中钢筋构造

有梁楼盖连续板块布筋方式，有分离式配筋和贯通式布筋，中间支座和跨中钢筋构造做法见 22G101－1 第 106 页，图 1－5－4。

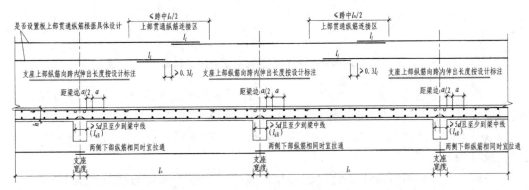

图 1－5－4 有梁楼盖楼面板 LB 和屋面板 WB 钢筋构造

（1）贯通式布筋：顶部钢筋能通则通，接头连接区在跨中 1/2 净跨范围；底部钢筋施工方便也可贯通设置，钢筋能通则通，接头连接区宜在距支座 1/4 净跨内。

（2）分离式配筋：底部钢筋锚入支座长度为 $5d$ 且至少到梁的中线，即 $\max(5d, 梁宽/2)$，梁板式转换层板，锚固长度为 l_{aE}；顶部支座非贯通钢筋，向跨内伸出长度按设计标注。

（3）图中支座处的空心圆为梁的纵筋，黑色实心圆为楼板钢筋，楼板第一根钢筋距梁边为 1/2 板筋间距，也就是起步距为 @/2。

3. 分布筋、抗裂构造钢筋、抗温度筋构造

分布筋、抗裂构造钢筋、抗温度筋构造见 22G101－1 第 109 页，如图 1－5－5 所示，以分离式配筋为例。

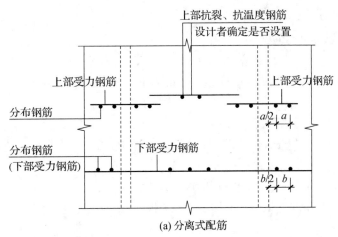

(a) 分离式配筋

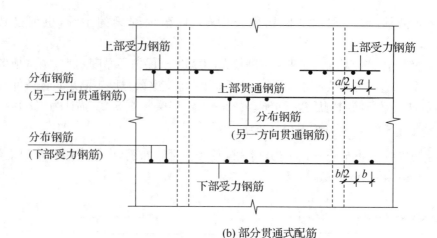

(b) 部分贯通式配筋

图 1-5-5 单(双)向板分离式配筋构造

(1) 顶部支座钢筋下面的分布钢筋,与同向的支座筋、构造钢筋的搭接长度为 150;当兼作抗温度筋时,搭接长度为 l_l,在支座的锚固按受拉要求考虑。

(2) 当顶部设计设置了抗裂、抗温度钢筋,抗裂构造钢筋、抗温度筋自身及其与受力主筋搭接长度为 l_l。

(3) 板上下贯通筋可兼作抗裂构造筋和抗温度筋。当下部贯通筋兼作抗温度钢筋时,其在支座的锚固由设计者确定。

▶▶▶ 5.2.2 双层双向贯通式配筋有梁楼盖钢筋翻样示例

以二层Ⓐ~Ⓑ轴/④轴右有梁板为例。基本信息:混凝土强度 C30 级,该板所在位置为雨棚,环境类别二 a 类,保护层厚度 $c=20$ mm; $l_a=35d$,板厚度 $h=100$ mm,板面标高3.270-0.200=3.070 m。

双层双向翻样示例

该板双层双向配筋,原位标注,三块板顶筋和底筋均贯通设置,为了描述方便,4 轴右侧轴线假设为⑤轴,支座分别为④轴 KL4(1B)、⑤轴 L2(3)、Ⓐ、Ⓑ轴 KL5(3A),支座宽度均为 240 mm,⑤、Ⓐ、Ⓑ轴为端部支座,④轴为中间支座,但是④轴两侧板顶标高不同。板净跨 $L_{nx}=1\,400-120-120=1\,160$ mm,$L_{ny1}=900-120-120=760$ mm,$L_{ny2}=3\,340-120-120=3\,100$ mm,$L_{ny3}=1\,520-120-120=1\,280$ mm。

1. 底部钢筋

(1) x 向钢筋 ⊕ 8@200

单根长度$=\max(5d,梁宽/2)+l_{nx}+\max(5d,梁宽/2)$

$\qquad\qquad=\max(40,120)+1\,160+\max(40,120)=1\,400$ mm

形状 ———— 1400 ————

数量$=(l_{ny}-2\,起步距)/间距+1=(l_{ny}-2\times@/2)/@+1=l_{ny}/@$

$\qquad\quad=l_{ny1}/@+l_{ny2}/@+l_{ny3}/@$

$\qquad\quad=760/200+310/200+1\,280/200$

$\qquad\quad=3.3+15.5+6.4=4+16+7=27\ 根$

注：该范围共 3 块板，每块板数量分开计算。

（2）y 向钢筋Φ8@200

单根长度 $= \max(5d,梁宽/2) + l_{ny} + \max(5d,梁宽/2)$

　　　　　$= \max(40,120) + (5\,760-120-120) + \max(40,120) = 5\,700$ mm

形状　　　　$\underline{\qquad5760\qquad}$

数量 $=(l_{ny}-2\,起步距)/间距+1=(l_{ny}-2\times@/2)/@+1$

　　　　$=l_{ny}/@=1\,160/200=5.8$　取 6 根

2. 顶部钢筋Φ8@200

（1）判断弯直锚

梁宽 $-15=240-20=225$ mm $< l_a=35\times8=280$ mm，弯锚

（2）x 向钢筋Φ8@200

单根长度 $=15d(弯折)+(1\,160+2\times240-2c)+15d(弯折)$

　　　　　$=15\times8+(1\,160+2\times240-2\times20)+15\times8$

　　　　　$=120+1\,600+120=1\,840$ mm

形状　$120\llcorner\overline{\qquad1600\qquad}\lrcorner120$

数量　27 根

注：计算方法同底部钢筋。

（2）y 向钢筋Φ8@200

单根长度 $=15d(弯折)+(5\,520+2\times240-2c)+15d(弯折)$

　　　　　$=15\times8+(5\,520+2\times240-2\times20)+15\times8$

　　　　　$=120+5\,960+120=6\,200$ mm

形状　$120\llcorner\overline{\qquad5960\qquad}\lrcorner120$

数量　6 根

注：计算方法同底部钢筋。

3. 编制钢筋翻样单

二层Ⓐ～Ⓑ轴/④轴右有梁板钢筋总重量为 62.904 kg，钢筋翻样单如表 1-5-4。

表 1-5-4　钢筋翻样单

构件名称：Ⓐ～Ⓑ轴/④轴右有梁板　构件数量：1					构件钢筋总重量：62.904 kg	
钢筋名称	型号规格	钢筋形状	单根长度（mm）	数量（根）	单重（kg）	总重量（kg）
x 向底部钢筋	Φ8	$\underline{\qquad1400\qquad}$	1 400	27	0.553	14.931

构件名称:Ⓐ~Ⓑ轴/④轴右有梁板　构件数量:1				构件钢筋总重量:62.904 kg		
y 向底部钢筋	Φ 8	5760	5 760	6	2.275	13.650
x 向顶部钢筋	Φ 8	120 ⌐1600⌐ 120	1 840	27	0.727	19.629
y 向顶部钢筋	Φ 8	120 ⌐5960⌐ 120	6 200	6	2.449	14.694

▶ 5.2.3　单层双向分离式配筋有梁楼盖钢筋翻样示例

单层双向翻样示例

以二层Ⓐ~Ⓑ轴/②~③轴有梁板 LB_2(其中一块板)为例。基本信息:混凝土强度 C30 级,环境类别一类,保护层厚度 $c=15$ mm; $L_a=35d$,板厚度 $h=120$ mm,板面标高 3.270。

该板单层双向配筋,底部受力钢筋为集中标注,顶部支座钢筋为原位标注,两块板顶筋和底筋均分离设置,为了描述方便,假设②轴与③轴之间的轴线为⑫轴,支座分别为②轴 KL2(1)、③轴 KL3(2)、⑫轴 L1(1)、Ⓐ、Ⓑ轴 KL5(3A),支座宽度均为 240 mm。选择Ⓐ~Ⓑ轴/②~⑫轴板块为例。净跨 $l_{nx}=2\,830-120-120=2\,590$ mm, $l_{ny}=5\,760-120-120=5\,520$ mm。

> **注:**有梁楼盖,砼板顶部钢筋在端支座锚入梁内,且布置在梁纵向钢筋以内,因此板钢筋的保护层厚度有两种处理方式,一是顶面保护层厚度按板的保护层,侧面钢筋的保护层厚度按梁的保护层,二是为了简化计算,顶面和侧面钢筋均按板的保护层。本教材顶部钢筋的顶面和侧面保护层厚度均按板的保护层厚度取值。

1. 底部钢筋

(1) x 向钢筋　Φ8@200

单根长度=max(5d,梁宽/2)+ l_{nx} +max(5d,梁宽/2)
　　　　=max(40,120)+2 590+max(40,120)=2 830 mm

形状　＿＿2830＿＿

数量=(l_{ny} -2 起步距)/间距+1=(l_{ny} -2×@/2)/@+1
　　=l_{ny}/@=5 520/200=27.6　取 28 根

(2) y 向钢筋　Φ8@200

单根长度=max(5d,梁宽/2)+ l_{ny} +max(5d,梁宽/2)
　　　　=max(40,120)+5 520+max(40,120)=5 760 mm

形状　＿＿5760＿＿

数量=(l_{nx} -2 起步距)/间距+1=(l_{nx} -2×@/2)/@+1
　　=l_{nx}/@=2 590/200=12.95　取 13 根

2. 顶部支座钢筋　Φ8@180

(1) 判断弯直锚

梁宽- c =240-15=225 mm< l_a =35×8=280 mm,弯锚

（2）⑤号钢筋（Ⓐ、Ⓑ轴支座筋）　ϕ 8@180

$$
\begin{aligned}
\text{单根长度} &= 15d（弯折）+（1\,050+梁宽-c）\\
&= 15\times8+（1\,050+240-15）\\
&= 120+1\,275=1\,395\text{ mm}
\end{aligned}
$$

形状

$$
\begin{aligned}
\text{数量} &= (l_{nx}-2\text{ 起步距})/间距+1=(l_{nx}-2\times@/2)/@+1\\
&= l_{nx}/@=2590/180=14.4\quad 取\ 15\ 根
\end{aligned}
$$

Ⓐ、Ⓑ轴支座筋相同

总数量：$2\times15=30$ 根

（3）②号钢筋（½轴支座筋）　ϕ 8@180

单根长度 $=750+支座宽+750=750+240+750=1\,740$ mm

形状　————1740————

$$
\begin{aligned}
\text{数量} &= (l_{ny}-2\text{ 起步距})/间距+1=(l_{ny}-2\times@/2)/@+1\\
&= l_{ny}/@=5\,520/180=30.7\quad 取\ 31\ 根
\end{aligned}
$$

（4）①号钢筋（②轴支座筋）　ϕ 8@180

②轴一侧为楼梯洞口一侧为楼板，②轴按端支座考虑

$$
\begin{aligned}
\text{单根长度} &= 15d（弯折）+（750+支座宽-c）\\
&= 15\times8+（750+240-15）\\
&= 120+975=1\,095\text{ mm}
\end{aligned}
$$

形状　————975————⌐120

$$
\begin{aligned}
\text{数量} &= (l_{ny}-2\text{ 起步距})/间距+1=(l_{ny}-2\times@/2)/@+1\\
&= l_{ny}/@=(5\,760-1\,900-120)/180=20.7\quad 取\ 21\ 根
\end{aligned}
$$

> **注**：1. ②轴上有2种支座负筋，楼梯洞口段为①支座筋，平台板段为跨板支座筋。
>
> 2. 现场施工，①支座筋可以在距离跨板支座筋一个间距的位置起步，也可以在楼梯洞口距离梯梁半个间距的位置起步，本例题按距离梯梁半个间距的位置起步。

3. 顶部分布钢筋　ϕ 8@250

分布筋为一级光圆钢，图纸中没有注明兼作抗裂构造筋或者抗温度钢筋，因此与支座钢筋搭接长度取 150 mm，也不考虑受拉，末端不需要做180°弯钩。

（1）② 轴支座筋的分布筋（y 向）　ϕ 8@250

单根长度 $=5\,760-1\,050-1\,050+2\times150=3\,960$ mm

形状　————3960————

数量 $=(750-120-间距/2)/间距=(750-120-125)/250=2.02$　取 3 根

或　数量 $=(750-120-间距/2)/间距+1=(750-120-125)/250+1=3.02$　取 4 根

注:1.图集中分布筋只标注了距离梁边的起步距,分布筋作用之一固定支座钢筋,不考虑其受拉,数量的要求没有主要受力筋严格,本例题取3根。

2.楼梯洞口段①支座筋和平台板段的跨板支座筋向板内伸出长度相同,分布筋一起计算。

(2) ⑴/₂轴支座筋的分布筋(y向) φ8@250

⑴/₂轴支座筋跨2块板,伸入两块板的长度均为750,本示例计算分布筋时,只汇总左侧板块的分布筋,因此该分布筋同②轴支座筋的分布筋。

单根长度 3 960 mm

形状 _____3960_____

数量 3根

(3) Ⓐ、Ⓑ轴支座筋的分布筋(x向) φ8@250

Ⓐ、Ⓑ轴支座筋相同,分布筋也相同,任选一轴线计算。

单根长度=2 830−750−750+2×150=1 630 mm

形状 _____1630_____

数量=(1 050−120−间距/2)/间距=(1 050−120−125)/250=3.22 取4根

或数量=(1 050−120−间距/2)/间距+1=(1 050−120−125)/250+1=4.22 取5根

Ⓐ、Ⓑ轴总根数 2×4=8根 本例题取4根

4.编制钢筋翻样单

该有梁板钢筋总重量为117.003 kg,钢筋翻样单见表1−5−5。

表1−5−5 钢筋翻样单

构件名称:LB2		构件数量:1		构件钢筋总重量:117.003 kg			
钢筋名称	型号规格	钢筋形状		单根长度(mm)	数量(根)	单重(kg)	总重量(kg)
x向底部钢筋	ⲫ8	2830		2 830	28	1.118	31.304
y向底部钢筋	ⲫ8	5760		5 760	13	2.275	29.575
①钢筋	ⲫ8	855	120	975	21	0.385	8.085
②钢筋	ⲫ8	1500		1 500	31	0.593	18.383
⑤钢筋	ⲫ8	1155	120	1 275	30	0.504	15.120
x向分布钢筋	φ8	1630		1 630	7	0.644	5.152
y向分布钢筋	φ8	3960		3 960	6	1.564	9.384

实践创新

1. 有梁楼盖平法施工图表示方法

请认真识读本项目传达室工程二层板平面图,并完成以下任务:

(1) 假设①~②轴板块为 LB1,请用集中标注方式表达。

(2) 请将②~③轴两板块 LB2,用原位标注方式表达。

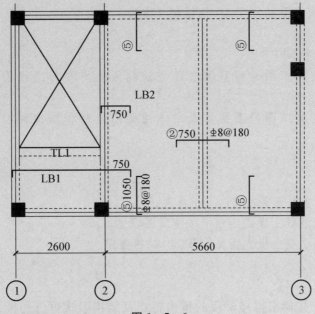

图 1-5-6

2. 有梁楼盖平法施工图钢筋翻样

请认真识读本项目传达室工程二层板和屋顶层板平面图,并完成以下任务:

(1) 试着完成①~②轴板块钢筋纵向钢筋翻样,并编制钢筋翻样单。

(2) 试着完成③~④轴交①/A~②/A轴板块顶部①、②号支座筋以及该支座筋下面的分布筋翻样。

(3) 试着完成屋顶层板 y 向的底部和顶部钢筋翻样。

▶ 任务六　现浇混凝土板式楼梯识图与钢筋翻样 ◀

学习内容

1. 现浇混凝土板式楼梯分类；
2. 现浇混凝土板式楼梯制图规则和标准构造详图；
3. 现浇混凝土板式楼梯(AT 型)钢筋翻样方法。

参考标准图集

1.《混凝土结构施工图平面整体表示方法制图规则和构造详图》(22G101－2)，第 7～18 页。

2.《混凝土结构施工图平面整体表示方法制图规则和构造详图》(22G101－2)，第 27～60 页。

工作任务

通过课程学习,学生需要完成以下子任务：
子任务 1　现浇混凝土板式楼梯平法施工图识读。
子任务 2　现浇混凝土板式楼梯(AT 型)钢筋翻样。

知识准备

现浇钢筋砼楼梯

现浇钢筋混凝土楼梯根据楼梯段的传力特点及结构形式可分为板式楼梯和梁式楼梯。两者之间的区别是,板式楼梯梯板无斜梁,而梁式楼梯梯板有斜梁。斜梁布置在梯板上面的称为明步楼梯,布置在梯板下面的称为暗步楼梯。22G101－2 标准图集介绍的全部是板式楼梯。

板式混凝土楼梯结构由梯段、梯柱、梯梁、平台板四部分组成。平台板又分为楼层平台、中间平台(又称休息平台、层间平台)。中间平台介于两楼层之间,可用于休息或转变方向,楼层平台直接通往各楼层。平台板与梯段相连接处,或者中间平台板处设置的砼梁,统称梯梁;梯柱支承中间平台梯梁,分段设置,从楼层到中间平台;梯段由踏步和梯板组成。梯柱、梯梁、平台板钢筋构造做法同框架柱、框架梁、钢筋砼楼板。22G101－2 标准图集仅介绍梯板相关内容。

平法 22G101－2 标准图集混凝土板式楼梯,根据是否抗震,分为无抗震和有抗震构造措施两大类共 14 种类型,每种类型通过不同梯板代号进行区别。具体分类见表 1－6－1 楼梯类型。

表 1-6-1　楼梯类型

抗震构造措施	梯板类型	示意图所在页码	注写及构造图注写页码	备注
无	AT	1-8	2-7、2-8	1. 仅 ATc 梯板参与整体结构抗震计算。 2. 有无抗震构造措施区别：无抗震构造措施梯板支座为固定支座，有抗震构造措施梯板支座为滑动支座，ATc 梯板除外。 3. 有抗震构造措施梯板带"a"与"b"区别：ATa、CTa 低端滑动支座支承在梯梁上；ATb、CTb 低端滑动支座支承在挑板上。
	BT	1-8	2-9、2-10	
	CT	1-9	2-11、2-12	
	DT	1-9	2-13、2-14	
	ET	1-10	2-15、2-16	
	FT	1-10	2-17、2-18、2-19、2-23	
	GT	1-11	2-20、2-23	
有	ATa	1-12	2-24、2-26	参与整体结构抗震计算
	ATb	1-12	2-24、2-27、2-28	
	ATc	1-12	2-29、2-30	
	BTb	1-13	2-31、2-32	
	CTa	1-14	2-25、2-34、2-35	
	CTb	1-14	2-27、2-34、2-36	
	DTb	1-13	2-32、2-37、2-38	

（1）各种梯板类型区别，从截面形状有以下特点：

① "A"打头的 AT、ATa、ATb、ATc 梯板：梯板全部由踏步段构成，踏步段直接与支座连接。

② BT 梯板：梯板由低端平板和踏步段构成，踏步段通过低端平板与梯梁支座连接。

③ "C"打头的 CT、CTa、CTb 梯板与"BT"相反，梯板由踏步段和高端平板构成，踏步段通过高端平板与支座连接。

④ DT 梯板：梯板由低端平板、踏步板和高端平板构成，踏步段高低端均由平板与支座连接。

⑤ ET 梯板：梯板由低端踏步段、中位平板和高端踏步段构成，一个梯段两个踏步段，中间设置有中位平板。

（2）FT、GT 型板式楼梯，每个代号代表两跑踏步段和连接它们的楼层平板及层间平板，根据组成和支承方式有以下区别：

① FT 型由层间平板、踏步段和楼层平板构成，为有层间和楼层平台板的双跑楼梯，梯板一端的层间平板采用三边支承，另一端的楼层平板也采用三边支承。

② GT 型由层间平板和踏步段构成，仅有层间平台板的双跑楼梯，梯板一端的层间平板采用三边支承，另一端的梯板段采用单边支承（在梯梁上）。

子任务1　现浇混凝土板式楼梯平法施工图识读

 任务实施

通过学习本子任务的有现浇混凝土板式楼梯平法施工图的表达方式,平面注写识读示例,参考《混凝土结构施工图平面整体表示方法制图规则和构造详图》(22G101-2)第7~18页、第27~60页,能独立填写本子任务实施单所有的内容,本项目工程现浇混凝土板式楼梯的识读内容即完成。任务实施单如下:

表1-6-2　任务实施单

本项目传达室工程现浇混凝土板式楼梯识读							
梯段	梯板编号	梯板厚度(mm)	梯板宽度(mm)	梯板水平长度(mm)	梯板竖向高度(mm)	踏步宽(mm)	踏步高(mm)	踏步级数
-0.030~1.620	底部受力筋	顶部受力筋	底部分布筋	顶部分布筋	楼梯间开间(mm)	楼梯间进深(mm)	梯板支座	梯板支座宽度(mm)
22G101-2　第62、63页现浇混凝土板式楼梯识读							
梯段	梯板编号	梯板厚度(mm)	梯板宽度(mm)	梯板跨度(mm)	梯板竖向高度(mm)	踏步宽(mm)	踏步高(mm)	踏步级数
-0.030~-0.860梯段	底部受力筋	顶部受力筋	梯板分布筋	楼梯间开间(mm)	楼梯间进深(mm)	楼梯井宽度(mm)	梯板支座	梯板支座宽度(mm)

▶▶▶ 6.1.1　现浇混凝土板式楼梯平法施工图简介

平法22G101-2现浇混凝土板式楼梯标准图集中,平法施工图有平面注写、剖面注写和列表注写三种表达方式。

楼梯平法施工图

1. 平面注写

平面注写方式,系在楼梯平面布置图上注写截面尺寸和配筋具体数值的方式来表达楼梯施工图,包括集中标注和外围标注。以22G101-2第27页某楼梯间为例介绍,见图1-6-1。

(1)集中标注

集中标注内容包括:梯板类型及编号、踏步段竖向总高度、踏步级数、梯板配筋信息。上图中楼梯梯板类型为AT型,编号3;梯板厚度h=120 mm;踏步段竖向总高度1 800 mm和踏步级数12级,总高度和级数之间用"/"隔开;梯板上部纵筋Φ10@200,下部纵筋Φ12@150,上下部纵筋中间用";"隔开;梯板分布筋Φ8@250,以字母F打头,该项也可在图中统一说明。

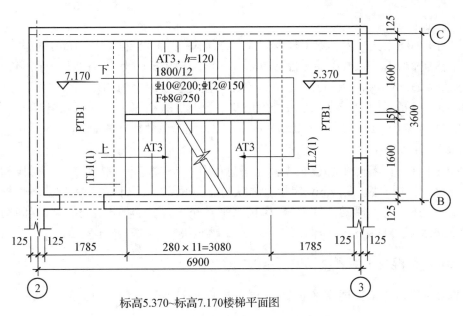

标高5.370~标高7.170楼梯平面图

图 1-6-1 现浇混凝土楼梯平面注写

（2）外围标注

外围标注内容包括：楼梯间平面尺寸，图中楼梯间开间 3 600 mm，进深 6 900 mm；结构标高：中间平台 5.370 m，楼层平台：7.170 m；楼梯的上下方向；梯板的平面几何尺寸：图中楼梯梯板宽 1 600 mm，水平方向长 3 080 mm。本楼梯为 AT 型，梯板水平长度又称梯板跨度，通常用踏步宽度×踏面数量表示，踏步宽度为 280 mm，踏面数量为 11。

2. 剖面注写

剖面注写方式需在楼梯平法施工图中绘制楼梯平面布置图和楼梯剖面图，注写方式分平面注写、剖面注写两部分。以 22G101-2 第 64、65 页某楼梯间为例介绍，见图 1-6-2。

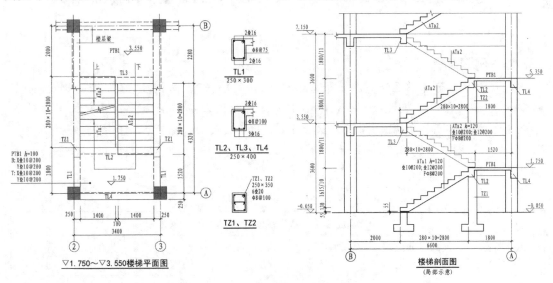

图 1-6-2 现浇混凝土楼梯剖面注写

（1）平面注写

楼梯间平面图中注写内容除了外围标注内容（图中楼梯间开间 3 400 mm，进深 6 600 mm；中间平台结构标高 1.750 m，楼层平台结构标高：3.550 m；楼梯的上下方向；梯板宽 1 400 mm，梯板水平长 2 800 mm。标高 1.750～3.550 范围的梯板类型及编号为 ATa 2），还注写了平台板配筋、梯梁、梯柱配筋（图中楼梯 1.750 m 处的层间平台 PTB1，板厚 100 mm，双层双向配筋，均为 Φ10@200）；梯梁（TL1、TL2、TL3、TL4）、梯柱（TZ1）配筋单独绘制截面详图。

（2）剖面注写

剖面图中注写内容除了梯板集中标注信息（图中楼梯 1.750～3.550 范围梯段梯板类型及编号 ATa2，梯板厚度 120 mm，梯板上部纵筋 Φ10@200，下部纵筋 Φ12@200，梯板分布筋 Φ8@200），还注写了梯梁梯柱编号、梯板水平及竖向尺寸、楼层结构标高、层间结构标高等（本梯板水平长 2 800 mm，竖向高 1 800 mm，踏步级数 11 级，踏步宽 280 mm）。

6.1.2 现浇混凝土板式楼梯识读示例

以本项目传达室工程楼梯平面图，一层楼梯平面图为平面注写，标高－0.030－1.620 梯板识读如下：

1. 集中标注

该梯板类型及编号 AT1，梯板厚度 $h=100$ mm；踏步段竖向总高度 1 650 mm，踏步级数 10 级，梯板上部纵筋 Φ8@120，下部纵筋 Φ8@120，梯板分布筋 Φ6@200。

2. 外围标注

本楼梯间开间 2 600 mm，进深 5 760 mm，踏步段起点标高－0.300 m，中间休息平台标高 1.620 m，从－0.300 m 到 1.620 m 为楼梯上行方向，梯板宽 1 250－120＝1 130 mm，水平方向长 2 340 mm，踏步宽度为 260 mm，踏面数量为 9。

子任务2 现浇混凝土板式楼梯（AT 型）钢筋翻样

 任务实施

通过学习本子任务现浇混凝土板式楼梯（AT 型）底部纵向钢筋、顶部纵向钢筋、分布钢筋构造，现浇混凝土板式楼梯（AT 型）钢筋翻样示例，参考《混凝土结构施工图平面整体表示方法制图规则和构造详图》（22G101－2）第 27、28 页，能独立填写本子任务实施单所有的内容，本项目工程现浇混凝土楼板（AT 型）钢筋翻样的内容即完成。任务实施单如下：

表 1-6-3 任务实施单一

现浇混凝土 AT 型板式楼梯构造						
底部纵筋端支座构造	顶部纵筋低端支座构造	顶部纵筋高端支座构造	底部分布筋构造	顶部分布筋构造	受力筋起步距	分布筋起步距

表 1－6－4　任务实施单二（现浇混凝土 AT 型板式楼梯钢筋翻样）

本项目传达室工程楼梯平面图，－0.030～1.620 楼梯板 AT1						
钢筋名称	型号规格	钢筋形状	单根长度（mm）	数量（根）	单重(kg)	总重量(kg)
底部纵筋						
顶部低端支座纵筋						
顶部高端支座纵筋						
底部分布筋						
顶部低端支座分布筋						
顶部低端支座分布筋						
构件钢筋总重量：			kg			

6.2.1　AT 型楼梯板钢筋构造

AT 型楼梯构造

AT 型楼梯板全部为踏步段，高低两端直接与梯梁相连，梯梁是梯板的支座。AT 型梯板类似于有梁楼盖（单向板），可以理解为单块楼板向上旋转一定的角度就成了楼梯板，所以楼梯板配筋类似于砼斜板，AT 型楼梯板的配筋构造见平法 22G101－2 第 28 页，如图 1－6－3。

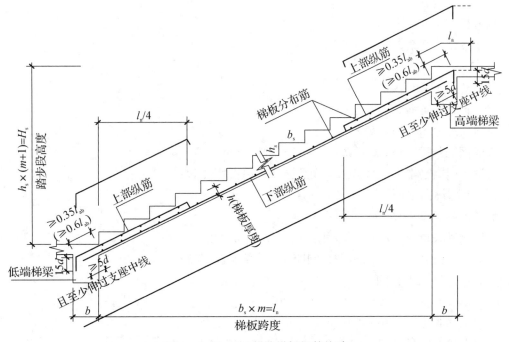

图 1－6－3　AT 型楼梯板钢筋构造

b_s 为踏步宽度，h_s 为踏步高度，h 梯板厚度，b 支座梯梁宽度。梯板跨度 l_n，也称梯板水平长度，等于踏步宽度 b_s×踏面数量 m；梯板竖向高度 H_s，等于踏步高度 h_s×$(m+1)$，$m+$

1就是踏步级数。

AT型楼梯板与有梁楼盖单层双向配筋构造相似。

（1）下部纵筋：锚入到支座梯梁中的长度，$>5d$ 且至少伸过支座中线。

（2）上部纵筋：也称支座纵筋，低端支座纵筋伸至低端支座对边再弯折 $15d$，伸至梯板内的水平长度为梯板跨度 $l_n/4$，然后弯折到梯板中，弯折长度为梯板厚度 $h-2c$。高端支座纵筋构造做法有两种，第一种做法同低端支座纵筋，一侧伸至高端支座对边再弯折 $15d$，另一侧伸至梯板内的水平长度为梯板跨度 $l_n/4$，然后弯折到梯板中；第二种做法，有条件时可直接伸入平台板内锚固，从支座内边算起总锚固长度不小于 l_a，如图中虚线所示。

（3）分布钢筋：下部分布钢筋布置在下部纵筋之上，布满整个梯板，上部分布钢筋布置在上部纵筋之下。分布筋作用之一是固定纵向钢筋，不需要弯折到梯板中，长度＝梯板宽$-2c$。

（4）钢筋起步距：梯板纵筋的起步距，图集中没有明确规定，可以参照楼板取钢筋@/2，分布筋的起步距参看 22G101-2，第 60 页，上下分布筋的起步距均为 50 mm。

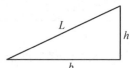

图1-6-4 某直角三角形

AT型楼梯板为斜板，纵向钢筋需要计算斜长，这里介绍一种计算斜长的方法。以某直角三角形为例，两直角边长分别为 b,h，斜边长为 L，见图 1-6-4。

假设该直角三角形的坡度系数为 k，那么

$$k=\sqrt{1+\left(\frac{h}{b}\right)^2}$$

斜边长 $L=b\times k$

（1）梯板坡度系数

$$K=\sqrt{1+\left(\frac{hs}{bs}\right)^2}$$

（2）下部纵向钢筋

锚固长度＝$\max(5d,b/2\times k)$

单根钢筋长度＝$\max(5d,b/2\times k)+l_n\times k+\max(5d,b/2\times k)$

数量＝（梯板宽$-2\times$间距/2）/间距$+1$＝梯板宽/间距

（3）上部纵向钢筋

水平投影长度＝$(b-c+l_n/4)$

单根钢筋长度＝$15d+(b-c+l_n/4)\times k+(h-2c)$

数量＝（梯板宽$-2\times$间距/2）/间距$+1$＝梯板宽/间距

高低端计算结果相同

（4）分布钢筋

单根钢筋长度＝梯板宽度$-2c$

下部纵筋分布筋数量＝$(k\times l_n-2\times50)$/间距$+1$

上部纵筋分布筋数量（一端）＝$(k\times l_n/4-50)$/间距$+1$

高低端数量相同

▶▶ 6.2.2 AT 型楼梯板钢筋翻样示例

**AT 型楼梯板
钢筋翻样示例**

以本项目传达室工程楼梯平面图,标高$-0.030 \sim 1.620$ 梯板 AT1 为例。

基本信息:混凝土强度 C30 级,环境类别一类,保护层厚度 $c = 15$ mm;$l_a = 35d$,板厚度 $h = 100$ mm,高低端支座均为 LT1,支座宽度为 240 mm。梯板净跨 $l_n = 2\,340$ mm,梯板宽度 1 130 mm。

1. 梯板坡度系数

$$k = \sqrt{1 + \left(\frac{165}{260}\right)^2} = 1.184$$

2. 底部纵向钢筋

$$\begin{aligned}
\text{钢筋长度} &= \max(5d, b/2 \times k) + l_n \times k + \max(5d, b/2 \times k)\\
&= 120 \times 1.184 + 2\,340 \times 1.184 + 120 \times 1.184\\
&= 3\,055 \text{ mm}
\end{aligned}$$

形状   ⟋ 3055

数量 $=$(梯板宽$-2\times$间距/2)/间距$+1 =$梯板宽度/间距$= 1\,130/120 = 9.4$ 取 10 根

3. 顶部纵向钢筋

$$\begin{aligned}
\text{低端钢筋长度} &= 15d + (b - c + l_n/4) \times k + (h - 2c)\\
&= 15 \times 8 + (240 - 15 + 2\,340/4) \times 1.184 + (100 - 2 \times 15)\\
&= 120 + 959 + 70 = 1\,149 \text{ mm}
\end{aligned}$$

形状   70 ⌐___959___⌐ 120

数量 $=$(梯板宽$-2\times$间距/2)/间距$+1 =$梯板宽/间距$+1 = 1\,130/120 = 9.4$ 取 10 根
高端计算结果同低端
总数量 $= 2 \times 10 = 20$ 根

4. 分布钢筋

$$\text{钢筋长度} = \text{梯板宽度} - 2c = 1\,130 - 2 \times 15 = 1\,100 \text{ mm}$$

形状   ___1100___

数量 $15 + 10 = 25$ 根

$$\begin{aligned}
\text{底部纵筋分布筋数量} &= (k \times l_n - 2 \times 50)/\text{间距} + 1\\
&= (1.184 \times 2\,340 - 2 \times 50)/200 + 1 = 14.4 \quad \text{取 15 根}
\end{aligned}$$

$$\begin{aligned}
\text{顶部纵筋分布筋数量(一端)} &= (k \times l_n/4 - 50)/\text{间距} + 1\\
&= (1.184 \times 2\,340/4 - 50)/200 + 1 = 4.2 \quad \text{取 5 根}
\end{aligned}$$

总数量 $= 2 \times 5 = 10$ 根   高低端计算结果相同

5. 编制钢筋翻样单

本梯段梯板 AT1 钢筋总重量为 27.250 公斤,钢筋翻样单见表 1 - 6 - 5。

表 1 - 6 - 5　AT1 梯板钢筋翻样单

构件名称:AT1 梯板		构件数量:1			构件钢筋总重量:27.250 kg	
钢筋名称	型号规格	钢筋形状	单根长度(mm)	数量(根)	单重(kg)	总重量(kg)
底部钢筋	Φ 8	3055	3 055	10	1.207	12.070
顶部钢筋(低)	Φ 8	70 ⌐ 959 ⌐ 120	1 149	10	0.454	4.540
顶部钢筋(高)	Φ 8	70 ⌐ 959 ⌐ 120	1 149	10	0.454	4.540
底部分布筋	Φ 8	1100	1 100	15	0.244	3.660
顶部分布筋(低)	Φ 8	1100	1 100	5	0.244	1.220
顶部分布筋(高)	Φ 8	1100	1 100	5	0.244	1.220

 实践创新

1. 现浇混凝土板式楼梯平法施工图表示方法

请认真识读本项目传达室工程楼梯平面图、剖面图,并完成以下任务:

(1)请将一层平面图中-0.030~1.620 梯段楼梯板 AT1 配筋信息,在剖面图中用集中注写方式表达。

(2)请将楼梯剖面图中 1.620~3.270 梯段楼梯板 AT2 配筋信息,在楼梯二层平面图中用集中注写方式表达。

【项目一附图】

项目一传达室工程图纸　　　　　　　　扫码下载项目图纸

结构施工图设计总说明

一、工程概况：

1. 本工程为多层建筑主体结构2层，总高度6.600m室内外高差0.300m。设计标高±0.000，相当于85家高程5.967m。

2. 结构类型：框架结构　　嵌固部位：基础顶面

二、设计依据和总则

2.1 本工程所遵循的主要国家及地方规范、规程和标准

《建筑结构可靠性设计统一标准》

《建筑工程抗震设防分类标准》

《混凝土结构设计规范》　　　　GB 50010-2010(2015版)

《建筑抗震设计规范》　　　　　GB 50011-2010(2016版)

《混凝土外加剂应用技术规范》　GB 50119-2013

《钢筋焊接及验收规程》　　　　JGJ 18-2012

《工程结构可靠性设计统一标准》GB 50153-2008

《建筑结构荷载规范》　　　　　GB 50009-2012

《砌体结构设计规范》　　　　　GB 50003-2011

《建筑地基基础设计规范》　　　GB 50007-2011

《钢筋机械连接技术规程》　　　JGJ 107-2016

2.2 抗震设防及安全等级：

抗震等级　框架	三级
建筑物安全等级	二级
砖砌体施工质量控制等级	B级
基础设计等级	丙级

环境等级±0.000以上为一类，±0.000以下、挑檐、雨篷、卫生间为二a类。

三、材料

1. 混凝土强度等级

框架部分基础、柱、梁、板、楼梯为C30，基础垫层为C15；

非框架部分：构造柱、圈梁、过梁、节点大样为C25

节点大样（与主体一起施工）同各部位柱、板、梁

2. 结构混凝土耐久性的基本要求

环境类别	板、墙、壳保护层厚度	梁、柱、杆保护层厚度	最低强度等级
一	15	20	C20
二a	20	25	C25
二b	25	35	C30(C25)
三a	30	40	C35(C30)
三b	40	50	C40

注:1. 设计使用年限为50年的混凝土结构，最外层钢筋的保护层厚度应符合表中的规定及受力钢筋的公称直径；设计使用年限为100年的混凝土结构，最外层钢筋的保护层厚度不应小于表中数值的1.4倍。

2. 混凝土强度基础等级不大于C25时，表中的保护层厚度数值应增加5mm。

3. 钢筋混凝土基础设置混凝土垫层，基础中钢筋的混凝土保护层厚度应从垫层顶面算起，且不小于40mm;3:直接接触土体浇筑的构件，其砼保护层厚度不应小于70mm。

4. 混凝土构件临水面钢筋的保护层厚度为50，地下室砼外墙在保护层中应加抗裂钢筋网片Φ4@150。网片的保护层厚度不应小于25mm。

5. 有工程可靠验时，二类环境中的最低混凝土等级可降低一个等级。

6. 处于严寒和寒冷地区二b、二a类环境中的混凝土应使用引气剂，可采用括号中的有关参数。

7. 当锚固钢筋的保护层厚度不大于5d时，锚固长度范围内应配置横向构造钢筋，其直径不应小于d/4。

3. 钢筋及焊接

钢筋种类	符号	抗拉、抗压强度设计值(N/mm²)	抗拉、抗压强度标准值(N/mm²)
HPB300	Φ	270	300
HRB335	Φ	300	335
HRB400	Φ	360	400

注:1. 钢筋符号HPB300焊条E5003.

钢筋钢号HRB335,HRB400焊条E5003.

2. 钢筋的强度标准值应具有不小于95%的保证率。

3. Φ6钢筋须经检验，各项性能指标达到HPB300要求后方可使用。

4. 焊缝高度≥0.5d，≥22的钢筋采用机械连接。

5. 轴心受拉及小偏心受拉杆件的纵向受力钢筋不得采用绑扎搭接其他构件中的钢筋采用绑扎搭接时，受拉钢筋直径不宜大于25mm，受压钢筋直径不宜大于28mm。

4. 砌体

砖墙名称	砂浆材料	砌体材料（KN/m³）
-0.060以下墙体	M7.5水泥砂浆	烧结标准砖240×115×53
-0.060以上外墙	M5.0混合砂浆	KP1烧结多孔砖
-0.060以上墙	M5.0混合砂浆	蒸压加气混凝土砌块

注:1. 若图中另有说明，以图纸为准。

2砖墙、柱与填充墙接处设2Φ6@500拉接筋，沿墙全长贯通

墙长大于5m时，墙顶与梁有拉结，墙长超过8m或层高2倍时，宜设置钢筋混凝土构造柱墙高超过4m时，墙体半高宜设置与柱连接且沿墙全长贯通的钢筋混凝土水平系梁。

3. 所有填充墙，在墙体的转角、纵横墙交接处及自由端、洞口宽度大于2m的洞口两侧、沿墙每小于3m（内隔墙遇门窗洞口可适当调整）设置钢筋混凝土构造柱。柱截面：墙宽×200，纵筋4Φ12箍筋Φ6@200。

4. 构造柱上部留30mm，沥青麻丝填实。

5. 填充墙高度超过4m在中部（加气混凝土砌块每层墙体中部）或门顶设置圈梁圈梁高度：墙宽×120，内配4Φ6，箍筋Φ6@250。

6. 宽度大于300mm的预留洞口应设钢筋混凝土过梁，并且伸入两边墙体的长度不小于250mm；。

7. 突出屋顶的楼电梯间，构造柱应伸至顶部，并与顶部圈梁连接，内外墙交接处应沿墙高每隔500mm设置2Φ6通长拉接钢筋。

8. 墙长大于5m时，墙顶与梁宜有拉结；墙超过层高2倍时，设置钢筋混凝土构造柱

9. 楼梯间和人流通道的填充墙，采用钢丝网砂浆面层加固。

10. 本工程砂浆均使用预拌砂浆。

5. 当采用钢筋混凝土过梁，见右表，其中梁长一项中的分子用于过梁一端为柱时.

洞净宽	梁长	截面	主筋	架立筋	箍筋
900	1150/1400	80×墙厚	2Φ10	——	Φ6@150
1000	1250/1500	120×墙厚	2Φ10	2Φ10	Φ6@200
1200	1450/1700	120×墙厚	2Φ10	2Φ10	Φ6@200
1500	1750/2000	180×墙厚	2Φ12	2Φ10	Φ6@200
1800	2050/2300	180×墙厚	2Φ24	2Φ10	Φ6@200
1800~3000	洞宽+250/500	240×墙厚	2Φ24	2Φ10	Φ6@200

注:过梁遇暗柱及构造柱时，过梁与柱现浇，过梁受力主筋锚入柱内，钢筋满足锚固要求。

四、现浇梁、板、柱、墙部分：

1. 所有梁柱箍筋必须为封闭式；当采用绑扎骨架时，箍筋的末端应做成135°弯钩，弯钩端头平直段长度不应小于箍筋直径的10倍。框架梁柱纵向钢筋当采用绑扎接头时，钢筋搭接长度范围内的箍筋间距100。

2. 主、次梁相交时，次梁上下钢筋分别放于主梁上下钢筋的上面。

序号	图号	图纸名称
1	GS01	结构施工图设计总说明、图纸目录
2	GS02	基础平面图　柱定位平面图
3	GS03	基础节点详图与配筋表
4	GS04	二层、屋顶层梁平面图
5	GS05	二层、屋顶板平面图
6	GS06	楼梯平面图　楼梯剖面图

图纸目录

工程名称	某传达室工程	结构施工图设计总说明、图纸目录	图号	GS01

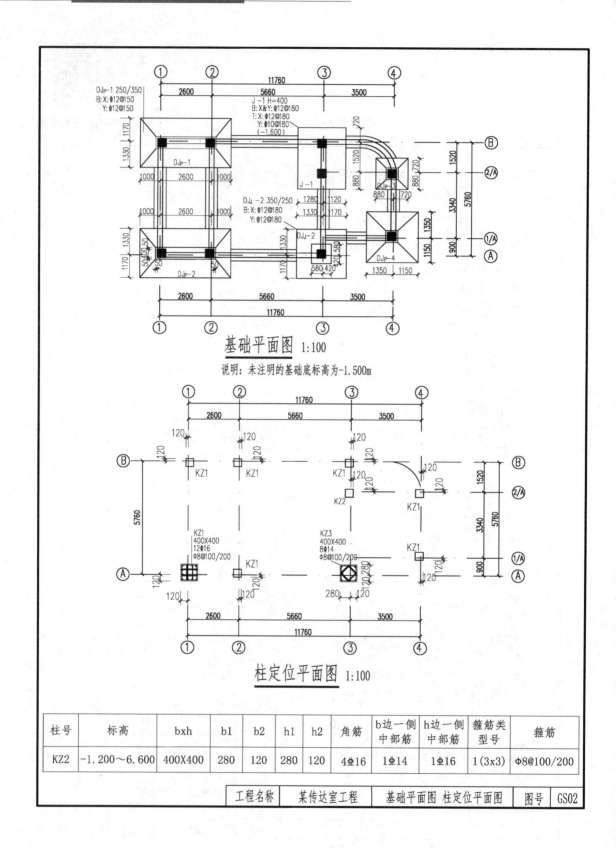

基础平面图 1:100

说明：未注明的基础底标高为-1.500m

柱定位平面图 1:100

柱号	标高	bxh	b1	b2	h1	h2	角筋	b边一侧中部筋	h边一侧中部筋	箍筋类型号	箍筋
KZ2	-1.200～6.600	400X400	280	120	280	120	4Φ16	1Φ14	1Φ16	1(3x3)	Φ8@100/200

工程名称	某传达室工程	基础平面图 柱定位平面图	图号	GS02

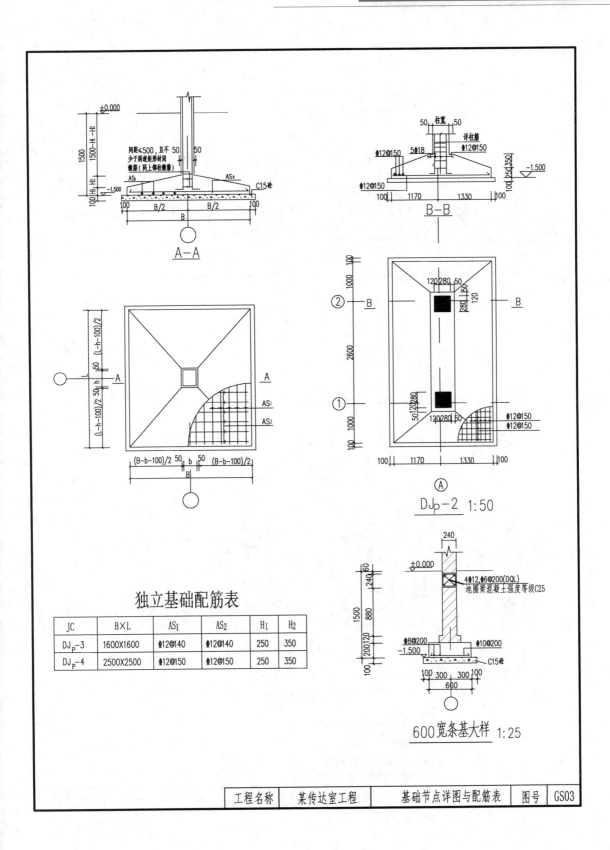

独立基础配筋表

JC	B×L	AS₁	AS₂	H₁	H₂
DJ$_P$-3	1600X1600	⊕12@140	⊕12@140	250	350
DJ$_P$-4	2500X2500	⊕12@150	⊕12@150	250	350

DJ_P-2 1:50

600宽条基大样 1:25

工程名称	某传达室工程	基础节点详图与配筋表	图号	GS03

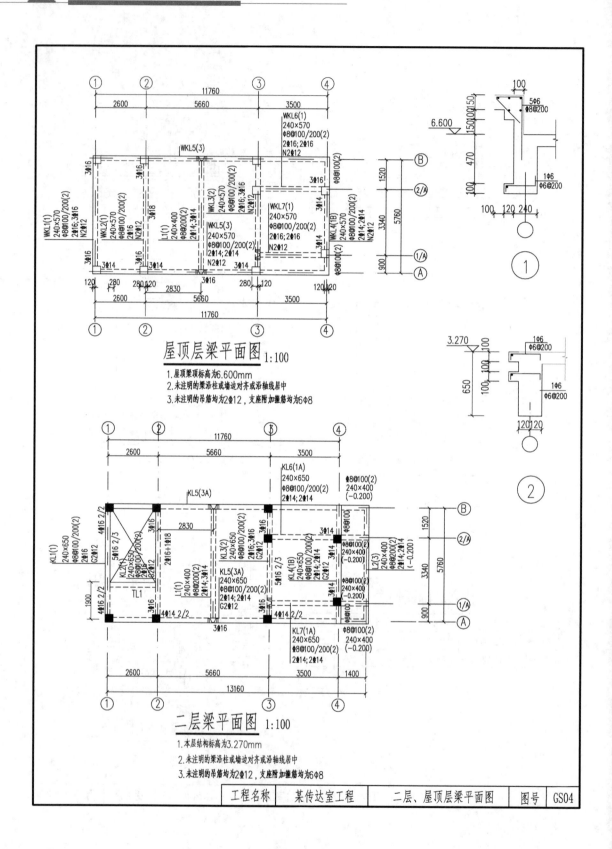

屋顶层梁平面图 1:100

1. 屋顶梁顶标高为6.600mm
2. 未注明的梁沿柱或墙边对齐或沿轴线居中
3. 未注明的吊筋均为2Φ12,支座附加箍筋均为6φ8

二层梁平面图 1:100

1. 本层结构标高为3.270mm
2. 未注明的梁沿柱或墙边对齐或沿轴线居中
3. 未注明的吊筋均为2Φ12,支座附加箍筋均为6φ8

工程名称	某传达室工程	二层、屋顶层梁平面图	图号	GS04

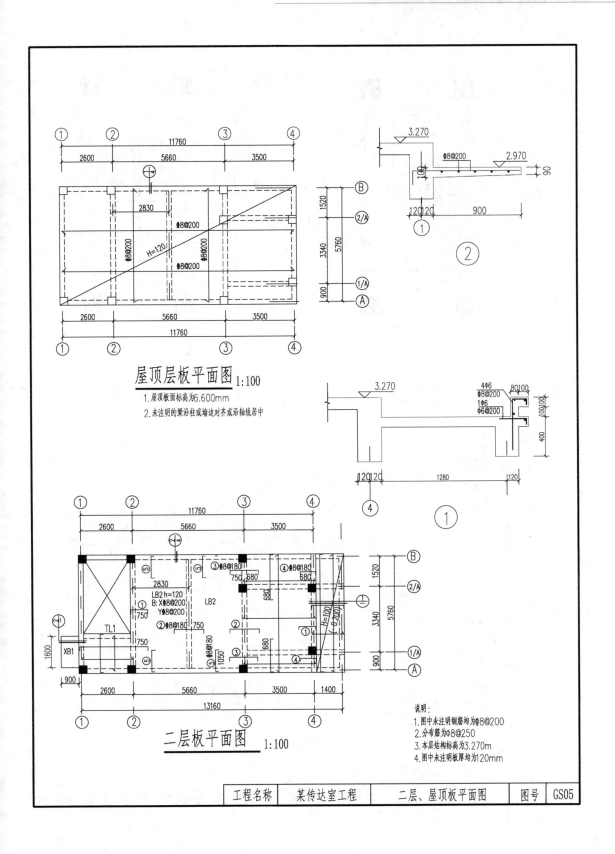

屋顶层板平面图 1:100

1.屋顶板面标高为6.600mm
2.未注明的梁沿柱或墙边对齐或沿轴线居中

二层板平面图 1:100

说明:
1.图中未注明钢筋均为φ8@200
2.分布筋为φ8@250
3.本层结构标高为3.270m
4.图中未注明板厚均为120mm

工程名称	某传达室工程	二层、屋顶板平面图	图号	GS05

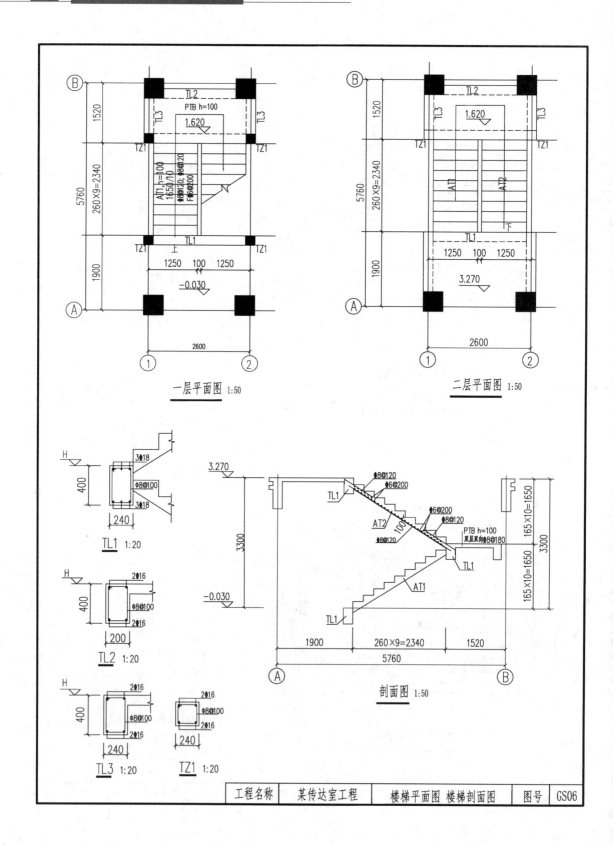

一层平面图 1:50

二层平面图 1:50

TL1 1:20

TL2 1:20

TL3 1:20   TZ1 1:20

剖面图 1:50

| 工程名称 | 某传达室工程 | 楼梯平面图 楼梯剖面图 | 图号 | GS06 |

项目二 某监控中心工程结构识图与钢筋翻样

项目介绍

本项目为某监控中心工程,无地下室,框架结构,共2层(局部2层),坡屋顶,建筑总高度9.100 m(最高),总建筑面积409.2 m²,室内外高差0.300 m。框架抗震等级为二级,环境等级:室内正常环境为一类,室内潮湿环境、与无侵蚀性的水或土壤直接接触的环境为二a类。

图2-0-1 项目二 监控中心效果图

项目任务

本工程基础类型为条形基础,框架柱有矩形柱和圆形柱,框架梁有水平梁、斜梁和折梁,现浇混凝土屋面板有斜板和平板。对比项目一,学习本项目,需要完成以下四个任务。

任务一 条形基础识图与钢筋翻样。识读本项目监控中心工程钢筋混凝土基础施工图,对该项目梁板式条形基础、板式条形基础进行钢筋翻样。

任务二 框架柱识图与钢筋翻样。识读本项目监控中心工程框架柱施工图,对该项目圆形框架柱和纵向钢筋变化的矩形框架柱进行钢筋翻样。

任务三 框架梁识图与钢筋翻样。识读本项目监控中心工程钢筋混凝土梁施工图,对该项目局部为屋面的楼层框架梁、屋面框架斜梁和折梁进行钢筋翻样。

任务四 现浇混凝土楼板识图与钢筋翻样。识读本项目监控中心工程钢筋混凝土现浇板施工图,对该项目混凝土斜板、混凝土折板进行钢筋翻样。

▶ 任务一　条形基础识图与钢筋翻样 ◀

◈ 学习内容

1. 条形基础平法施工图识读；
2. 梁板式条形基础制图规则和标准构造详图；
3. 梁板式条形基础钢筋翻样方法；
4. 板式条形基础钢筋翻样方法。

◈ 参考标准图集

1.《混凝土结构施工图平面整体表示方法制图规则和构造详图》（22G101－3），第20～26页。

2.《混凝土结构施工图平面整体表示方法制图规则和构造详图》（22G101－3），第76～82页。

◈ 工作任务

本项目监控中心工程与项目一传达室工程对比，混凝土基础有以下不同：

1. 基础类型不同：项目一传达室工程框架柱均为独立基础，墙体均为板式条形基础，条形基础布置在独立基础间；本项目监控中心工程2根圆形柱为独立基础，其他矩形框架柱和砌体墙均布置在整体的条形基础上。

2. 条形基础种类不同：条形基础整体上可以分为板式和梁板式两种，项目一传达室只有板式条形基础，本项目监控中心有板式和梁板式两种条形基础。

通过本项目内容学习，学生需要完成以下子任务：

子任务1　板式条形基础平法施工图识读与钢筋翻样。

子任务2　梁板式条形基础底板钢筋构造与翻样。

子任务3　条形基础梁钢筋构造与翻样。

◈ 知识准备

条形基础可与独立基础相连（如：项目一基础），也可与条形基础相交（如：本项目基础），该项目基础特点之一就是柱和墙基础形成整体。条形基础根据是否有基础梁，分为板式条形基础（图2-1-1）和梁板式条形基础。梁板式条形基础，基础梁与基础底板可绘制在一张图上（见本项目监控中心基础平面图），也可以分开绘制，见图2-1-2。

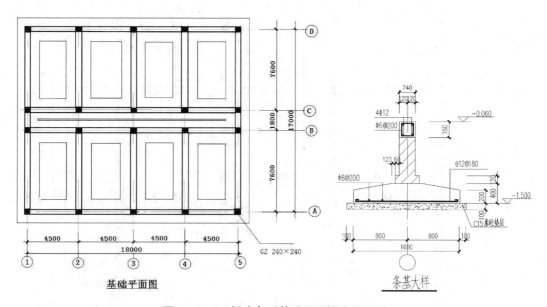

图 2-1-1　板式条形基础平面图和剖面图

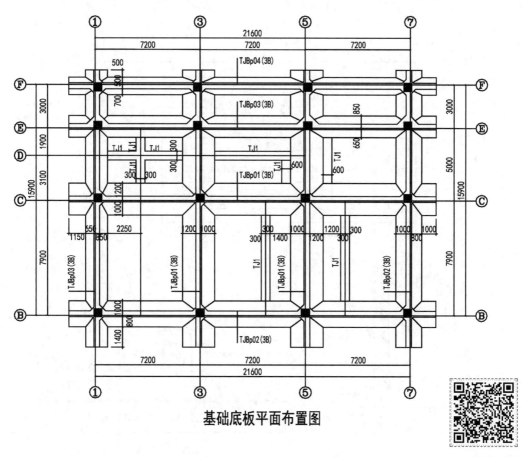

基础底板平面布置图

有梁条形基础图

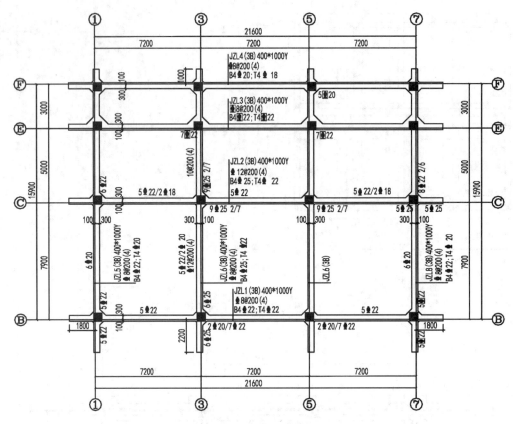

基础梁平面布置图

基础底板配筋表					
条基编号	B(mm)	H(mm)	h(mm)	横向受力筋	纵向分布筋
TJBp01	2200	400	250	⏀12@180	⏀8@300
TJBp02	1800	300	250	⏀10@160	⏀8@300
TJBp03	1500	300	250	⏀10@160	⏀8@300
TJBp04	1200	300	250	⏀10@160	⏀8@300

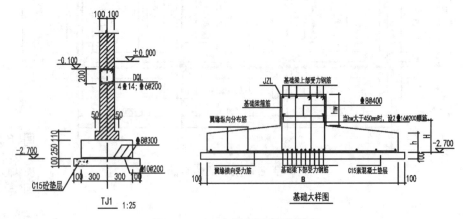

图 2-1-2　有梁条形基础平面

子任务1 板式条形基础平法施工图识读与钢筋翻样

 任务实施

通过学习本子任务板式条形基础平法施工图的表达方式、表达内容,基础识读示例,钢筋翻样示例,参考《混凝土结构施工图平面整体表示方法制图规则和构造详图》(22G101-3)第23~26页、第77页,对比项目一独立基础间板式条形基础,能独立填写本子任务实施单所有的内容,本项目工程板式条形基础的识读与钢筋翻样的内容即完成。任务实施单如下:

表2-1-1 板式条形基础施工图识读与钢筋翻样任务实施单

基础编号(位置)	横截面形状	基础底标高(m)	基础底板宽度(mm)	基础底板长度(mm)	基础总高度(mm)	基础底部受力钢筋	基础底部分布钢筋
TJ1①~③轴/©轴							
	混凝土环境类别	混凝土强度等级	底面保护层厚度(mm)	侧面保护层厚度(mm)	受力钢筋单根长度(mm)	受力钢筋起步距(mm)	分布钢筋起步距(mm)
TJ1①~③轴/©轴							

位置	钢筋名称	型号规格	钢筋形状	单根长度(mm)	数量(根)	单重(kg)	总重量(kg)
TJ1①~③轴/©轴	底部受力筋						
	底部分布筋						
	构件钢筋总重量:			kg			

位置	钢筋名称	型号规格	钢筋形状	单根长度(mm)	数量(根)	单重(kg)	总重量(kg)
	底部受力筋						
	底部分布筋						
	构件钢筋总重量:			kg			

▶▶ 1.1.1 板式条形基础平面注写

集中标注:条形基础底板必注内容包括底板编号(阶形截面 TJB_J,坡形截面 TJB_P)和底板跨、截面竖向尺寸($h_1/h_2/h_3$……)、配筋。配筋以 B 打头,注写条形基础底板底部钢筋,T 打头注写条形基础底板顶部钢筋,底部和顶部钢筋表示为"横向受力钢筋/纵向分布钢筋"。当必注内容无法表达清楚的时候,根据需要增加选注内容,如当条形基础底板底面标高与基础底面基准标高不同时,应将条形基础底板底面标高注写在"( )"内。

原位标注注写条形基础底板的平面尺寸,如基础底板总宽度,基础底板与轴线的位置关系,基础底板台阶的宽度,基础外伸长度等。对于相同编号的条形基础底板,可仅选择一个进行标注。当在条形基础底板上集中标注的某项内容,不适用于条形基础底板的某跨或某外伸部分时,可用原位标注将其修正,施工时原位标注优先于集中标注。

1.1.2 板式条形基础平面注写识读示例

本项目监控中心工程①～③轴/©轴条形基础为板式条形基础,平面注写,识读信息如下:

(1) 基础名称编号:TJ1。

(2) 基础截面尺寸:底板宽度 900 mm,基础底板厚度 200 mm。

(3) 基础标高:基础底标高为－1.700 m,基础顶平台标高为－1.500 m。

(4) 基础配筋:受力筋为Φ 10@200,基础分布筋为Φ 8@300。

(5) 基础长度:①～③轴 8 000－695－805＝6 500 mm。

1.1.3 板式条形基础丁字交接基础底板钢筋构造

平法 22G101-3 第 77 页条形基础底板构造(二)(b)丁字交接基础底板构造做法,如图 2-1-3 所示。水平方向基础受力筋满布,竖直方向基础受力钢筋布置到水平方向基础宽度的 b/4 范围。水平方向分布筋外侧 3b/4 范围贯通设置,内侧 b/4 范围与同向受力钢筋搭接长度为 150mm;竖直方向分布筋与交接处同向受力钢筋搭接 150mm。

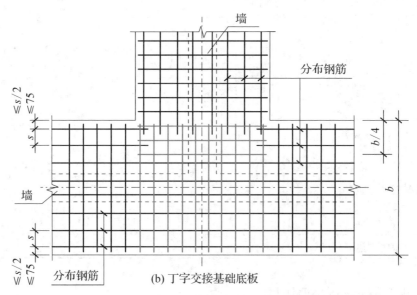

图 2-1-3 丁字交接梁板式条形基础底板配筋构造

1.1.4 板式条形基础钢筋翻样示例

选择本项目监控中心©轴/①～③轴条形基础 TJ1 为例进行翻样。混凝土强度等级 C30,混凝土侧面保护层厚度 $c＝20$ mm。

该基础为板式条形基础,与①轴、③轴条形基础为"丁字交接",基础宽度 900 mm,基础长度 6 500 mm。构造做法参见 22G101-3 第 76、77 页。

1. 底部横向受力筋 Φ 10@200

单根长度 $=900-2c=900-2\times20=860\text{ mm}$

形状　　　——————860——————

数量　$n=\dfrac{\text{基础长度}+1\,500/4+1\,500/4}{200}+1=\dfrac{6\,500+375+375}{200}+1=37.25$　取 38 根

2. 底板纵向分布筋 Φ 8@300

单根长度 $=6\,500+2\times c+2\times150=6\,500+2\times20+2\times150=6\,840\text{ mm}$

形状　　　——————6840——————

数量　$n=\dfrac{900-2\min(75,300/2)}{300}+1=3.5$　取 4 根

子任务2　梁板式条形基础底板钢筋构造与翻样

任务实施

通过学习本子任务梁板式条形基础底板平法施工图识读、钢筋构造,钢筋翻样示例,参考《混凝土结构施工图平面整体表示方法制图规则和构造详图》(22G101-3)第23~26页、第76页,对比项目一独立基础间板式条形基础学习任务,能独立填写本子任务实施单所有的内容,本项目工程梁板式条形基础底板的施工图识读与钢筋翻样的内容即完成。任务实施单如下:

表2-1-2　梁板式条形基础底板钢筋构造与翻样任务实施单

基础编号(位置)	横截面形状	基础底标高(m)	基础底板宽度(mm)	基础底板总高度(mm)	基础底板总跨数	底板外伸情况	基础各净跨长度(mm)
TJBp01(2B)③轴	基础外伸净长度(mm)	基础底部受力钢筋	基础底部分布钢筋	转角底板构造	无交接底板构造	丁字交接底板构造	十字交接底板构造

位置	钢筋名称	型号规格	钢筋形状	单根长度(mm)	数量(根)	单重(kg)	总重量(kg)
TJBp01(2B)③轴	横向受力筋						
	纵向分布筋1						
	纵向分布筋2						
	纵向分布筋3						
	纵向分布筋4						
	构件钢筋总重量:		kg				

续　表

位置	钢筋名称	型号规格	钢筋形状	单根长度（mm）	数量（根）	单重（kg）	总重量（kg）
	横向受力筋						
	纵向分布筋1						
	纵向分布筋2						
	纵向分布筋3						
	纵向分布筋4						
构件钢筋总重量：				kg			

注：根据需要增减表格行。

▶ 1.2.1　梁板式条形基础底板平面注写识读示例

本项目监控中心工程梁板式条形基础为平面注写，以③轴条形基础 TJBp01(2B)底板为例，识读内容如下：

（1）底板截面：坡型基础，基础底板端部厚度（高度）为 250 mm，底板总厚度（高度）为 300 mm，基础宽度为 1 500 mm。

（2）底板跨：共 2 跨，两端外伸，第一跨（Ⓐ～Ⓑ轴）$l_{n1}=5\,400-805-695=3\,900$ mm，第二跨（Ⓑ～Ⓓ轴）$l_{n2}=6\,000-695-695=4\,610$ mm，两端外伸长度 $l_{n'}=750$ mm。

（3）底板标高：底标高为 -1.700 m。

（4）底板钢筋：横向受力筋为 ⫪ 10@160，纵向分布筋为 ⫪ 8@300。

▶ 1.2.2　梁板式条形基础底板钢筋构造

平法 22G101-3 第 76 页条形基础底板构造（一）为梁板式条形基础底板，第 77 页条形基础底板构造（二）为板式条形基础底板，两者的构造做法唯一区别是，梁板式条形基础底板纵向分布钢筋在基础梁范围内不布置，底板分布筋距离基础梁边半个钢筋间距，见图2-1-4。

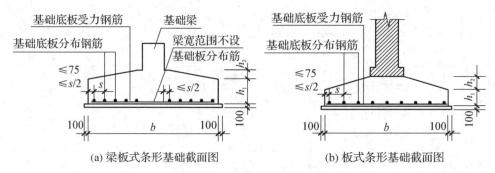

(a) 梁板式条形基础截面图　　　(b) 板式条形基础截面图

图 2-1-4　条形基础截面图

1. 转角梁板端部无纵向延伸

做法参照项目一板式条形基础转角墙基础底板钢筋构造。

2. 无交接底板端部

做法参照项目一板式条形基础无交接底板端部基础底板钢筋构造。

3. 丁字交接基础底板

做法参照项目二板式条形基础丁字交接基础底板钢筋构造。

4. 十字交接基础底板

十字交接基础底板也可用于转角梁板端部均有纵向延伸的情况,可以理解为两个丁字交接基础底板叠加,见图 2-1-5。

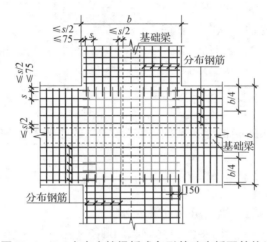

图 2-1-5　十字交接梁板式条形基础底板配筋构造

▶▶ 1.2.3　梁板式条形基础底板钢筋翻样示例

选择本项目监控中心③轴/Ⓐ-Ⓓ轴条形基础为例进行翻样。基础底板为 $TJB_P01(2B)$,基础梁 JL2(2B)。混凝土强度等级 C30,混凝土侧面保护层厚度 $c = 20$ mm,$l_a = 35d$。

该基础为梁板式条形基础,基础底板构造做法参照 22G101-3 第 76 页,与Ⓑ轴条形基础为"十字交接",与Ⓒ轴条形基础为"丁字交接"。与Ⓐ、Ⓓ轴条形基础为"十字交接",同时Ⓐ、Ⓓ轴端又属于端支座,有外伸,外伸段尽端为无交接底板端。

第一跨(Ⓐ～Ⓑ轴)$l_{n1} = 5\,400 - 805 - 695 = 3\,900$ mm,

第二跨(Ⓑ～Ⓓ轴)$l_{n2} = 6\,000 - 695 - 695 = 4\,610$ mm

两端外伸长度 $l_{n'} = 750$ mm　$l_{n'} = 750$ mm

1. 水平横向受力筋　⏀10@160

单根长度 $= 1\,500 - 2c = 1\,500 - 2 \times 20 = 1\,460$ mm

形状　　<u>　　　1460　　　</u>

数量　　$n = n_1 + n_2 + 6 \times n_3 + 2 \times n_0 = 25 + 29 + 6 \times 3 + 2 \times 5 = 82$ 根

第一跨　$n_1 = \dfrac{l_{n1} - 2\min(75, 160/2)}{160} + 1 = \dfrac{3\,900 - 2 \times 75}{160} + 1 = 24.43$　取 25 根

第二跨　$n_2 = \dfrac{l_{n2} - 2\min(75, 160/2)}{160} + 1 = \dfrac{4\,610 - 2\times75}{160} + 1 = 28.88$　取 29 根

"十字交接"处,受力筋布置范围为 $b/4$,一共有 6 处

一个 $b/4$ 范围　$n_3 = \dfrac{1\,500/4}{160} = \dfrac{375}{160} = 2.34$　取 3 根

外伸端共 2 处

一处外伸端　$n_0 = \dfrac{l_n' - 2\min(75, 160/2)}{160} + 1 = \dfrac{750 - 2\times75}{160} + 1 = 4.75$　取 5 根

2. 竖直纵向分布筋　$\phi 8@300$

(1) 第一跨　Ⓐ～Ⓑ轴　纵向分布筋 1

单根长度 $= 3\,900 + 2\times c + 2\times150 = 3\,900 + 2\times20 + 2\times150 = 4\,240$ mm

形状　———— 4240 ————

数量　$2\times n_1 = 2\times2 = 4$

一侧根数　$n_1 = \dfrac{(\text{基础底板度} - \text{基础梁宽度})/2 - \text{起步距} - \text{钢筋间距}/2}{\text{间距}} + 1$

$n_1 = \dfrac{(1\,500 - 450)/2 - 75 - 150}{300} + 1 = 2$

(2) 第二跨　Ⓑ～Ⓓ轴　纵向分布筋 2,外侧

外侧单根长度 $= 4\,610 + 2\times c + 2\times150 = 4\,610 + 2\times20 + 2\times150 = 4\,950$ mm

形状　———— 4950 ————

数量 2 根

(3) 第二跨　Ⓑ～Ⓓ轴内侧

内侧由于与Ⓒ轴丁字交接,内侧分布筋分 2 段

① 纵向分布筋 3

单根长度 $= 1\,800 - 695 - 450(\text{TJ1 宽度一半}) + 2\times c + 2\times150$

　　　　$= 1\,800 - 695 - 450 + 2\times20 + 2\times150 = 995$ mm

形状　———— 995 ————

数量 2 根

② 纵向分布筋 4

单根长度 $= 4\,200 - 695 - 450(\text{TJ1 宽度一半}) + 2\times c + 2\times150$

　　　　$= 4\,200 - 695 - 450 + 2\times20 + 2\times150 = 3\,395$ mm

形状　———— 3395 ————

数量 2 根

3. 外伸端纵向受力筋　$\phi 10@160$

单根长度 $= 1\,500 - 2c = 1\,500 - 2\times20 = 1\,460$ mm

形状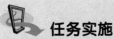

数量 $n = 2 \times n_0 = 1 \times 10 = 20$ 根

一处外伸端 $n_0 = \dfrac{b - 2\min(75, 160/2)}{160} + 1 = \dfrac{1\,500 - 2 \times 75}{160} + 1 = 9.44$ 取 10 根

子任务 3   条形基础梁钢筋构造与翻样

任务实施

通过学习本子任务梁板式条形基础梁平法注写、施工图识读、钢筋构造,钢筋翻样示例,参考《混凝土结构施工图平面整体表示方法制图规则和构造详图》(22G101-3)第20~23页、第79~82页,对比项目一框架梁学习任务,能独立填写本子任务实施单所有的内容,本项目工程条形基础基础梁的施工图识读与钢筋翻样的内容即完成。任务实施单如下:

表 2-1-3   条形基础梁施工图识读任务实施单一

识读内容 \ 梁编号	JL1(2B)	JL2(2B)	JL3(5B)	
混凝土强度等级				
截面尺寸 $b \times h$				
梁顶标高(m)				
梁底标高(m)				
跨数量				
端支座名称编号				
中间支座名称编号				
第一净跨 l_{n1} 长度(mm)				
第二净跨 l_{n2} 长度(mm)				
悬挑端净长度(mm)				
上部通长筋				
底部通长筋				
底部端支座筋				
底部中间支座筋				
箍筋型号规格				
箍筋肢数				
箍筋间距				

注:根据需要增减表格行。

表 2-1-4　梁板式条形基础梁钢筋构造与翻样任务实施单二

基础编号（位置）	无外伸端部顶部钢筋构造	无外伸端部底部钢筋构造	有外伸端部顶部钢筋构造	有外伸端部底部钢筋构造	底部中间支座构造	第一种箍筋构造	第二种箍筋构造
条形基础梁							

位置	钢筋名称	型号规格	钢筋形状	单根长度（mm）	数量（根）	单重(kg)	总重量(kg)
JL2(2B)	顶部通长筋						
	底部通长筋						
	底部端支座筋						
	底部中间支座筋 1						
	底部中间支座筋 2						
	大箍筋						
	小箍筋 1						
	小箍筋 2						
	构件钢筋总重量：			kg			
	顶部通长筋						
	底部通长筋						
	底部端支座筋						
	底部中间支座筋 1						
	底部中间支座筋 2						
	大箍筋						
	小箍筋 1						
	小箍筋 2						
	构件钢筋总重量：			kg			

注：根据需要增减表格行。

1.3.1　条形基础梁平面注写

　　梁板式条形基础平法施工图既要表达基础底板又要表达基础梁的信息，基础底板表达方式同板式条形基础。本任务介绍条形基础的基础梁平面注写。

　　对比条形基础梁与框架梁，平面注写的内容和表达方式非常相似。不同地方，当设计采用两种箍筋时，基础梁第一段箍筋一般明确了数量，而框架梁是规定了加密区范围（如二级抗震，梁支座两侧 $1.5h_b$ 范围为加密区）；主次梁相交时，基础梁吊筋方向与框架梁正好相反，所以称为反向吊筋（项目上也称鸭筋）；由于受力情况正好相反，基础梁的支座筋布置在支座底部（底部支座筋），框架梁布置在支座顶部（顶部支座筋）。具体注写内容如下：

　　（1）集中标注：条形基础梁必注内容包括基础梁编号和梁跨（基础主梁 JZL，基础次梁

JCL,统称为基础梁 JL)、截面尺寸($b×h$)、配筋。基础梁箍筋:当设计采用两种箍筋时,用"/"分隔不同箍筋,按照从基础梁两端向跨中的顺序注写。"/"前注写第 1 段箍筋,"/"后注写第 2 段箍筋,第 1 段箍筋,设计明确了箍筋数量,应在箍筋的符号前加注数量,如"9 Φ 10 @100/Φ 10@200(6)"。纵向钢筋以 B 打头注写梁底部贯通纵筋,T 打头注写梁顶部贯通纵筋,底部和顶部贯通钢筋用分号";"分隔开,当梁底部或顶部贯通纵筋多于一排时,用"/"将各排纵筋自上而下分开。当梁两侧对称设置纵向钢筋时,以大写字母 G 打头注写构造钢筋的总配筋值,以 N 打头注写抗扭钢筋的总配筋值。选注内容规定同条形基础底板。

(2) 原位标注:内容有基础梁支座的底部纵筋、基础梁的附加箍筋或(反扣)吊筋、基础梁外伸部位的变截面高度尺寸等。当基础梁支座设置了底部纵筋(包含贯通纵筋与非贯通纵筋在内的所有纵筋),当基础梁与基础梁交叉,且交叉位置无柱时,基础主梁上设置了附加箍筋或(反扣)吊筋,当梁外伸部位采用变截面高度时,原位注写的内容和表达方式均同框架梁。

1.3.2　梁板式条形基础梁平面注写识读示例

本项目监控中心工程梁板式条形基础为平面注写,以③轴条形基础 JL2(2B) 基础梁为例,识读内容如下:

(1) 基础梁尺寸:宽 450,高 750,共 2 跨,两端外伸,第一跨(Ⓐ～Ⓑ轴)$l_{n1}=5\,400-120-230=5\,050$ mm,第二跨(Ⓑ～Ⓓ轴)$l_{n2}=6\,000-120-120=5\,760$ mm,两端外伸长度 $l_{n'}=805+750-230=1\,325$ mm

(2) 基础梁标高:梁底标高为 -1.700 m,梁顶标高为 $-(1.700-0.75)=-0.950$ m。

(3) 基础梁纵向钢筋:底部贯通钢筋为 4 Φ 25,顶部贯通钢筋为 4 Φ 22,Ⓐ轴和Ⓓ轴底部支座钢筋为 6 Φ 25(含底部贯通筋),Ⓑ轴底部支座钢筋分 2 排,第一排为 2 Φ 25,第二排为7 Φ 25(含底部贯通筋)。

(4) 基础梁箍筋:箍筋为 Φ 8,只设置了一种间距为 200 mm,4 肢箍。

1.3.3　梁板式条形基础梁钢筋构造

22G101 - 3 平法图集中列出了条形基础基础梁、筏形基础基础梁构造,两种基础的基础梁构造基本相同,也略有不同。本项目介绍条形基础基础梁构造。

1. 基础梁 JL 端部与外伸部位纵向钢筋构造

22G101 - 3 第 81 页,条形基础梁 JL 端部与外伸部位钢筋构造见图 2 - 1 - 6(a)(b);当条形基础端部无外伸构造时,可参照筏形基础端部无外伸构造,见图 2 - 1 - 6(c);当条形基础端部支座钢筋分两排时,可参照筏形基础端部有外伸构造见图 2 - 1 - 6(d)。

(1) 有外伸构造

基础梁顶部贯通钢筋:第一排伸至端部后弯折 $12d$,第二排从柱内边算起伸至端部一个锚固长度 l_a。

基础梁底部贯通钢筋:从柱内边算起,当梁端部外伸长度满足直锚要求时,伸至端部后弯折 $12d$;当梁端部外伸长度不满足直锚要求时,应伸至端部后弯折,且从柱内边算起水平段长度>$0.6l_{ab}$,弯折段长度 $15d$。

基础梁底部支座钢筋:不论是一排布置还是两排布置,外伸长度均伸至端部不弯折,跨

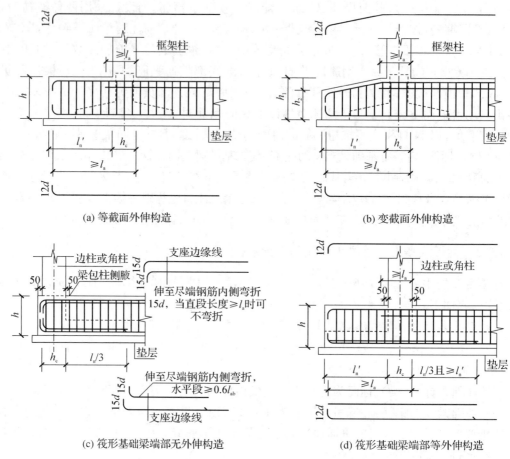

(a) 等截面外伸构造　　　　　　　　　　　　　(b) 变截面外伸构造

(c) 筏形基础梁端部无外伸构造　　　　　　　　(d) 筏形基础梁端部等外伸构造

图 2-1-6　条形基础梁 JL 端部与外伸部位钢筋构造

内延伸长度,均为 $\max(l_{n'}, l_n/3)$。

（2）无外伸构造

基础梁顶部钢筋:从柱内边算起,当柱内侧边至基础尽端水平长度满足直锚要求时,伸至基础端部后可不弯折;当柱内侧边至基础尽端水平长度不满足直锚要求时,应伸至基础端部后弯折 $15d$。

基础梁底部钢筋:均伸至尽端弯折 $15d$,支座筋(不含贯通筋)跨内延伸长度 $l_n/3$。

2. 基础梁纵向钢筋构造

22G101-3 第 79 页,基础梁纵向钢筋构造见图 2-1-7,顶部和底部贯通纵筋均遵循能通则通施工原则,但接头必须在连接区内,同一连接区段内接头面积百分率不宜大于 50%。顶部贯通纵筋连接区为支座两侧 $l_n/4$,底部贯通纵筋连接区为跨中 $l_n/3$ 范围。底部中间支座筋向跨内延伸长度为 $l_n/3$,当底部纵筋多于两排时,从第三排起非贯通纵筋向跨内的伸出长度值应由设计者注明。跨度值 l_n 为左跨 l_{ni} 和右跨 $l_{ni}+1$ 之较大值。

3. 基础梁箍筋构造

22G101-3 第 80 页,基础梁配置两种箍筋构造见图 2-1-8。对比框架梁箍筋配置有 2 点不同,(1)基础梁第一种箍筋布置范围由设计指定,而框架梁是规范根据框架结构抗震等

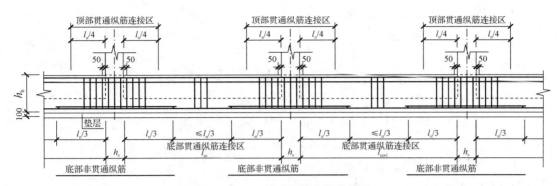

图 2-1-7 基础梁纵向钢筋构造

级规定了加密区范围(如二级抗震,梁支座两侧 $1.5h_b$ 范围为加密区);(2) 梁柱节点区域,基础梁在节点区布置箍筋,且箍筋按第一种箍筋增加设置,不计入总道数,而框架梁在节点区不布置箍筋。基础梁的外伸部位以及基础梁端部节点内,当设计未具体注明时,按第一种箍筋设置。

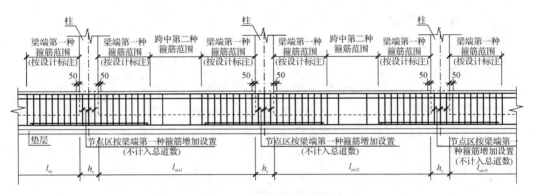

图 2-1-8 基础梁箍筋构造

▶▶▶ 1.3.4 梁板式条形基础底板钢筋翻样示例

③ 轴条形基础为梁板式条形基础,JL2(2B)基础梁纵向钢筋构造做法参照 22G101-3 第 79 和第 81 页,基础梁箍筋构造做法参照 22G101-3 第 80 页。

第一跨(Ⓐ-Ⓑ轴)$l_{n1}=5\,400-120-230=5\,050$ mm,

第二跨(Ⓑ-Ⓓ轴)$l_{n2}=6\,000-120-120=5\,760$ mm

两端外伸长度 $l_{n'}=805+750-230=1\,325$ mm

(一) ③ 轴有梁条形基础梁钢筋翻样

1. 顶部通长筋 4 Φ 22

数量 4 根

单根长度 $=12d$(弯折)$+$(梁总长$-2c$)$+12d$(弯折)

$=12\times22+(11\,400+2\times1\,555-2\times20)+12\times22$

$=264+14\,470+264=14\,998$ mm

形状 264└─────14470─────┘264

2. 底部通长筋　4 ⽷ 25

数量　4 根

$l_a=35d=35\times25=875\ \text{mm}<l_{n'}+h_c=1\,325+350=1\,675\ \text{mm}$

$$
\begin{aligned}
单根长度&=12d(弯折)+(梁总长-2c)+12d(弯折)\\
&=12\times25+(11\,400+2\times1\,555-2\times20)+12\times25\\
&=300+14\,470+300=15\,070\ \text{mm}
\end{aligned}
$$

形状 300└─────14470─────┘300

3. Ⓐ支座底部支座筋　2 ⽷ 25

数量　2 根

$l_a=35d=35\times25=875\ \text{mm}<l_{n'}+h_c=1\,325+350=1\,675\ \text{mm}$

$$
\begin{aligned}
单根长度&=12d(弯折)+(L_{n'}-c+h_c)+\max(l_{n'},l_{n1}/3)\\
&=12\times25+(1\,325-20+350)+1\,683\\
&=300+3\,338=3\,638\text{mm}
\end{aligned}
$$

形状 300└────3338────┘

4. Ⓓ支座底部支座筋　2 ⽷ 25

数量　2 根

$l_a=35d=35\times25=875\ \text{mm}<l_{n'}+h_c=1\,325+350=1\,675\ \text{mm}$

$$
\begin{aligned}
单根长度&=12d(弯折)+(l_{n'}-c+h_c)+\max(l_{n'},l_{n2}/3)\\
&=12\times25+(1\,325-20+350)+5\,760/3\\
&=300+3\,575=3\,875\ \text{mm}
\end{aligned}
$$

形状 300└────3575────┘

5. Ⓑ支座底部支座筋　5 ⽷ 25　2/3（分两排，长度计算结果相同）

$$
\begin{aligned}
单根长度&=\max(l_{n1}/3,l_{n2}/3)+h_c+\max(l_{n1}/3,l_{n2}/3)\\
&=5\,760/3+350+5\,760/3=4\,190\ \text{mm}
\end{aligned}
$$

形状 ─────4190─────

6. 箍筋　⽷ 8@200(4)

分析：箍筋只有一种间距，四肢箍，条形基础梁顶、侧面与底面保护层最小厚度不同，为了简化计算，基础梁矩形箍筋保护层厚度统一取 40 mm。对比项目一，本项目箍筋钢筋为三级钢筋，项目一箍筋为一级钢筋，参照本教材第 45 页表 1-3-9 可知，当箍筋直径≥8 mm 时，三级钢箍筋长度计算公式为：$2\times(b-2c)+2\times(h-2c)+2\times12.89d$。

（1）大箍筋长度

$$
\begin{aligned}
单根长度&=2\times(450-2\times40)+2\times(750-2\times40)+2\times12.89\times8\\
&=2\times370+2\times670+2\times12.89\times8=2\,286\ \text{mm}
\end{aligned}
$$

形状　670 ┌──┐
370

（2）小箍筋 1 长度

外伸端　底部钢筋共有 6 Φ 25，4 肢箍配置如图

$$j=\frac{450-2\times20-2\times8-25}{5}=65.8 \text{ mm}$$

小箍筋 1 单根长度 $=2\times(750-2\times40)+2\times(65.8+25+2\times8)+$
$$\qquad 2\times12.89\times8$$
$$\qquad =2\times670+2\times107+2\times12.89\times8=1\ 760 \text{ mm}$$

形状　

图 2 - 1 - 9

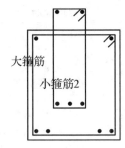

（3）小箍筋 2 长度

B 支座底部钢筋共有 9 Φ 25　2/7　4 肢箍配置如图

$$j=\frac{450-2\times20-2\times8-25}{6}=54.8 \text{ mm}$$

小箍筋 2 单根长度 $=2\times(750-2\times40)+2\times(2\times54.8+25+2\times$
$$\qquad 8)+2\times12.89\times8$$
$$\qquad =2\times670+2\times151+2\times12.89\times8=1\ 848 \text{ mm}$$

形状　670 | 151 /

图 2 - 1 - 10

（4）箍筋数量

外伸端　$n_0=\dfrac{l_{n'}-c-\text{起步距}}{200}+1=\dfrac{1\ 325-20-50}{160}+1=7.175$　取 8 根

第一跨　$n_1=\dfrac{l_{n1}-2\times\text{起步距}}{200}+1=\dfrac{5\ 050-2\times50}{200}+1=25.75$　取 26 根

第二跨　$n_2=\dfrac{l_{n2}-2\times\text{起步距}}{200}+1=\dfrac{5\ 760-2\times50}{200}+1=29.3$　取 30 根

梁柱节点箍筋　2 根/每处

注：3 轴基础梁与Ⓐ、Ⓑ、Ⓓ轴基础梁相交，基础梁高度相等，假设在节点处③轴基础梁箍筋连续通过，Ⓐ、Ⓑ、Ⓓ轴基础梁不通过。

大箍筋数量　$2\times8+26+30+2\times3=78$ 根
小箍筋 1　$2\times8+2\times2=20$ 根　外伸端＋Ⓐ、Ⓓ轴梁柱节点
小箍筋 2　$26+30+2=58$ 根　第一、二跨＋Ⓑ轴梁柱节点

（二）编制③轴有梁条形基础钢筋翻样单

③轴有梁条形基础钢筋总重量为 782.015 kg，钢筋翻样单见表 2 - 1 - 5。

表 2 - 1 - 5　③轴有梁条形基础钢筋翻样单

构件名称：③轴有梁条形基础 JL2(2B)　构件数量：1　构件钢筋总重量：782.015 kg						
钢筋名称	型号规格	钢筋形状		单根长度（mm）	数量（根）	单重（kg）	总重量（kg）
底板横向受力筋	Φ 10	1460		1 460	82	0.901	73.882

构件名称:③轴有梁条形基础 JL2(2B) 构件数量:1 构件钢筋总重量:782.015 kg						
外伸端纵向受力筋	Φ 10	1460	1 460	20	0.901	18.020
纵向分布筋 1	Φ 8	4240	4 240	4	1.675	6.700
纵向分布筋 2	Φ 8	4950	4 950	2	1.955	3.910
纵向分布筋 3	Φ 8	995	995	2	0.393	0.786
纵向分布筋 4	Φ 8	3395	3 395	2	1.341	2.682
顶部通长筋	Φ 22	264⌐ 14470 ⌐264	14 998	4	44.694	178.776
底部通长筋	Φ 25	300⌐ 14470 ⌐300	15 070	4	58.020	232.080
A 支座底部支座筋	Φ 25	300⌐ 3338	3 638	2	14.006	28.012
D 支座底部支座筋	Φ 25	300⌐ 3575	3 875	2	14.919	29.838
B 支座底部支座筋	Φ 25	4190	4 190	5	16.131	80.655
大箍筋	Φ 8	670 370	2 286	78	0.903	70.434
小箍筋 1	Φ 8	670 107	1 760	20	0.695	13.900
小箍筋 2	Φ 8	670 151	1 848	58	0.730	42.340

注:本钢筋翻样单钢筋比重取值:Φ 25 3.85 kg/m,Φ 22 2.98 kg/m,Φ 10 0.617 kg/m,Φ 8 0.395 kg/m。

 实践创新

1. 条形基础平法施工图表示方法

(1) 本工程Ⓒⓒ轴条形基础 TJ1 为集中注写,请用截面注写方式表示。

(2) 本工程Ⓐ轴条形基础为平面注写,请绘制第 4 跨(④-⑤轴)横截面图,位置分别为④轴支座右、跨中、⑤轴支座左。

▶ 任务二 框架柱识图与钢筋翻样 ◀

✖ 学习内容

1. 圆形柱、框架柱(纵向钢筋变化)平法施工图识读;
2. 框架柱(纵向钢筋变化)钢筋标准构造详图;
3. 框架柱(纵向钢筋变化)钢筋翻样方法。

✖ 参考标准图集

1.《混凝土结构施工图平面整体表示方法制图规则和构造详图》(22G101 - 1),第7～12 页。

2.《混凝土结构施工图平面整体表示方法制图规则和构造详图》(22G101 - 1),第63、65、67、72 页。

3.《混凝土结构施工图平面整体表示方法制图规则和构造详图》(22G101 - 3),第66 页。

✖ 工作任务

本项目监控中心工程与项目一传达室工程对比,框架柱有以下不同:

1. 框架柱截面形状不同:项目一传达室工程框架柱均为矩形截面,本项目监控中心工程有 2 根圆形框架柱,其他均为矩形框架柱。

2. 纵向钢筋配置不同:项目一传达室工程所有框架柱,纵向钢筋数量、规格未变化,本项目监控中心工程框架柱一层与二层纵向钢筋数量、规格有变化。

3. 箍筋级别不同:项目一传达室工程框架柱箍筋为一级光圆钢,本项目监控中心工程框架柱箍筋为三级带肋钢。

通过本项目内容学习,学生需要完成以下子任务:

子任务 1 圆形框架柱钢筋构造与翻样

子任务 2 框架柱(纵向钢筋变化)钢筋构造与翻样

✖ 知识准备

本任务知识准备参考项目一任务三知识准备内容(本教材第 37 页)。

子任务 1 圆形框架柱钢筋构造与翻样

 任务实施

通过学习本子任务的圆形混凝土柱平法施工图的表达方式、平面注写识读示例、圆形箍筋预算长度计算、圆形框架柱钢筋翻样示例,参考《混凝土结构施工图平面整体表示方法制图规则和构造详图》(22G101－1 第 7－12、63、65、72 页,22G101－3 第 66 页),能独立填写本子任务实施单所有的内容,本项目工程圆形框架柱识图与钢筋翻样即完成。任务实施单如下:

表 2－2－1 圆形框架柱钢筋构造与翻样任务实施单

圆形框架柱 KZ6	基础层保护层厚度(mm)	基础层纵向钢筋构造	顶层纵向钢筋构造	嵌固部位非连接区长度(mm)	二层梁底非连接区长度(mm)	嵌固部位箍筋紧密区长度(mm)	二层梁底箍筋加密区长度(mm)
	连接区(箍筋非加密区)长度(mm)	圆形环状箍筋搭接构造	基础层箍筋间距(mm)	基础层箍筋(复合与非复合)	基础层箍筋距离基础顶面距离	一层箍筋(复合与非复合)	一层箍筋起步距(mm)

柱编号	钢筋名称	型号规格	钢筋形状	单根长度(mm)	数量(根)	单重(kg)	总重量(kg)
圆形框架柱 KZ6	基础插筋 1(长)						
	基础插筋 2(短)						
	一层纵筋 1(长)						
	一层纵筋 2(短)						
	圆形箍筋基础层						
	圆形箍筋一层						
	矩形箍筋一层						
	构件钢筋总重量:		kg				
	纵向钢筋接头数量:		个				

注:根据需要增减表格行。

2.1.1 认识钢筋混凝土圆形柱

混凝土柱的平法制图规则和标准构造,现浇钢筋砼圆形柱同样适用,与矩形柱相比,有 2

处不同,(1)圆形柱纵向钢筋无角筋和中部筋之分,(2)箍筋类型不同,外侧大箍筋形状不同,圆柱外侧大箍筋为圆形箍或螺旋箍筋,矩形柱外侧大箍筋为矩形箍,大箍筋封闭处搭接的方式也不同。

2.1.2 钢筋混凝土圆形柱平法施工图

圆形柱,采用列表注写时,表中 $b×h$ 一栏改用在圆柱直径数字前加 d 表示。为表达简单,圆柱截面与轴线的关系也用 b_1、b_2 和 h_1、h_2 表示,并使 $d=b_1+b_2=h_1+h_2$。圆柱大箍筋有圆柱环状箍筋和螺旋箍筋两种样式,当圆柱采用螺旋箍筋时,需在箍筋前加"L"。

2.1.3 圆形柱箍筋预算长度计算

22G101-1 第 63 页螺旋箍筋构造见图 2-2-1,同样适用于圆柱环状箍筋,箍筋末端做 135° 弯钩,弯后平直长度为 max(10d,75),箍筋需勾住纵筋,两弯钩搭接长度大于等于 l_a 或 l_{aE},且 ≥300 mm。

假设某圆形柱直径为 D,箍筋直径为 d≥8 mm,三级钢,保护层厚度为 c,按抗震考虑,弯曲内直径 4d,参照本教材第 45 页表 1-3-8、表 1-3-9 可知,该圆形箍筋预算长度为:$π×(D-2c)+2×12.89d+$max(l_{aE},300)。圆形柱内圈小箍筋有矩形箍或拉筋(单肢箍)计算原理同矩形框架柱。

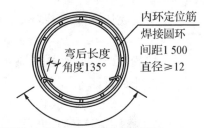

弯后长度:10d,75中较大值

内环定位筋
焊接圆环
间距1 500
直径≥12

弯后长度
角度135°

搭接≥l_a或l_{aE},且≥300勾住纵筋
螺旋箍筋搭接构造

图 2-2-1 圆形箍筋构造

2.1.4 混凝土圆形柱钢筋翻样示例

以本项目监控中心工程 KZ-6 圆形框架柱为例。该柱的相关信息:混凝土强度 C30 级,环境类别±0.000 以下二 a 类,±0.000 以上一类,为了简化计算,环境类别按一类计算,保护层厚度 $c=$20 mm;二级抗震,$l_{aE}=$40d;假设纵向钢筋连接方式为电渣压力焊,相邻钢筋接头错开长度为 max(35d,500),全部纵筋 8 Φ 20.

该柱相关联的构件信息,柱基础为 DJ$_P$-1,$h_j=$550 mm,基础顶标高为-1.150 m。与该柱相关联的③、④轴和⑩A轴的二层梁梁高均为 500 mm。该柱只有一层,计算该楼层净高 $H_1=$3 600-500+1 150=4 250 mm。

圆形框架柱纵向钢筋构造与矩形框架柱相同,该圆形柱按中柱考虑,请根据项目一所学知识,试对该柱纵向钢筋进行翻样。

参考答案

1. 基础插筋

2. 一层纵筋(顶层纵筋) 8 Φ 20
扫码查看基础插筋与一层纵筋答案

3. 箍筋 Φ 8@100/200
圆柱箍筋可以设置成圆形环状箍筋,也可以设置成螺旋箍筋,本示例为圆形箍筋。
(1)圆形大箍筋
单根长度=$π×(D-2c)+2×12.89d+$max(l_{aE},300)

$$=3.14\times(400-2\times20)+2\times12.89\times8+40\times8=1\,657\text{ mm}$$

形状

数量 $n=n_0+n_1+n_2+n_3+n_4=2+15+8+5+10=40$ 根

① 基础层箍筋数量

圆形大箍筋数量 $n_0=(h_j-c-100)/500+1=(550-40-100)/500+1=2$ 根

② 一层箍筋

基础顶嵌固部位加密区 $n_1=(H_1/3-50)/100+1=(4\,250/3-50)/100+1=14.67$ 取 15 根

二层梁底加密区 $n_2=(\max(H_1/6,h_c,500)-50)/100+1$
$$=(4\,250/6-50)/100+1=7.58 \quad \text{取 8 根}$$

二层梁高(节点)加密区 $n_3=$ 梁高 $/100=500/100=5$ 取 5 根

一层非加密区 $n_4=(H_1-H_1/3-\max(H_1/6,h_c,500))/200-1$
$$=(4\,250-4\,250/3-4\,250/6)/200-1=9.62 \quad \text{取 10 根}$$

(2) 内圈小箍筋的长度(矩形)

小箍筋布置如图,根据几何计算,柱圆心到钢筋中心长度 $=200-20-8-10=162$ mm。

短边长度: $2\times162\times\sin22.5°=124$ mm, $124+10+10+8+8=160$ mm

长边长度: $2\times162\times\sin67.5°=299$ mm, $299+10+10+8+8=335$ mm

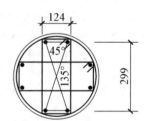

图 2-2-2

以上式中 10 为柱纵向钢筋半径,8 为箍筋直径,20 为保护层厚度

① 单根长度 $=2\times160+2\times335+2\times12.89\times8=1\,196$ mm

形状 335 $\boxed{160}$

② 数量

$$n=2\times(n_1+n_2+n_3+n_4)=2\times38=76 \text{ 根}$$

注:基础层箍筋为非复合箍筋,仅有大箍筋;楼层箍筋为复合箍筋。

4. 编制钢筋翻样单

⓪A轴交③轴框架柱 KZ-6 钢筋总重量为 176.288 kg,钢筋翻样单见表 2-2-2。

表 2-2-2　⓪A轴交③轴框架柱 KZ-6 钢筋翻样单

构件名称:KZ-6　构件数量:1　构件钢筋总重量:176.288 kg						
钢筋名称	型号规格	钢筋形状	单根长度(mm)	数量(根)	单重(kg)	总重量(kg)
基础插筋1	$\Phi 20$	300 ⌐ 1927	2 227	4	5.501	22.004
基础插筋2	$\Phi 20$	300 ⌐ 2627	2 927	4	7.230	28.920

续　表

构件名称:KZ-6　构件数量:1　构件钢筋总重量:176.288 kg						
一层纵筋1	Φ 20	240∟　　3313	3 553	4	8.776	35.104
一层纵筋2	Φ 20	240∟　　2613	2 853	4	7.047	28.188
圆形箍筋	Φ 8	360　○　220	1 657	40	0.655	26.200
矩形箍筋	Φ 8	335　[160]	1 196	76	0.472	35.872

注:本钢筋翻样单钢筋比重取值:Φ 20　2.47 kg/m,Φ 8　0.395 kg/m。

子任务2　框架柱(纵向钢筋变化)钢筋构造与翻样

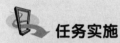 **任务实施**

　　通过学习本子任务框架柱纵向钢筋上柱下柱变化构造、框架柱(纵向钢筋变化)钢筋翻样示例,参考《混凝土结构施工图平面整体表示方法制图规则和构造详图》(22G101-1第65、72页、22G101-3第66页),能独立填写本子任务实施单所有的内容,本项目工程框架柱(纵向钢筋)钢筋构造与翻样即完成。任务实施单如下:

表2-2-3　框架柱(钢筋变化)钢筋翻样任务实施单

纵向钢筋变化构造	下柱较大直径钢筋构造	上柱较大直径钢筋构造	下柱比上柱多出的钢筋构造	上柱比下柱多出的钢筋构造
	注:假设纵向钢筋连接方式为:电渣压力焊			

柱编号	钢筋名称	型号规格	钢筋形状	单根长度(mm)	数量(根)	单重(kg)	总重量(kg)
纵向钢筋变化框架柱	基础插筋1(长)						
	基础插筋2(短)						
	一层纵筋						
	顶层纵筋1(长)						
	顶层纵筋2(短)						
	箍筋基础层						
	大箍筋一层						
	大箍筋二层						
	小箍筋一层						

柱编号	钢筋名称	型号规格	钢筋形状	单根长度（mm）	数量（根）	单重（kg）	总重量（kg）
纵向钢筋变化框架柱	小箍筋二层						
	构件钢筋总重量：		kg				
	纵向钢筋接头数量：		个				

注：根据需要增减表格行。

▶ 2.2.1 纵向钢筋变化混凝土柱构造

22G101-1第65页KZ纵向钢筋构造中介绍了四种纵向钢筋变化的情况见图2-2-3,图(a)纵向钢筋数量上柱比下柱多,图(b)上柱钢筋直径比下柱大,图(c)纵向钢筋下柱数量比上柱多,图(d)下柱钢筋直径比上柱大。图中钢筋连接方式为绑扎连接,学员看起来比较复杂,用焊接或机械连接方式表现,学起来会简单些,焊接连接方式表达见图2-2-4。

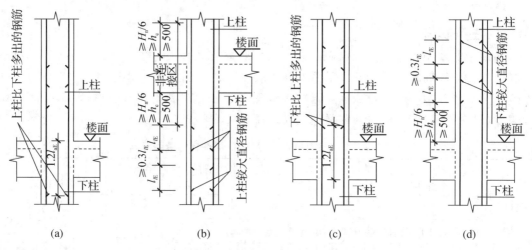

(a)　　　　　　　(b)　　　　　　　(c)　　　　　　　(d)

图 2-2-3　KZ 纵向钢筋变化构造（绑扎）

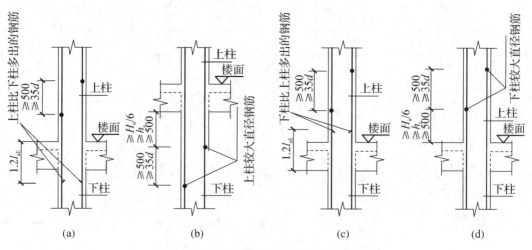

(a)　　　　　　　(b)　　　　　　　(c)　　　　　　　(d)

图 2-2-4　KZ 纵向钢筋变化构造（焊接）

纵向钢筋发生变化,为了确保结构安全,总体原则是"能力大帮助能力小",非连接区不允许钢筋连接,相邻接头错开。以某楼面为界,楼面以上砼柱称为上柱,楼面以下的砼柱称为下柱。图(a)(上柱纵向钢筋数量比下柱多),上柱多出的钢筋从楼顶面向下延伸 $1.2l_{aE}$;图(b)(上柱纵向钢筋直径比下柱大),上柱直径大的钢筋与下柱直径小的钢筋连接时,直径大的钢筋往下延伸超过梁底的非连接区 $\max(H_n/6,h_c,500)$,若有多根直径大钢筋向下延伸,接头相互错开;图(c)(下柱纵向钢筋数量比上柱多),下柱多出的钢筋从梁底面向上延伸 $1.2l_{aE}$;图(d)(下柱纵向钢筋直径比上柱大),下柱直径大的钢筋与上柱直径小的钢筋连接时,和钢筋直径未发生变化一样,直径大的钢筋从楼面向上延伸超过非连接区 $\max(H_n/6,h_c,500)$。

2.2.2 下柱纵向钢筋比上柱纵向钢筋多混凝土柱钢筋翻样示例

砼柱纵向钢筋发生变化,仅发生变化的楼层纵向钢筋构造做法不同,其他楼层构造做法不变,箍筋构造做法也不变,本任务仅对纵向钢筋翻样示例。

以③轴交Ⓑ轴 KZ-3 框架柱为例,该柱的相关信息:混凝土强度 C30 级,保护层厚度 $c=20$mm;二级抗震,$l_{aE}=40d$;假设纵向钢筋连接方式为电渣压力焊,相邻钢筋接头错开长度为 $\max(35d,500)$。

该柱相关联的构件信息,柱基础为梁板式条形基础 TJB$_p$01 和 JL2,基础顶标高为 -0.950 m。与该柱相关联的③轴和Ⓑ轴的二层梁梁高分别为 500、570、600 mm,屋顶层梁梁高分别为 450、550、600 mm,柱顶标高为 8.176 m。

1. 计算基础数据

基础高度 $h_j=750$ mm

一层柱净高 $H_1=3\,570-600+950=3\,920$ mm

二层柱净高 $H_2=8\,176-3\,570-600=4\,006$ mm

注:1. 当梁顶标高相同,与柱关联的梁高不同时,柱净高计算扣除梁高大的值。

2. 本项目屋顶为坡屋顶,梁与柱有斜向相交,梁与柱节点高度无法准确计算,本教材按水平相交取梁高大的值计算。

3. 基础底板与基础梁合并一起称为梁板式基础,本项目基础高度按基础梁高度取定。

2. 基础插筋

(1)判断基础插筋弯直锚

⊕ 20 $h_j-c=750-40=710<l_{aE}=40d=40\times20=800$ mm 弯锚

(2)基础插筋1(短)

数量 6 ⊕ 20

单根长度 $=h_j-c+H_1/3+15d$(弯折长度)$=750-40+3\,920/3+15\times20=2\,017+300=2\,317$ mm

形状 300⌐_____2017_____

(3)基础插筋2(长)

数量 6 ⊕ 20

单根长度＝基础短插筋＋相邻接头错开长度

$$＝2\,017＋\max(35d,500)＋300＝2\,017＋35×20＋300＝2\,717＋300＝3\,017\ \text{mm}$$

形状　300⌊＿＿＿＿＿＿2717＿＿＿＿＿＿

3. 一层纵筋

一层纵筋 12 Φ 20，二层纵筋 8 Φ 20，一层比二层多 4 Φ 20，参见图 2-2-4(c)，根据相邻接头错开原则，该 4 Φ 20，其中 2 根长，2 根短，计算如下：

（1）一层纵筋 1（长）　2 Φ 20

单根长度 $＝H_1－H_1/3＋1.2l_{aE}＝3\,920－3\,920/3＋1.2×40×20＝3\,573\ \text{mm}$

形状　＿＿＿＿＿3573＿＿＿＿＿

（2）一层纵筋 2（短）　2 Φ 20

单根长度 $＝$ 纵筋 1（长）$－\max(35d,500)＝3\,573－35×20＝2\,873\ \text{mm}$

形状　＿＿＿＿2873＿＿＿＿

（3）一层纵筋 3　8 Φ 20

与二层纵筋相连，该 8 Φ 20 钢筋长度相等

$$\text{单根长度}＝\max(H_2/6,h_c,500)＋(3\,570＋950)－H_1/3$$
$$＝4\,006/6＋4\,520－3\,920/3＝3\,881\ \text{mm}$$

形状　＿＿＿＿＿3881＿＿＿＿＿

4. 二层纵筋（顶层纵筋）　8 Φ 20

（1）判断顶部钢筋弯直锚

屋顶层梁梁高取 600 mm

Φ 20　屋顶层梁梁高 $－c＝600－20＝580<l_{aE}＝40d＝40×20＝800\ \text{mm}$，弯锚

（2）顶层纵筋 1（长）

数量　4 Φ 20

$$\text{单根长度}＝\text{顶层梁高}－c＋H_2－\max(H_2/6,h_c,500)＋12d（\text{弯折长度}）$$
$$＝600－20＋4\,006－4\,006/6＋12×20＝3\,918＋240＝4\,158\ \text{mm}$$

形状　240⌊＿＿＿＿3918＿＿＿＿

（3）顶层纵筋 2（短）

数量　4 Φ 20

单根长度＝顶层长纵筋－相邻接头错开长度

$$＝3\,918－\max(35d,500)＋240＝(3\,918－35×20)＋240$$
$$＝3\,218＋240＝3\,458\ \text{mm}$$

形状　240⌊＿＿＿＿3218＿＿＿＿

▶▶ 2.2.3　下柱纵向钢筋直径比上柱钢筋直径大混凝土柱钢筋翻样示例

以②轴交①轴 KZ-2 框架柱为例，该柱的相关信息：混凝土强度 C30 级，保护层厚度 $c＝20$ mm；二级抗震，$l_{aE}＝l_{abE}＝40d$；假设纵向钢筋连接方式为电渣压力焊，相邻钢筋接头错开长度为 $\max(35d,500)$。

该柱相关联的构件信息，柱基础为梁板式条形基础 TJB_P02 和 JL3，基础顶标高为

−0.950 m。与该柱相关联的②轴和①轴的二层梁梁高分别为 570、600 mm，屋顶层梁梁高为 1 049 mm，柱顶标高为 7.349 m。

1. 计算基础数据

基础高度 $h_j=750$ mm

一层柱层高＝3 570＋950＝4 520 mm

一层柱净高 $H_1=3\,570-600+950=3\,920$ mm

二层柱层高＝7 349−3 570＝3 779 mm

二层柱净高 $H_2=7\,349-3\,570-1\,049=2\,730$ mm

2. 基础插筋

（1）判断基础插筋弯直锚

$\oplus\,20$　$h_j-c=750-40=710<l_{aE}=40d=40\times20=800$ mm，弯锚

（2）基础插筋 1（短）

数量　$4\,\oplus\,20$

单根长度＝$h_j-c+H_1/3+15d$（弯折长度）＝$750-40+3\,920/3+15\times20=2\,017+300=2\,317$ mm

形状　300└──── 2017 ────

（3）基础插筋 2（长）

数量　$4\,\oplus\,20$

单根长度＝基础短插筋＋相邻接头错开长度

＝$2\,017+\max(35d,500)+300=2\,017+35\times20+300=2\,717+300=3\,017$ mm

形状　300└──── 2717 ────

3. 一层纵筋

一层纵筋 $8\,\oplus\,20$，二层纵筋 $8\,\oplus\,16$，一层纵筋直径比二层纵筋直径大，参见图 2-2-4（d），计算方法同钢筋直径未发生变化，计算如下：

（1）一层纵筋 1（长）　$4\,\oplus\,20$

单根长度＝层高−$H_1/3+\max(H_2/6,h_c,500)=4\,520-3\,920/3+500=3\,713$ mm

形状　────── 3713 ──────

（2）一层纵筋 2（短）　$4\,\oplus\,20$

单根长度＝层高−$H_1/3-\max(35d,500)+\max(H_2/6,h_c,500)+\max(35d,500)$

＝$4\,520-3\,920/3-\max(35\times20,500)+500+\max(35\times16,500)$

＝$4\,520-3\,920/3-700+500+560=3\,573$ mm

────── 3573 ──────

> 注：22G101-1 第 60 页连接区段长度中的 d 为相互连接两根钢筋中较小直径，一层 $8\,\oplus\,20$ 钢筋与二层 $8\,\oplus\,16$ 相连接，连接区段长度取较小直径。

4. 二层纵筋（顶层纵筋）$8\,\oplus\,16$

该柱顶层按角柱计算

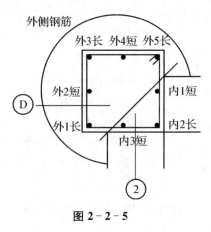

图 2-2-5

（1）计算外侧、内侧钢筋数量

以梁外侧边线为分界线，外边线以外为外侧钢筋，外侧钢筋为 5 Φ 16，内侧钢筋为 3 Φ 16。

（2）选择构造做法

KZ-2 柱顶未伸出屋面，$1.5L_{abE} = 1.5 \times 40d = 1.5 \times 40 \times 16 = 960$ mm

$1.5L_{abE} <$（梁高$-c+$柱宽$-c$）$=(1\,049-20+350-20)=1\,359$ mm

外侧纵筋伸入梁宽范围内钢筋选 22G101-1 第 70 页构造 b，屋面板厚度为 110 mm，外侧纵筋伸入梁宽范围外钢筋选 22G101-1 第 70 页构造 c。

（3）顶层外侧纵筋

① 顶层纵筋 1——外侧纵筋伸入梁宽范围内钢筋（外 1 长和外 5 长）

数量　2 Φ 16

单根长度=（层高$-\max(H_2/6,h_c,500)-c$）$+\max(1.5L_{abE}-$（节点梁高$-c$），15d)

　　　　$=(7\,349-3\,570-500-20)+\max(1.5 \times 40 \times 16-(1\,049-20),15 \times 16)$

　　　　$=3\,259+240=3\,499$ mm

形状　240 ⌐———3259———

② 顶层纵筋 2——外侧纵筋伸入梁宽范围内钢筋（外 2 短和外 4 短）

数量　2 Φ 16

单根长度=长纵筋$-$相邻接头错开长度$=3\,259-\max(35d,500)+240$

　　　　$=(3\,259-35 \times 16)+240=2\,699+240=2\,939$ mm

形状　240 ⌐———2699———

③ 顶层外侧纵筋 3——外侧纵筋伸入梁宽范围外钢筋（外 3 长）

数量　1 Φ 16

单根长度=层高$-c-\max(H_2/6,h_c,500)+$（柱边长$-2c$）$+8d$

　　　　$=3\,779-20-500+(350-2 \times 20)+8 \times 16=2\,810+310+128=3\,697$ mm

形状　310 ⌐———3259———
　　　 128 ⌐

（4）顶层内侧纵筋

内侧钢筋 3 Φ 16，一半长一半短，结合③外 3 长，取 1 长 2 短。

屋顶层梁梁高 1 049 mm，判断弯直锚，

Φ 16　屋顶层梁梁高$-c=1\,049-20=1\,029>L_{aE}=40d=40 \times 16=640$，直锚

① 顶层纵筋 4（内 2 长）

数量　1 Φ 16

单根长度=层高$-c-\max(H_2/6,h_c,500)$

　　　　$=3\,779-20-500=3\,259$

形状　———3259———

② 顶层纵筋 5(内 1 短和内 3 短)

数量　2 Φ 16

单根长度=顶层长纵筋－相邻接头错开长度

$$=3\ 259-\max(35d,500)=3\ 259-35\times16-2\ 699\ \text{mm}$$

形状　　　$\underset{2699}{\underline{\hspace{3cm}}}$

▶▶ 2.2.4　上柱纵向钢筋比下柱钢筋直径多混凝土柱钢筋翻样示例

假设本项目④轴交⑧轴框架柱 KZ-3 变更为 KZ-8,纵向钢筋作如下设计变更,基础~3.570　8 Φ 20,二层为 12 Φ 20。请完成相应框架柱的纵向钢筋翻样。

④轴交⑧轴 KZ-3 框架柱相关信息:混凝土强度 C30 级,保护层厚度 $c=20\ \text{mm}$;二级抗震,$l_{aE}=40d$;假设纵向钢筋连接方式为电渣压力焊,相邻钢筋接头错开长度为 $\max(35d,500)$。

1. 计算基础数据

2. 基础插筋

参考答案

3. 一层纵筋 8 Φ 20

请自行完成基础插筋、一层纵筋钢筋翻样,扫码查看答案。

4. 二层纵筋(顶层纵筋)　12 Φ 20

一层纵筋 8 Φ 20,二层纵筋 12 Φ 20,二层比一层多 4 Φ 20,做法参加图 2-2-4(a)

(1)判断顶部钢筋弯直锚

屋顶层梁梁高取 600 mm

Φ 20　屋顶层梁梁高－c=600－20=580<l_{aE}=40d=40×20=800 mm,弯锚

(2)顶层纵筋 1(长)　4 Φ 20(二层比一层多)

数量　4 根

单根长度=顶层梁高－c＋H_2－$\max(H_2/6,h_c,500)$＋12d(弯折长度)

$$=600-20+4\ 006-4\ 006/6+12\times20=3\ 918+240=4\ 158\ \text{mm}$$

形状　$240\underset{3918}{\lfloor\underline{\hspace{3cm}}}$

(3)顶层纵筋 2(短)　4 Φ 20

数量　4 根

单根长度=顶层长纵筋－相邻接头错开长度

$$=3\ 918-\max(35d,500)+240=(3\ 918-35\times20)+240$$

$$=3\ 218+240=3\ 458\ \text{mm}$$

形状　$240\underset{3218}{\lfloor\underline{\hspace{3cm}}}$

(4)顶层纵筋 3　4 Φ 20(二层比一层多)

数量　4 根

单根长度=顶层梁高－c＋H_2＋$1.2l_{aE}$＋12d(弯折长度)

$$=600-20+4\ 006+1.2\times40\times20+12\times20=5\ 546+240=5\ 786\ \text{mm}$$

形状　240└────5546────┘

> **注**:现场施工方便,多出的 4Φ20 通常分两段计算,第一段插入一层 $1.2l_{aE}$ 并且伸入到二层 $\max(H_2/6, h_c, 500)$ 具体计算如下:

① 插筋1　2Φ20

单根长度 $= 1.2l_{aE} + \max(H_2/6, h_c, 500) = 1.2 \times 40 \times 20 + 4\,006/6 = 1\,628$ mm

形状：└────1628────┘

② 插筋2　2Φ20

单根长 $= 1.2l_{aE} + \max(H_2/6, h_c, 500) + \max(35d, 500)$

$\qquad = 1.2 \times 40 \times 20 + 4\,006/6 + 35 \times 20 = 2\,328$ mm

形状　└────2328────┘

③ 顶层纵筋1(长)　2Φ20

数量　2根

单根长度 $=$ 顶层梁高 $- c + H_2 - \max(H_2/6, h_c, 500) + 12d$(弯折长度)

$\qquad = 600 - 20 + 4\,006 - 4\,006/6 + 12 \times 20 = 3\,918 + 240 = 4\,158$ mm

形状　240└────3918────┘

④ 顶层纵筋2(短)　2Φ20

数量　2根

单根长度 $=$ 顶层长纵筋 $-$ 相邻接头错开长度

$\qquad = 3\,918 - \max(35d, 500) + 240 = (3\,918 - 35 \times 20) + 240$

$\qquad = 3\,218 + 240 = 3\,458$ mm

形状　240└────3218────┘

5. 编制钢筋翻样单

2.2.5　上柱纵向钢筋直径比下柱钢筋直径大混凝土柱钢筋翻样示例

假设本项目监控中心⑤轴交Ⓐ轴框架柱 KZ‑2 变更为 KZ‑9,纵向钢筋作如下设计变更:基础~3.570　8Φ16,二层为 8Φ20。请完成该框架柱的纵向钢筋翻样。

以⑤轴交Ⓐ轴 KZ‑9 框架柱为例,该柱的相关信息:混凝土强度 C30 级,保护层厚度 $c = 20$ mm;二级抗震,$L_{aE} = L_{abE} = 40d$;假设纵向钢筋连接方式为电渣压力焊,相邻钢筋接头错开长度为 $\max(35d, 500)$。

1. 计算基础数据

2. 基础插筋

请自行完成基础插筋钢筋翻样,扫描二维码查看参考答案。

参考答案

3. 一层纵筋

一层纵筋 8Φ16,二层纵筋 8Φ20,一层纵筋比二层纵筋直径小,参见图 2‑2‑4(b)。

（1）一层纵筋1（长）　4 ⨮ 16

单根长度＝层高－570－$H_1/3$－$(\max(H_1/6,h_c,500)$

　　　　＝4 520－570－3 950/3－3 950/6＝1 975 mm

形状　　　　　　1975

（2）一层纵筋2（短）　4 ⨮ 16

单根长度＝层高－570－$(H_1/3+\max(35d,500))$－$(\max(H_2/6,h_c,500)+$

　　　　$\max(35d,500))$

　　　　＝4 520－570－（3 920/3＋35×16）－（3 950/6＋35×16）＝855 mm

形状　　　　　　855

> **注**：1. 22G101-1 第 P60 页连接区段长度中的 d 为相互连接两根钢筋中较小直径，一层
> 8 ⨮ 16 钢筋与二层 8 ⨮ 20，连接区段长度取较小直径。
>
> 2. 软件翻样计算结果，单根长度＝层高－570－$H_1/3$－$(\max(H_1/6,h_c,500)$－
> $\max(35d,500)$＝4 250－3 950/3－3 950/6－35×16＝1 415 mm

4. 二层纵筋（顶层纵筋）　8 ⨮ 20

该柱顶层按角柱计算

（1）计算外侧、内侧钢筋数量

以梁外侧边线为分界线，外边线以外为外侧钢筋，外侧
钢筋为 5 ⨮ 20，内侧钢筋为 3 ⨮ 20。

（2）选择构造做法

KZ-9 柱顶未伸出屋面，$1.5l_{abE}＝1.5×40d＝1.5×$

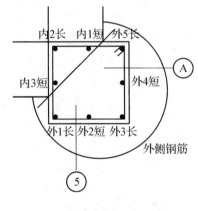

$40×20＝1 200$ mm

$1.5l_{abE}＜$（梁高$-c$＋柱宽$-c$）＝（1 049－20＋350－20）

外侧纵筋伸入梁宽范围内钢筋选 22G101-1 第 70 页构
造 b；屋面板厚度为 110 mm，外侧纵筋伸入梁宽范围外钢
筋选 22G101-1 第 P70 页构造 c。

图 2-2-6

（3）顶层外侧纵筋

① 顶层纵筋1——外侧纵筋伸入梁宽范围内钢筋（外1长和外5长）

数量　2 ⨮ 20

单根长度＝（层高$-c$＋570＋$\max(H_1/6,h_c,500)$＋$\max(35d,500)$）＋$\max(1.5l_{abE}-$

　　　　节点梁高$+c$,15d）

　　　　＝（3 779－20＋570＋3 950/6＋35×16）＋$\max$（1 200－1 049＋20,15×20）

　　　　＝5 547＋300＝5 847 mm

形状　300 ⌐　　5547

② 顶层纵筋2——外侧纵筋伸入梁宽范围内钢筋（外2短和外4短）

数量　2 ⨮ 20

单根长度＝长纵筋－相邻接头错开长度＝5 547－$\max(35d,500)$＋300

　　　　＝（5 547－35×16）＋300＝4 987＋300＝5 287 mm

形状　300 ⌐ 4987

③ 顶层外侧纵筋 3——外侧纵筋伸入梁宽范围外钢筋(外 3 长)

数量　1 ⌀ 20

单根长度＝(层高$-c+570+\max(H_1/6,h_c,500)+\max(35d,500))+($柱边长$-2c)+$

$8d=(3\,779-20+570+3\,950/6+35\times16)+(350-2\times20)+8\times20=5\,547+$

$310+160=6\,017$ mm

形状　310 ⌐ 5547 / 160

(4) 顶层内侧纵筋

内侧钢筋 3 ⌀ 20,一半长一半短,结合③外 3 长,取 1 长 2 短。

屋顶层梁梁高 1 049 mm,判断弯直锚。

⌀ 20　屋顶层梁梁高$-c=1\,049-20=1\,029>l_{aE}=40d=40\times20=800$,直锚

① 顶层纵筋 4(内 2 长)

数量　1 ⌀ 20

单根长度＝层高$-c+570+\max(H_1/6,h_c,500)+\max(35d,500)$

$=3\,779-20+570+3\,950/6+35\times16=5\,547$

形状　————— 5547 —————

② 顶层纵筋 5(内 1 短和内 3 短)

数量　2 ⌀ 20

单根长度＝顶层长纵筋－相邻接头错开长度

$=5\,547-\max(35d,500)=5\,547-35\times16=4\,987$ mm

形状　————— 4987 —————

5.编制钢筋翻样单

 实践创新

1. 请绘制本项目监控中心③轴交⑧轴 KZ-3 框架柱纵向截面图,绘制范围为基础底～标高 6.500 m。

2. 请绘制本项目监控中心②轴交①轴 KZ-2 框架柱纵向截面图,绘制范围为基础底～标高 6.500 m。

3. 请绘制本教材 2.2.4 中④轴交⑧轴 KZ-3 变更后的 KZ-8 框架柱纵向截面图,绘制范围为标高 2.000～标高 6.500 m。

4. 请绘制本教材 2.2.5 中⑤轴交④轴 KZ-2 变更后的 KZ-9 框架柱纵向截面图,绘制范围为标高 2.000～标高 6.500 m。

▶ 任务三　框架梁识图与钢筋翻样 ◀

◉ 学习内容

1. 框架梁平法施工图识读、标准构造详图、钢筋翻样;
2. 框架梁(梁顶梁底不平齐 $\Delta_h/(h_c-50)\leqslant 1/6$)钢筋标准构造详图、钢筋翻样;
3. 局部带屋面框架梁标准构造详图、钢筋翻样。

◉ 参考标准图集

1.《混凝土结构施工图平面整体表示方法制图规则和构造详图》(22G101-1),第26~37页。

2.《混凝土结构施工图平面整体表示方法制图规则和构造详图》(22G101-1),第89~91、93、95、97、98页。

◉ 工作任务

本项目监控中心工程与项目一传达室工程对比,框架梁有以下不同:

1. 支座两侧梁顶梁底不平齐高差:项目一传达室工程支座两侧梁顶梁底高差 $\Delta_h/(h_c-50)>1/6$,本项目监控中心工程支座两侧梁顶梁底高差 $\Delta_h/(h_c-50)\leqslant 1/6$。

2. 屋面梁不同:项目一传达室工程屋面梁全部为水平梁,本项目监控中心屋顶为斜屋顶,屋顶框架梁有斜梁和折梁。

3. 局部带屋面:项目一传达室工程只有一个屋顶,本项目监控中心工程为缩层建筑,一层建筑面积大,二层建筑面积小,二层框架梁有局部带屋面的框架梁。

通过本项目内容学习,学生需要完成以下子任务:

子任务1　框架梁(支座两侧梁顶底高差 $\Delta_h/(h_c-50)\leqslant 1/6$)钢筋构造与翻样。

子任务2　混凝土折梁钢筋构造与翻样。

子任务3　局部带屋面的框架梁钢筋构造与翻样。

◉ 知识准备

折梁、斜梁、局部带屋面的框架梁定义。在建筑工程中,两头不等高的梁称为斜梁。折梁顾名思义,就是带折角的梁,由两段以上直线形梁相连成为一道梁时叫做折梁,有立面折和平面折两种。局部带屋面的框架梁,是指该框架梁由屋面框架梁和楼层框架梁合并而成。

子任务1 框架梁(支座两侧梁顶梁底高差 $\Delta_h/(h_c-50)\leq 1/6$)钢筋翻样

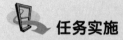 **任务实施**

通过学习本子任务框架梁上部架立筋、支座两侧梁顶梁底高差 $\Delta_h/(h_c-50)\leq 1/6$ 纵向钢筋构造、钢筋翻样示例,参考《混凝土结构施工图平面整体表示方法制图规则和构造详图》(22G101-1)第89、90、93页,能独立填写本子任务实施单所有的内容,本项目工程框架梁(支座两侧梁顶梁底高差 $\Delta_h/(h_c-50)\leq 1/6$)钢筋翻样的内容即完成。任务实施单如下:

表2-3-1 框架梁(支座两侧梁顶底高差 $\Delta_h/(h_c-50)\leq 1/6$)钢筋翻样任务实施单

KL2(3)	梁顶平梁底不平构造 $\Delta_h/(h_c-50)\leq 1/6$		梁顶不平梁底平构造 $\Delta_h/(h_c-50)\leq 1/6$		梁顶底均不平,高差均 $\Delta_h/(h_c-50)\leq 1/6$ 构造		上部架立筋构造

梁编号	钢筋名称	型号规格	钢筋形状	单根长度(mm)	数量(根)	单重(kg)	总重量(kg)
③轴框架梁KL2(3)	上部通长筋						
	上部端支座筋						
	上部中间支座筋						
	上部架立筋第一跨						
	上部架立筋第二跨						
	下部纵筋第一跨						
	下部纵筋第二跨						
	侧面纵筋第一跨						
	侧面纵筋第二跨						
	大箍筋第一跨						
	大箍筋第二跨						
	小箍筋第一跨						
	小箍筋第二跨						
	拉筋第一跨						
	拉筋第二跨						
	附加吊筋						
	构件钢筋总重量:			kg			

注:根据需要增减表格行。

3.1.1　框架梁(支座两侧梁顶梁底高差 $\Delta_h/(h_c-50)\leqslant1/6$)构造

本项目二层③轴框架梁 KL2(3),该梁支座为⑩A轴 KZ-6、Ⓐ、Ⓓ轴 KZ-4、Ⓑ轴 KZ-3,第一跨(⑩A～Ⓐ轴)梁顶标高 3.600 m,梁高 500 mm,梁底标高为 3.100 mm,第二跨(Ⓐ-Ⓑ轴)梁顶标高 3.570 m,梁高 500 mm,梁底标高为 3.070 mm、第三跨(Ⓑ-Ⓓ轴)梁顶标高 3.570 m,梁高 600 mm,梁底标高为 2.970 mm,纵断面示意如图 2-3-1。

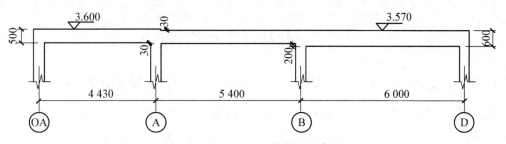

图 2-3-1　KL2(3)纵断面示意图

对比项目一传达室工程二层Ⓐ轴框架梁 KL5(3A),虽然都是梁顶梁底不平齐,但是项目一框架梁 KL5(3A) $\Delta_h/(h_c-50)>1/6$,而本项目 KL2(3)Ⓐ支座 $\Delta_h/(h_c-50)=30/(350-50)=1/10\leqslant1/6$。

1. 梁顶、梁底不平齐中间支座纵向钢筋构造

见 22G101-1 第 93 页,与本框架梁有关的构造④⑤做法要求,具体构造做法见图 2-3-2。

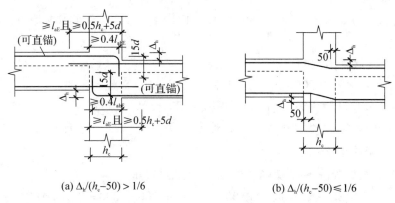

(a) $\Delta_h/(h_c-50)>1/6$　　(b) $\Delta_h/(h_c-50)\leqslant1/6$

图 2-3-2　梁顶、梁底不平齐中间支座纵向钢筋构造

2. 架立筋(梁上部钢筋)

本项目二层③轴框架梁 KL2(3),该梁集中标注为 2Φ20+(2Φ12),对比项目一所有的框架梁,仅有二层②轴 KL2(1)下部纵筋为 2Φ16+1Φ18,两种不同规格的钢筋中间用"+"连接,但是没有带"( )"。

砼梁平面注写,当同排纵筋有两种直径时,用加号"+"将两种直径的纵筋相联,注写时将角部纵筋写在加号"+"前面。若梁上部钢筋,同排纵筋中既有通长筋又有架立筋时,用加号"+"将通长筋和架立筋相联,注写时需将角部纵筋写在加号"+"的前面,架立筋写在加号"+"后面的括号内,以示不同直径及与通长筋的区别。

上部架立筋:当梁采用多肢箍筋,上部通长筋无法固定箍筋时,需要设置架立筋来辅助箍筋架立,架立筋不做受力考虑。而支座处钢筋数量较多,能满足箍筋架立,因此架立筋与支座筋连接,搭接长度取 150 mm(22G101－1 第 89 页),具体构造做法见图 2－3－3。

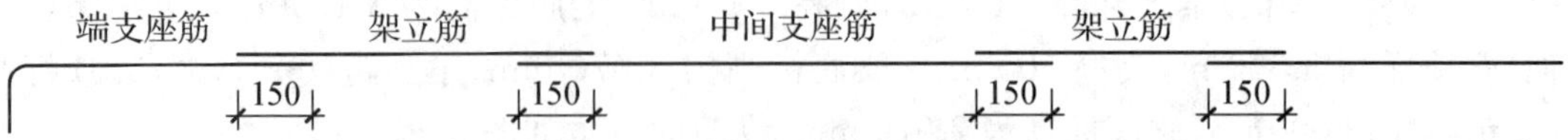

端支座筋　　架立筋　　中间支座筋　　架立筋

|←150→|　　|←150→|　　|←150→|　|←150→|

注:③轴框架梁 KL2(3),若上部不设置 2 ϕ 12 架立筋,上部跨中就仅有 2 ϕ 20 通长筋,而箍筋为四肢箍,上部跨中钢筋总数量小于箍筋的肢数,箍筋的上部就缺少角筋,所以要设置架立筋,架箍筋的作用。

图 2－3－3　架立筋与非贯通钢筋搭接构造

▶▶▶ 3.1.2　框架梁(梁顶梁底不平齐 $\Delta_h/(h_c-50)\leqslant1/6$)钢筋翻样示例

以二层③轴框架梁 KL2(3)为例,混凝土强度 C30 级,环境类别一类,保护层厚度 $c=20$ mm;二级抗震,$l_{aE}=40d$。$l_{n1}=4\,430-200-230=4\,000$ mm,$l_{n2}=5\,400-230-120=5\,050$ mm,$l_{n3}=6\,000-120-120=5\,760$ mm。

> **注:**此框架梁第一跨为屋面框架梁,为了知识点讲解,在此不考虑该梁局部带屋面,按楼层框架梁考虑。

(一) 梁上部纵筋

1. 判断构造做法

Ⓐ轴支座 $\Delta_{h1}/(h_c-50)=30/(350-50)=1/10\leqslant1/6$　选 22G101 第 93 页"构造⑤做法"

⓪Ⓐ、Ⓓ轴支座弯直锚判断。

ϕ 20　$l_{aE}=40\times20=800$ mm　>支座宽(400/350$-c$)，　弯锚

ϕ 18　$l_{aE}=40\times18=720$ mm　>支座宽(350$-c$)，　弯锚

ϕ 16　$l_{aE}=40\times16=640$ mm　>支座宽(400/350$-c$)，　弯锚

2. 上部通长筋 2 ϕ 20

单根长度$=15d$(弯折)$+$(梁总长$-2c$)$+15d$(弯折)

$\qquad=15\times20+(4\,430+5\,400+6\,000+200+230-2\times20)+15\times20$

$\qquad=300+16\,220+300=16\,820$ mm

形状　300⌐‾‾‾‾16220‾‾‾‾⌐300

3. 上部支座筋

(1) ⓪Ⓐ轴支座筋　2 ϕ 16

单根长度$=15d+$(支座宽$-c$)$+l_{n1}/3$

$\qquad=15\times16+400-20+4\,000/3=240+1\,713=1\,953$ mm

形状　240⌐‾‾‾‾1713‾‾‾‾

(2) Ⓐ轴支座筋　2 ϕ 16

单根长度$=\max(l_{n1}/3,l_{n2}/3)+$支座宽$+\max(l_{n1}/3,l_{n2}/3)$

$$=5\ 050/3+350+5\ 050/3=3\ 716\ \text{mm}$$

形状　———3716———

（3）Ⓑ轴支座筋　2 ⾦ 18

单根长度 $=\max(l_{n2}/3, l_{n3}/3)+$ 支座宽 $+\max(l_{n2}/3, l_{n3}/3)$

$$=5\ 760/3+350+5\ 760/3=4\ 190\ \text{mm}$$

形状　———4190———

（4）Ⓓ轴支座筋　2 ⾦ 16

单根长度 $=l_{n3}/3+($ 支座宽 $-c)+15d$

$$=5\ 760/3+350-20+15\times16=2\ 250+240=2\ 490\ \text{mm}$$

形状　240⌐———2250———

4. 上部架立筋　2 ⾦ 12

（1）第一跨（⓪Ⓐ轴～Ⓐ轴）

单根长度 $=l_{n1}-l_{n1}/3-\max(l_{n1}/3, l_{n2}/3)+2\times150$

$$=4\ 000-4\ 000/3-5\ 050/3+300=1\ 284\ \text{mm}$$

形状　———1283———

（2）第二跨（Ⓐ轴～Ⓑ轴）

单根长度 $=l_{n2}-\max(l_{n1}/3, l_{n2}/3)-\max(l_{n2}/3, l_{n3}/3)+2\times150$

$$=5\ 050-5\ 050/3-5\ 760/3+300=1\ 747\ \text{mm}$$

形状　———1747———

（3）第三跨（Ⓑ轴～Ⓓ轴）

单根长度 $=l_{n3}-\max(l_{n2}/3, l_{n3}/3)-l_{n3}/3+2\times150$

$$=5\ 760-5\ 760/3-5\ 760/3+300=2\ 220\ \text{mm}$$

形状　———2220———

（二）梁下部纵筋

1. 判断构造做法

Ⓐ轴支座　$\Delta h_1/(h_c-50)=30/(350-50)=1/10\leqslant1/6$　　选 22G101-1 第 93 页"构造⑤
做法"

Ⓑ轴支座　$\Delta h_2/(h_c-50)=100/(350-50)=1/3>1/6$　　选 22G101-1 第 93 页"构造④
做法"

⓪Ⓐ、Ⓓ轴支座弯直锚判断

⾦ 18　$l_{aE}=40\times18=720\ \text{mm}$　＞支座宽（400/350-c），　弯锚

⾦ 22　$l_{aE}=40\times22=880\ \text{mm}$　＞支座宽（400/350-c），　弯锚

2. 第一跨纵筋（⓪Ⓐ轴～Ⓐ轴）　4 ⾦ 18

单根长度 $=15d($ 弯折 $)+($ 支座宽 $-c)+l_{n1}$ 净跨 $+\max(l_{aE}, 0.5h_c+5d)$

$$=15\times18+(400-20)+4\ 000+40\times18=270+5\ 100=5\ 370\ \text{mm}$$

形状　270⌐———5100———

3. 第二跨纵筋（Ⓐ轴～Ⓑ轴）　4 ⾦ 18

单根长度 $=\max(l_{aE}, 0.5h_c+5d)+l_{n2}+\max(l_{aE}, 0.5h_c+5d)$

$$=40 \times 18+5\,050+40 \times 18=6\,490 \text{ mm}$$

形状   6490

4. 第三跨纵筋(⑧轴~⑩轴)   4 ⾲ 22

单根长度$=15d$(弯折)$+$(支座宽$-c$)$+l_{n3}+$(支座宽$-c$)$+15d$(弯折)

$$=15 \times 22+(350-20)+5\,760+(350-20)+15 \times 22=330+6\,420+330=$$
$$7\,080 \text{ mm}$$

330 ⌐6420⌐ 330

(三)梁侧面构造筋   N4 ⾲ 12

1. 判断构造做法

⾲ 12 $l_{aE}=40 \times 12=480 \text{ mm}$ $>$支座宽(400/350$-c$),   弯锚

2. 第一跨纵筋(⓪Ⓐ轴~Ⓐ轴)   N4 ⾲ 12

单根长度$=15d$(弯折)$+$(支座宽$-c$)$+l_{n1}$净跨$+l_{aE}$,

$$=15 \times 12+(400-20)+4\,000+40 \times 12=180+4\,860=5\,040 \text{ mm}$$

形状   180⌐4860

3. 第二跨纵筋(Ⓐ轴~Ⓑ轴)   N4 ⾲ 12

单根长度$=l_{aE}+l_{n2}+l_{aE}$

$$=40 \times 12+5\,050+40 \times 12=6\,010 \text{ mm}$$

形状   6010

4. 第三跨纵筋(Ⓑ轴~Ⓓ轴)   N4 ⾲ 12

单根长度$=l_{aE}+l_{n3}+$(支座宽$-c$)$+15d$(弯折)

$$=40 \times 12+5\,760+(350-20)+15 \times 12=6\,570+180=6\,750 \text{ mm}$$

180⌐6570

(四)梁箍筋与附加箍筋   ⾲ 8@100/200

(五)梁侧面拉筋   ⾲ 6@400

请自行完成梁箍筋与附加箍筋、侧面拉筋翻样。扫码查看参考答案。

参考答案

子任务2　混凝土折梁钢筋构造与翻样

 任务实施

通过学习本子任务框架折梁折角处纵向钢筋构造、钢筋翻样示例，参考《混凝土结构施工图平面整体表示方法制图规则和构造详图》(22G101-1)第98页，能独立填写本子任务实施单所有的内容，本项目工程框架折梁钢筋翻样的内容即完成。任务实施单如下：

表2-3-2　混凝土折梁钢筋翻样任务实施单

竖向折梁	竖向弯折角度<160° 顶部纵筋构造	竖向弯折角度<160° 底部纵筋构造	竖向弯折角度≥160° 顶部纵筋构造	竖向弯折角度≥160° 底部纵筋构造			
梁编号	钢筋名称	型号规格	钢筋形状	单根长度(mm)	数量(根)	单重(kg)	总重量(kg)
WKL2(2)							
	构件钢筋总重量：		kg				

本项目屋顶层③轴屋面框架梁WKL2(2)为例，混凝土强度C30级，环境类别一类，保护层厚度$c=20$ mm；二级抗震，$l_{aE}=40d$。

该梁共2跨，Ⓐ、Ⓓ轴支座为KZ-4，柱顶标高为7.349 m，Ⓑ轴支座为KZ-3，柱顶标高为 8.176 m,每跨梁顶均有两种标高,一共有 2 处折点,所以称为二折梁。绘制纵断面示意如图 2 - 3 - 4。

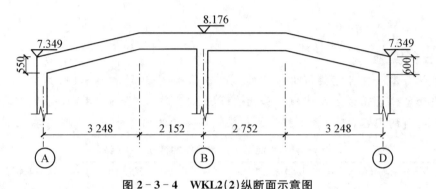

图 2 - 3 - 4 WKL2(2)纵断面示意图

3.2.1 混凝土折梁构造

22G101 - 1 第 98 页,混凝土折梁有水平折梁和竖向折梁两种,两者钢筋构造相似,其中竖向折梁构造做法有两种,见下图 2 - 3 - 5。竖向折梁上部纵筋均连续通过,下部纵筋构造(一)伸至相邻梁对边弯折,弯折长度大于等于 $20d$,总锚固长大于等于 l_{aE}(非框架梁 l_a);下部纵筋构造(二)伸至梁转折点即可,但需要增加附加纵筋。竖向折梁在转折处箍筋加固范围和箍筋具体值由设计指定。

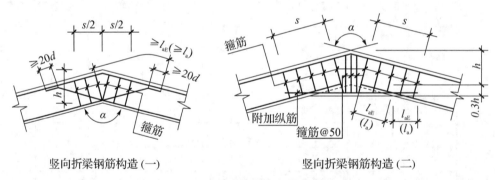

竖向折梁钢筋构造(一)   竖向折梁钢筋构造(二)

图 2 - 3 - 5 混凝土竖向折梁钢筋构造

17G101 - 1 第 4 - 22 页,当梁竖向弯折角度<160°时,上部纵向钢筋应在弯折处贯通配置,不得截断;下部纵向钢筋在弯折处截断,分别斜向上伸入梁上部受压区并满足锚固长度,在弯折处按计算配置箍筋。

18G901 - 1 第 57 页,竖向折梁钢筋排布构造详图,中部侧面钢筋和上部纵向钢筋在弯折处贯通配置。

> **注:** 编者理解,当梁竖向弯折角度≥160°时,下部纵向钢筋在弯折处可以不用截断。

3.2.2 混凝土折梁钢筋翻样示例

以本项目监控中心屋顶层③轴屋面框架梁 WKL2(2)为例,混凝土强度 C30 级,环境类

别一类，保护层厚度 $c=20$ mm；二级抗震，$l_{aE}=40d$。第一跨梁长（Ⓐ轴～Ⓑ轴）

$l_{n1}=4\,430-200-230=4\,000$ mm，$l_{n2}=5\,400-230-120=5\,050$mm，$l_{n3}=6\,000-120-120=5\,760$ mm。

（一）梁上部纵筋

1. 上部通长筋　2 ⊕ 16

单根长度 = （梁高 − c）（弯折）+（梁总长 − 2c）+（梁高 − c）（弯折）

$\quad\quad\quad\quad = (550-20)+(230-20+3\,248)/\cos 14.3°+(2\,152+2\,752)+(230-20+$

$\quad\quad\quad\quad\quad 3\,248)/\cos 14.3°+(600-20)$

$\quad\quad\quad\quad = 530+3\,569+4\,904+3\,569+580=13\,154$ mm

形状
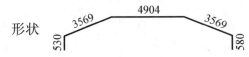

2. 上部支座筋

（1）Ⓐ轴支座筋　1 ⊕ 16

单根长度 = （梁高 − c）（弯折）+（支座宽 − c）+ $l_{n1}/3$

$\quad\quad\quad\quad = (550-20)+(350-20)/\cos 14.3°+5\,150/3=530+341+1\,717$

$\quad\quad\quad\quad = 530+2\,058=2\,588$ mm

形状　530 ⌐104.3　2058

（2）Ⓑ轴支座筋　2 ⊕ 16

单根长度 = $\max(l_{n1}/3, l_{n2}/3)$ + 支座宽 + $\max(l_{n1}/3, l_{n2}/3)$

$\quad\quad\quad\quad = 5\,850/3+350+5\,860/3=4\,256$ mm

形状　4256

（3）Ⓓ轴支座筋　1 ⊕ 16

单根长度 = $l_{n2}/3$ +（支座宽 − c）(+ 梁高 − c）（弯折）

$\quad\quad\quad\quad = 5\,860/3+(350-20)/\cos 14.3°+(600-20)=1\,953+341+580$

$\quad\quad\quad\quad = 2\,294+580=2\,874$ mm

形状　580 ⌐104.3　2294

（二）梁下部纵筋

梁竖向弯折角度为 165.7° > 160°，下部纵向钢筋在弯折处可不截断。

1. 第一跨纵筋（Ⓐ轴～Ⓑ轴）　3 ⊕ 18

单根长度 = 15d（弯折）+（支座宽 − c）+ l_{n1} + $\max(l_{aE}, 0.5h_c+5d)$

$=15\times 18+(230-20+3\,248)/\cos 14.3°+(2\,152-230)+40\times 18=270+3\,569+2\,642=$

$6\,481$ mm

形状

2. 第二跨纵筋（Ⓑ轴～Ⓓ轴） 3 Φ 20

$\Delta_h/(h_c-50)=(600-550)/(350-50)=1/6\leqslant1/6$

Ⓑ轴支座选择 22G101-1 第 93 页构造⑤做法

单根长度 $=15d$（弯折）$+$（支座宽$-c$）$+l_{n2}+\max(l_{aE},0.5h_c+5d)$

$=15\times20+(230-20+3\,248)/\cos14.3°+(2\,752-120)+40\times20=300+$

$3\,569+3\,432=7\,301$ mm

形状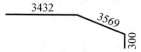

（三）梁侧面构造筋

1. 判断Ⓐ支座弯直锚

Φ 12 $l_{aE}=40\times12=480$ mm ＞支座宽$(350-c)$ 弯锚

2. 第一跨纵筋（Ⓐ轴～Ⓑ轴） N4 Φ 12

单根长度 $=15d$（弯折）$+$（支座宽$-c$）$+l_{n1}$净跨$+l_{aE}$，

$=15\times12+(230-20+3\,248)/\cos14.3°+(2\,152-230)+40\times12=180+$

$3\,569+2\,402=6\,151$ mm

形状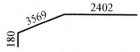

3. 第二跨纵筋（Ⓑ轴～Ⓓ轴） G4 Φ 12

单根长度 $=15d+l_{n2}+15d$

$=15\times12+(3\,248-120)/\cos14.3°+(2\,752-120)+15\times12$

$=180+3\,228+2\,812=3\,408+2\,812=6\,220$ mm

形状
```
      2812
───────────\
            _____
               3408
```

（四）箍筋 Φ 8@100/200

1. 第一跨 Ⓐ～Ⓑ轴 Φ 8@100/200

单根长度 $=2\times(240-2\times20)+2\times(550-2\times20)+2\times12.89\times8=1\,626$ mm

形状 510 | 200 |

总数量 $n_1=2\times9+17+6=41$ 根

加密区数量 =（加密区长度-50）/加密区间距$+1$

$=(1.5\times550-50)/100+1=8.75$ 取 9 根

非加密区数量 =（净跨$l_{n1}-2\times$加密区长度）/非加密区间距-1

$=(3\,228+1\,922-2\times1.5\times550)/200-1=16.5$ 取 17 根

附加箍筋数量 6 根

2. 第二跨 Ⓑ～Ⓓ轴 Φ 8@100/200

单根长度 $=2\times(240-2\times20)+2\times(600-2\times20)+2\times12.89\times8=1\,726$ mm

形状

总数量 $n_1 = 2 \times 10 + 20 + 6 = 46$ 根

加密区数量＝(加密区长度－50)/加密区间距＋1
$\qquad = (1.5 \times 600 - 50)/100 + 1 = 9.5$ 取 10 根

非加密区数量＝(净跨 l_{n2} －2×加密区长度)/非加密区间距－1
$\qquad = (3\,228 + 2\,632 - 2 \times 1.5 \times 600)/200 - 1 = 19.3$ 取 20 根

附加箍筋数量 6 根

(五) 拉筋 $\Phi 6@400$

请自行完成拉筋翻样,扫码查看参考答案。

参考答案

子任务3 局部带屋面的框架梁钢筋构造与翻样

任务实施

通过学习本子任务局部带屋面的框架梁纵向钢筋构造、钢筋翻样示例,参考《混凝土结构施工图平面整体表示方法制图规则和构造详图》(22G101-1)第 91 页,能独立填写本子任务实施单所有的内容,本项目工程局部带屋面的框架梁钢筋翻样的内容即完成。任务实施单如下:

表 2-3-3 局部带屋面的框架梁钢筋翻样任务实施单

局部带屋面框架梁	屋面端支座上部通长筋构造	楼面端支座上部通长筋构造	屋面端上部支座筋构造	楼面端上部支座筋构造	屋面端下部钢筋构造	楼面端下部钢筋构造
梁编号	钢筋名称	型号规格	钢筋形状	单根长度(mm)	数量(根)	单重(kg)	总重量(kg)
④轴 KL2(3)							

续 表

梁编号	钢筋名称	型号规格	钢筋形状	单根长度（mm）	数量（根）	单重(kg)	总重量(kg)
④轴 KL₂(3)							
	构件钢筋总重量：				kg		

本项目二层①轴框架梁 KL4(5)，①、⑥轴支座顶为屋顶，②、③、④、⑤轴支座顶为楼面，因此第1跨和第5跨顶为屋面，第2跨、3跨、4跨顶为楼面，该梁属于局部为屋面的框架梁。

▶▶ 3.3.1 局部带屋面的框架梁钢筋构造

22G101-1 第91页局部带屋面框架梁 KL 纵向钢筋构造见图 2-3-6，局部带屋面框架梁端支座构造做法同屋面框架梁，上部纵向钢筋在端支座弯折长度为梁高－c，其它支座构造做法同楼层框架梁。

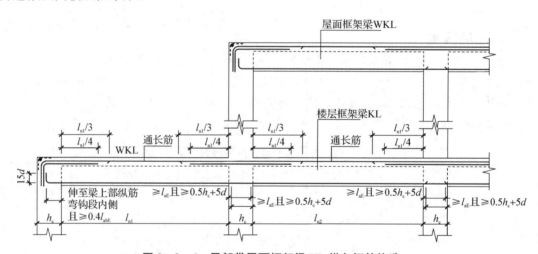

图 2-3-6 局部带屋面框架梁 KL 纵向钢筋构造

▶▶ 3.3.2 局部带屋面的框架梁钢筋翻样示例

以本项目二层①轴框架梁 KL4(5)为例，混凝土强度 C30 级，环境类别一类，保护层厚度 $c=20$ mm；二级抗震，$l_{aE}=40d$。该梁共5跨，每跨长度计算如下：

$l_{n1}=l_{n5}=4\,000-120-230=3\,650$ mm，

$l_{n2}=l_{n4}=4\,000-230-120=3\,650$ mm，

$l_{n3}=6\,000-120-120=5\,760$ mm。

判断端支座弯直锚计算如下：

Φ 18 $\quad l_{aE}=40\times18=720$ mm $\quad >350$(支座宽)$-c$， 弯锚

Φ 16 $\quad l_{aE}=40\times16=640$ mm $\quad >350$(支座宽)$-c$， 弯锚

（一）梁上部纵筋

1. 上部通长筋 $\quad$ 2 Φ 16

单根长度＝梁高－c＋(梁总长－$2c$)＋梁高－c

$$= (570 - 20) + (4\,000 \times 4 + 6\,000 + 2 \times 230 - 2 \times 20) + (570 - 20)$$
$$= 550 + 22\,420 + 550 = 23\,520 \text{ mm}$$

形状　550 |—— 22420 ——| 550

2. 上部支座筋

(1) ①轴支座筋　2 ⊈ 16

单根长度＝梁高－c＋（支座宽－c）＋$l_{n1}/3$

$$= (570 - 20) + 350 - 20 + 3\,650/3 = 550 + 1\,547 = 2\,097 \text{ mm}$$

形状　550 |—— 1547

(2) ②轴支座筋　2 ⊈ 16

单根长度＝$\max(l_{n1}/3, l_{n2}/3)$＋支座宽＋$\max(l_{n1}/3, l_{n2}/3)$

$$= 3\,650/3 + 350 + 3\,650/3 = 2\,783 \text{ mm}$$

形状　——— 2783 ———

(3) ③轴支座筋　2 ⊈ 16

单根长度＝$\max(l_{n2}/3, l_{n3}/3)$＋支座宽＋$\max(l_{n2}/3, l_{n3}/3)$

$$= 5\,760/3 + 350 + 5\,760/3 = 4\,190 \text{ mm}$$

形状　——— 4190 ———

(4) ④轴支座筋　2 ⊈ 16　同③轴

(5) ⑤轴支座筋　2 ⊈ 16　同②轴

(6) ⑥轴支座筋　2 ⊈ 16　同①轴

(二) 梁下部纵筋

1. 第一跨纵筋（①轴～②轴）　3 ⊈ 18

单根长度＝$15d$（弯折）＋（支座宽－c）＋l_{n1}净跨＋$\max(l_{aE}, 0.5h_c + 5d)$

$$= 15 \times 18 + (350 - 20) + 3\,650 + 40 \times 18 = 270 + 4\,700 = 4\,970 \text{ mm}$$

形状　270 |—— 4700

2. 第二跨纵筋（②轴～③轴）　3 ⊈ 16

单根长度＝$\max(l_{aE}, 0.5h_c + 5d)$＋$l_{n2}$＋$\max(l_{aE}, 0.5h_c + 5d)$

$$= 40 \times 16 + 3\,650 + 40 \times 16 = 4\,930 \text{ mm}$$

形状　——— 4930 ———

3. 第三跨纵筋（③轴～④轴）　3 ⊈ 18

单根长度＝$\max(l_{aE}, 0.5h_c + 5d)$＋$l_{n3}$＋$\max(l_{aE}, 0.5h_c + 5d)$

$$= 40 \times 18 + 5\,760 + 40 \times 18 = 7\,200 \text{ mm}$$

形状　——— 7200 ———

4. 第四跨纵筋（④轴～⑤轴）　3 ⊈ 16

同第二跨②轴～③轴

5. 第五跨纵筋（⑤轴～⑥轴）　3 ⊈ 18

同第一跨①轴～②轴

（三）梁侧面构造筋

（四）梁箍筋

（五）梁侧面拉筋

请自行完成梁侧面构造筋、梁箍筋、梁侧面拉筋翻样，扫码查看答案

参考答案

 实践创新

1. 请绘制本项目监控中心二层②轴框架梁 KL1(2)纵向截面图。

2. 请绘制本项目监控中心二层③轴框架梁 KL2(3)纵向截面图，考虑局部带屋面的框架梁。

任务四　现浇混凝土楼板识图与钢筋翻样

学习内容

1. 现浇混凝土斜板、折板标准构造详图；
2. 现浇混凝土斜板、折板钢筋翻样方法。

参考标准图集

1. 《混凝土结构施工图平面整体表示方法制图规则和构造详图》(22G101-1)，第38~43页。
2. 《混凝土结构施工图平面整体表示方法制图规则和构造详图》(22G101-1)，第106、109、110页。

工作任务

本项目监控中心工程与项目一传达室工程对比，现浇混凝土楼板的不同为：项目一传达室工程楼面板、屋面板均为水平板，而本项目监控中心屋顶为四面坡的斜屋顶，因此屋面板有斜板和折板。通过本项目内容学习，学生需要完成以下子任务：

子任务1　现浇混凝土斜板钢筋构造与翻样。
子任务2　现浇混凝土斜板钢筋构造与翻样。

知识准备

识读本项目监控中心屋面现浇板配筋平面图，重点识读以下2块板信息。

1. ③轴~④轴/Ⓐ轴~L1(1)现浇板块

该板配筋为双层双向配筋，原位标注，分离式配筋，底层 x、y 向钢筋均为 ⊈8@180，顶层 x 向钢筋为 ⊈8@140，y 向钢筋为 ⊈8@100。

该板四边支座分别为：③、④轴 WKL2(2)，梁截面为 240×550；Ⓐ轴 WKL3(3)，梁截面为 240×1 049；L1(1)梁截面为 240×500。梁顶标高：WKL3(3)梁顶中心线标高为 7.349 m，L1(1)梁顶中心线标高为 8.176 m，板厚 110 mm，板面标高平梁面，截面示意如图 2-4-1，该板为斜板。

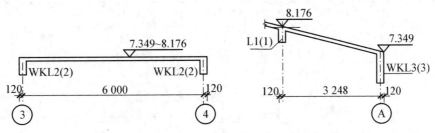

图 2-4-1　③轴~④轴/Ⓐ轴~L1(1)板截面

2. ②轴～③轴/Ⓐ轴～Ⓑ轴现浇板块

本项目监控中心屋面现浇板配筋平面图中,②轴～⑤轴/Ⓐ轴～Ⓓ轴范围绘制有对角线,对角线的中心点标高为 8.800 m,②、⑤、Ⓐ、Ⓓ轴中心线板面标高为 7.349 m,图中对角线是分水线或屋面斜脊线,所以该屋顶为四坡水屋顶。

②轴～③轴/Ⓐ轴～Ⓑ轴板,配筋为双层双向配筋,原位标注,分离式配筋,底层 x、y 向钢筋均为 ⊈ 8@180,顶层 x、y 向钢筋均为 ⊈ 8@100。

该板块排水方向有 2 个,部分流向②轴,部分流向Ⓐ轴,排水方向示意如图 2-4-2 该板为现浇混凝土折板。

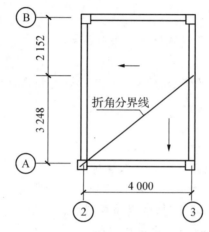

图 2-4-2 ②轴～③轴/A 轴～B 轴板排水示意图

子任务 1 现浇混凝土斜板钢筋构造与翻样

 任务实施

结合项目一现浇混凝土楼板识图与钢筋翻样和 AT 型现浇混凝土楼梯钢筋翻样,通过学习本子任务的现浇混凝土斜板钢筋翻样示例,参考《混凝土结构施工图平面整体表示方法制图规则和构造详图》(22G101-1)第 106、108、109 页,能独立填写本子任务实施单所有的内容,本项目工程现浇混凝土斜板钢筋翻样内容即完成。任务实施单如下:

表 2-4-1 现浇混凝土斜板钢筋翻样任务实施单

本项目监控中心工程屋顶层斜板识读(双层双向贯通配筋)							
板位置/编号	板厚度(mm)	高端支座	底端支座	高端板顶标高(m)	底端板顶标高(m)	x 向净跨(mm)	y 向净跨(mm)
③～④轴/Ⓓ～L2(1)	坡度系数	底部 x 向钢筋	底部 y 向钢筋	顶部 x 向钢筋	顶部 y 向钢筋	底部纵筋端支座构造	顶部纵筋端支座构造

续 表

本项目监控中心工程屋顶层斜板钢筋翻样识读(双层双向贯通配筋)							
板位置	钢筋名称	型号规格	钢筋形状	单根长度(mm)	数量(根)	单重(kg)	总重量(kg)
③~④轴/Ⓓ~L2(1)	底部 x 向纵筋						
	底部 y 向纵筋						
	顶部 x 向纵筋						
	顶部 y 向纵筋						
	构件钢筋总重量：			kg			

4.1.1 现浇混凝土斜板构造

根据 22G101－1 标准图集，有梁楼盖钢筋构造不区分斜板和平板，本项目屋顶为斜板时，钢筋构造同水平板钢筋构造，见图 2－4－3。

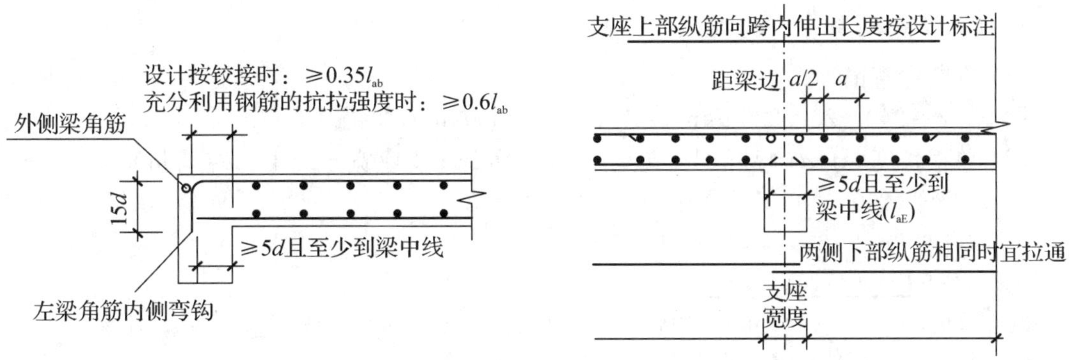

(a) 端支座构造　　(b) 中间支座构造

图 2－4－3 有梁楼盖楼(屋)面钢筋构造

4.1.2 现浇混凝土斜板钢筋翻样示例

以本项目监控中心工程屋顶层③轴～④轴/Ⓐ轴～L1(1)为例，该板为斜板块，x 向为水平，y 向为倾斜。混凝土强度 C30 级，环境类别一类，保护层厚度 $c=15$ mm，梁支座保护层厚度 $c=20$ mm，本示例保护层取 20 mm。$l_{nx}=6\,000-240=5\,760$，$l_{ny}=3\,248-240=3\,080$ mm。

1. 计算斜坡度和坡度系数

(1) 斜板坡度

$i=(8.176-7.349)/3.248=0.255$

(2) 斜板坡度系数

$k=\sqrt{1+i^2}=\sqrt{1+0.255^2}=1.032$

2. 底部 x 向钢筋　$\Phi 8@180$

单根长度底部 x 向 $=\max(5d,$ 梁宽$/2)+l_{nx}+\max(5d,$ 梁宽$/2)$
$$=120+5\,760+120=6\,000\text{ mm}$$

形状 ——————6000——————

数量 $=(k\times l_{ny}-2$ 起步距$)/$间距$+1=(k\times l_{ny}-2\times@/2)/@+1=k\times l_{ny}/@$
$$=1.032\times3\,080/180=17.65\quad\text{取 18 根}$$

注：y 向斜长参照本教材项目一 6.2.1 第 129 页斜长 $L=k\times b$ 计算。

3. 底部 y 向钢筋　$\Phi 8@180$

单根长度 $=k\times[\max(5d,$ 梁宽$/2)+l_{ny}+\max(5d,$ 梁宽$/2)]$
$$=1.032\times(120+3\,080+120)=3\,426\text{ mm}$$

形状 ——————3426——————

数量 $=(l_{nx}-2$ 起步距$)/$间距$+1=(l_{nx}-2\times@/2)/@+1=l_{nx}/@$
$$=5\,760/180=32\text{ 根}$$

4. 顶部 x 向钢筋　$\Phi 8@140$

（1）判断弯直锚

梁宽$-c=240-20=220\text{ mm}<l_a=35\times8=280\text{ mm}$，弯锚

（2）单根长度 $=15d$（弯折）$+($ 支座宽$-c+$ 净跨$+$ 支座宽$-c)+15d$（弯折）
$$=15\times8+(240-20+5\,760+240-20)+15\times8$$
$$=120+6\,200+120=6\,440\text{ mm}$$

形状 120└——————6200——————┘120

数量 $=(k\times l_{ny}-2$ 起步距$)/$间距$+1=(k\times l_{ny}-2\times@/2)/@+1=k\times l_{ny}/@$
$$=1.032\times3\,080/140=22.7\quad\text{取 23 根}$$

5. 顶部 y 向钢筋　$\Phi 8@100$

（1）判断弯直锚

梁宽$-c=240-20=220\text{ mm}<l_a=35\times8=280\text{ mm}$，弯锚

（2）单根长度 $=15d$（弯折）$+k\times($ 支座宽$-c+l_{ny}+$ 支座宽$-c)+15d$（弯折）
$$=15\times8+1.032\times(240-20+3\,080+240-20)+15\times8$$
$$=120+3\,633+120=3\,873\text{ mm}$$

形状 120└——————3633——————┘120

（3）数量 $=(l_{nx}-2$ 起步距$)/$间距$+1=(l_{nx}-2\times@/2)/@+1=l_{nx}/@$
$$=5\,760/100=57.6\quad\text{取 58 根}$$

6. 编制钢筋翻样单

③轴～④轴/Ⓐ轴～L1(1)板钢筋总重量为 233.208 kg，钢筋翻样单如表 2-4-2。

表 2 - 4 - 2　③轴～④轴/Ⓐ轴～L1(1)钢筋翻样单

构件名称:③轴～④轴/Ⓐ轴～L1(1)　构件数量:1　构件钢筋总重量:233.208 kg						
钢筋名称	型号规格	钢筋形状	单根长度(mm)	数量(根)	单重(kg)	总重量(kg)
底部 x 向	⏀8	6000	6 000	18	2.370	42.660
底部 y 向	⏀8	3426	3 426	32	1.353	43.296
顶部 x 向	⏀8	120 ⌐ 6200 ¬ 120	6 440	23	2.544	58.512
顶部 y 向	⏀8	120 ／ 3633 ⌐ 120	3 873	58	1.530	88.740

注:本钢筋翻样单钢筋比重取值:⏀8　0.395 kg/m。

子任务 2　现浇混凝土折板钢筋构造与翻样

 任务实施

　　通过学习本子任务的现浇混凝土折板钢筋构造与翻样示例,参考《混凝土结构施工图平面整体表示方法制图规则和构造详图》(22G101-1)第 106、110 页,能独立填写本子任务实施单所有的内容,本项目工程现浇钢筋混凝土斜板钢筋翻样内容即完成。任务实施单如下:

表 2 - 4 - 3　现浇混凝土折板钢筋翻样任务实施单

板位置	钢筋名称	型号规格	钢筋形状	单根长度(mm)	数量(根)	单重(kg)	总重量(kg)
④～⑤轴/Ⓑ～Ⓓ轴	底部 x 向钢筋						
	底部 y 向钢筋						
	顶部 x 向钢筋						
	顶部 y 向钢筋						
	构件钢筋总重量:		kg				

▌▶ 4.2.1　现浇混凝土折板构造

　　22G101-1 第 110 页混凝土折板配筋构造,转折处无支撑,适用条件 20°≤α≤160°。阴角、阳角构造做法见下图 2 - 4 - 4。阳角折板,上部钢筋连续通过,下部钢筋锚入对侧板内 l_a;阴角折板,正好相反,下部钢筋连续通过,上部钢筋锚入对侧板内 l_a。

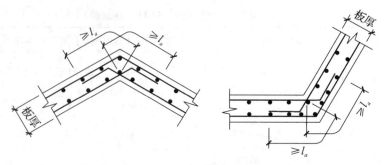

图 2-4-4 折板配筋构造

4.2.2 现浇混凝土折板钢筋翻样示例

本项目监控中心屋顶层②轴~③轴/Ⓐ轴~Ⓑ轴范围板块为折板,根据排水坡度,该板块分成了一块三角形和一块梯形,每根钢筋计算长度都不等,手工翻样难度大。为了知识讲解方便,假设该板块排水坡向对称,折板转换成对称的板块,见图 2-4-5。

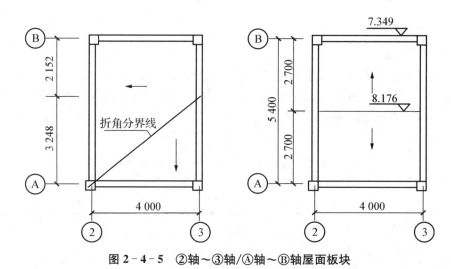

图 2-4-5 ②轴~③轴/Ⓐ轴~Ⓑ轴屋面板块

该折板顶点标高为 8.176 m,Ⓐ、Ⓑ轴板边标高为 7.349,阳角折板,折板截面如图 2-4-5,$l_{nx}=4\ 000-240=3\ 760$ mm,$l_{ny}=5\ 400-240=5\ 160$ mm,混凝土强度 C30 级,环境类别一类,保护层厚度 $c=15$ mm,梁支座保护层厚度 $c=20$ mm,本示例保护层厚度取 20 mm。

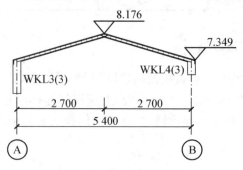

图 2-4-6 折板截面图

1. 计算斜坡度和坡度系数

（1）斜板坡度

$i=(8\ 176-7\ 349)/(2\ 700+120)=0.293$

（2）斜板坡度系数

$k=\sqrt{1+i^{2}}=\sqrt{1+0.293^{2}}=1.042$

2. 底部 x 向钢筋　$\Phi8@180$

单根长度$=\max(5d,梁宽/2)+l_{nx}+\max(5d,梁宽/2)$

　　　　$=120+(4\ 000-240)+120=4\ 000\ \text{mm}$

形状　————————4000————————

一侧数量$=(k\times l_{ny}/2-2\ 起步距)/\ 间距+1=(k\times l_{ny}/2-2\times@/2)/@+1$

　　　　$=(1.042\times5\ 160/2-180)/180+1=14.94$　取 15 根

共两侧

总数量：$2\times15=30$ 根

3. 底部 y 向钢筋　$\Phi8@180$

单根长度$=k\times[(\max(5d,梁宽/2)+L_{ny}/2]+La$

　　　　$=1.042\times2\ 700+35\times8=3\ 093\ \text{mm}$

形状　　　　（软件）

一侧数量$=(l_{nx}-2\ 起步距)/\ 间距+1=(l_{nx}-2\times@/2)/@+1=l_{nx}/@$

　　　　$=3\ 760/180=20.89$ 根　取 21 根

共两侧

总数量：$2\times21=42$ 根

4. 顶部 x 向钢筋　$\Phi8@100$

（1）判断弯直锚

梁宽$-c=240-20=220\ \text{mm}<l_{a}=35\times8=280\ \text{mm}$，弯锚

（2）单根长度$=15d(弯折)+(支座宽-c+净跨+支座宽-c)+15d(弯折)$

　　　　　$=15\times8+(240-20+3\ 760+240-20)+15\times8$

　　　　　$=120+4\ 200+120=4\ 400\ \text{mm}$

形状　120└————4200————┘120

一侧数量$=(k\times l_{ny}/2-起步距)/\ 间距=(K\times l_{ny}/2-@/2)/@$

　　　　$=(1.042\times5\ 160/2-50)/100+1=26.38$　取 27 根

共两侧

总数量：$2\times27=54$ 根

5. 顶部 y 向钢筋　$\Phi8@100$

（1）判断弯直锚

梁宽$-c=240-20=220\ \text{mm}<l_{a}=35\times8=280\ \text{mm}$，弯锚

（2）单根长度＝15d（弯折）＋K×［支座宽－c＋$l_{ny}/2$＋K×（支座宽－c＋$l_{ny}/2$）］＋15d（弯折）

$\quad$＝15×8＋1.042×（240－20＋5160/2）＋1.042×（240－20＋5 160/2）＋15×8

$\quad$＝120＋2 918＋2 918＋120＝6 076 mm

形状

（3）数量＝（l_{nx}－2 起步距)/间距＋1＝（l_{nx}－2×@/2)/@＋1＝l_{nx}/@

$\quad$＝3 760/100＝37.6　取 38 根

 实践创新

$\quad$1. 请认真识读本项目监控中心工程楼梯结构平面布置图，判断 TB2 属于斜板还是折板？绘制该板的纵断面图。

$\quad$2. 请尝试对 TB2 进行钢筋翻样。

【项目二附图】

扫码下载项目图纸

混凝土结构设计总说明（简）

一、工程概况

1.本工程为某监控中心工程，无地下室，共2层（局部2层），坡屋顶，建筑总高度9.100m（最高），总建筑面积409.2 ㎡。

2.结构类型：框架结构，框架抗震等级为二级，环境等级：室内正常环境为一类，室内潮湿环境、与无侵蚀性的水或土壤直接接触的环境为二 a 类。

二、材料

1.混凝土强度等级除注明者外，基础采用C30，基础垫层采用C15素混凝土，楼、屋面梁板均采用C30，非框架架部分：构造柱、圈梁为C25级。

2.填充墙及内隔墙：±0.000（相对标高）以下墙采用MU10烧结普通砖 M10 水泥砂浆砌筑，±0.000（相对标高）以上墙充内，外墙采用 MU10KPI 型烧结多孔砖，M5.0 混合砂浆砌筑。

三、板分布筋

板内分布筋当图中未注明时，均按 0.15%的配筋率选用钢筋，见表 1 所示。

板厚（mm）	90	100	110	120	130	140	150
分布筋	Φ6@180	Φ6@180	Φ6@170	Φ6@150	Φ8@250	Φ8@200	Φ8@200

四、填充墙及内隔墙

1.填充墙及内隔墙的砌筑，均应满足砌体结构的有关施工规定，所有砌体墙身的顶部必须用砌体嵌紧斜顶砌密实，并用砂浆填实，不得与上面的梁板脱空。

2.墙长大于 5 米时，墙顶与梁直有拉结；墙长超过 8 米或层高超过 2 倍时，宜设置钢筋混凝土构造柱；墙高超过 4 米时，墙体半高宜设置与柱连接且沿墙全长贯通的钢筋混凝土水平系梁。

3.填充墙沿框架柱全高每隔 500mm~600mm 设 2Φ6 拉筋，拉筋伸入墙内的长度沿墙全长贯通。

4.楼梯间和人流通道的填充墙，应采用钢丝网砂浆面层加强。

5.当嵌设置门、窗顶过梁时，可设置用C25 砼现浇或预制过梁；当门窗洞边无砖墩可搁置过梁，应在相应洞顶位置的砼墙上预留钢筋，以便钢筋焊接；当过梁与框架梁重叠时，一起浇筑，尺寸见表 2 所示。

L₀≤900	900<L₀≤1800	1800<L₀≤2400	2400<L₀≤3300	3300<L₀≤4000
h=60	h=150	h=200	h=250	h=300

工程名称	某监控中心工程	结构设计说明	图号	结施 1/7

结构工程识图与钢筋翻样

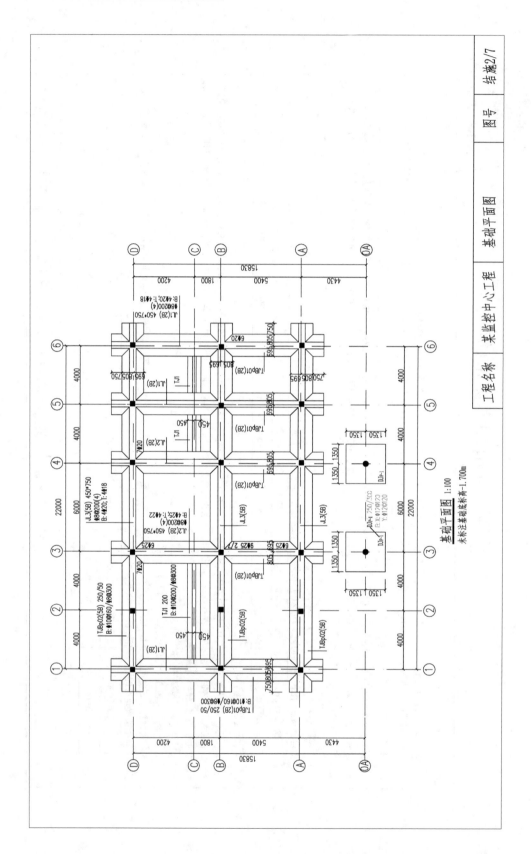

192

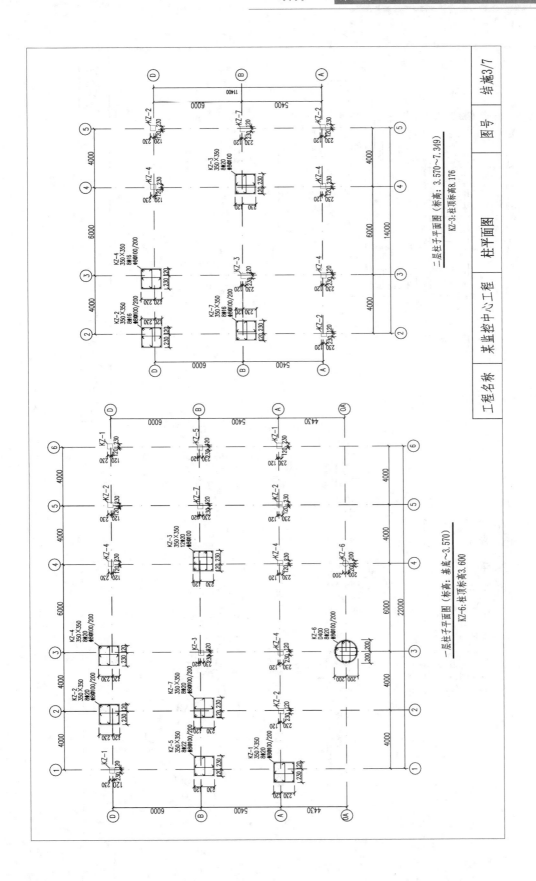

二层柱子平面图（标高：3.570～7.349）
KZ-3：柱顶标高8.176

一层柱子平面图（标高：基底～3.570）
KZ-6：柱顶标高3.600

| 工程名称 | 某监控中心工程 | 柱平面图 | 图号 | 结施3/7 |

结构工程识图与钢筋翻样

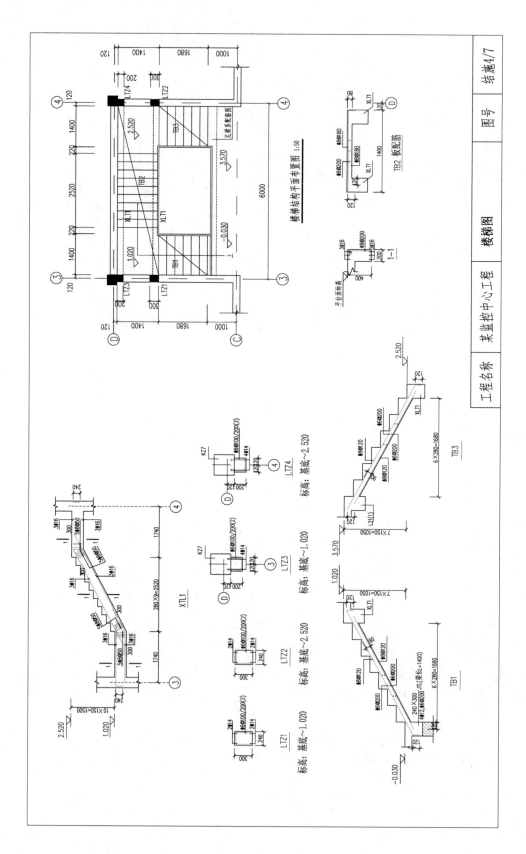

194

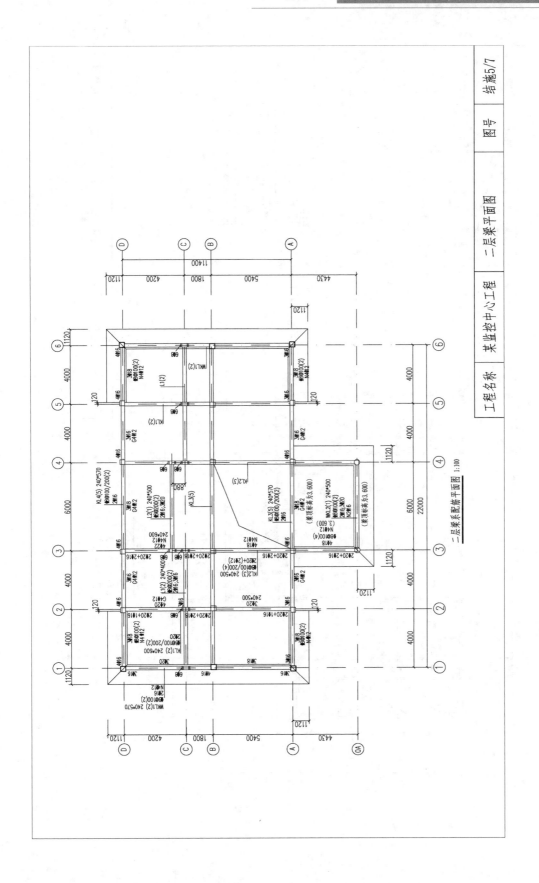

二层梁配筋平面图 1:100

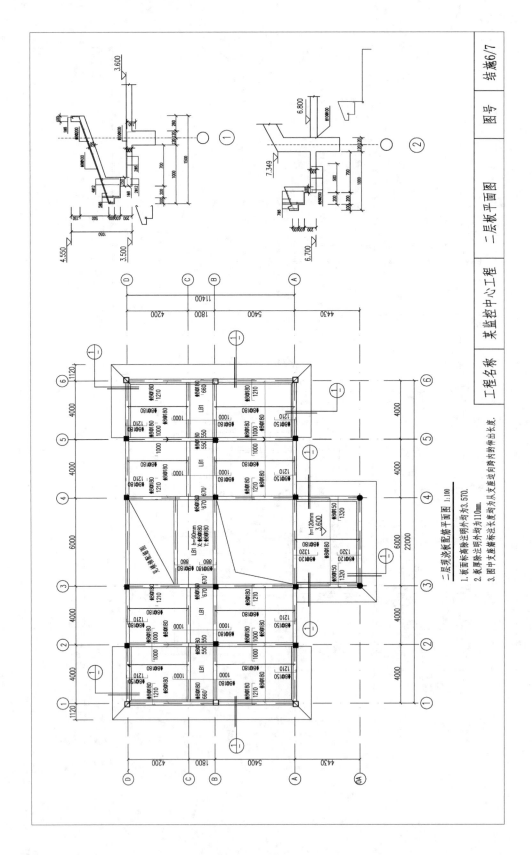

二层现浇板配筋平面图 1:100

1. 板面标高除注明外均为3.570。
2. 板厚除注明外均为110mm。
3. 图中支座筋标注长度均为从支座边向跨内的伸出长度。

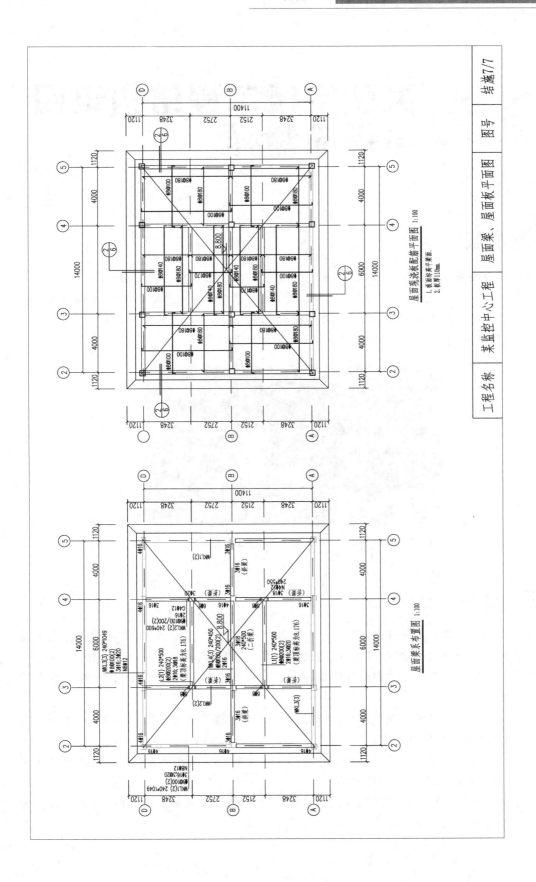

项目三 某住宅楼工程结构识图与钢筋翻样

项目介绍

本项目为某多层住宅楼工程，剪力墙结构，地下 1 层，地上 6 层，建筑高度 18.400 m，总建筑面积 1675.69 m²，室内外高差 0.100 m。剪力墙、剪力墙结构中的框架梁、框架柱抗震等级为四级。基础类型为桩筏基础，筏板顶相对标高为 −5.350 m。地下室底板外侧、地下室顶板外侧、外墙外侧环境等级为二 a 类，其他环境等级为一类。

图 3-0-1　项目三　住宅楼工程效果图

项目任务

本工程基础类型为桩筏基础，有现浇混凝土剪力墙、地下室挡土墙，框架梁的支座为剪力墙。对比项目一、项目二的项目任务，通过本项目的学习，需要完成以下四个任务：

任务一　板式筏形基础识图与钢筋翻样。识读本项目工程基础施工图，对该工程筏形基础进行钢筋翻样。

任务二　剪力墙识图与钢筋翻样。识读本项目住宅楼工程剪力墙施工图，对该项目剪力墙身、墙柱进行钢筋翻样。

任务三　地下室挡土外墙识图与钢筋翻样。识读本项目住宅楼工程钢筋混凝土挡土墙施工图，对该项目挡土墙进行钢筋翻样。

任务四　框架梁识图与钢筋翻样。识读本项目住宅楼工程梁板施工图，对该项目剪力墙梁和框架梁进行钢筋翻样。

▶ 任务一　板式筏形基础识图与钢筋翻样 ◀

✦ 学习内容

1. 筏形基础定义及其分类；
2. 筏形基础制图规则和标准构造详图；
3. 筏形基础钢筋翻样方法。

✦ 参考标准图集

1.《混凝土结构施工图平面整体表示方法制图规则和构造详图》(22G101-3)，第28～41页。

2.《混凝土结构施工图平面整体表示方法制图规则和构造详图》(22G101-3)，第89～93页。

✦ 工作任务

本项目住宅楼工程与项目一、项目二工程对比，基础工程不同之处为：本项目住宅楼工程带地下室，地下室与大地库相连，有预制管桩，地下室墙体、框架柱基础为一整体筏板。通过本项目内容学习，学生需要完成以下子任务：

子任务1　筏形基础平法施工图识读。

子任务2　平板式筏形基础钢筋翻样。

✦ 知识准备

1. 筏形基础定义

当建筑物上部荷载较大而地基承载能力又比较弱时，用简单的独立基础或条形基础已不能适应地基变形的需要，这时常将墙或柱下基础连成一片，使整个建筑物的荷载承受在一块整板上，这种满堂式的板式基础称筏形基础。筏形基础由于其底面积大，故可减小基底压强，同时也可提高地基土的承载力，并能更有效地增强基础的整体性，调整不均匀沉降。筏形基础常用于高层建筑框架柱或剪力墙下。

2. 筏形基础分类

筏形基础分为平板式和梁板式，一般根据地基土质、上部结构体系、柱距、荷载大小及施工条件等确定。

(1) 平板式筏形基础

平板式筏基是在地基上做一整块钢筋混凝土底板，框架柱直接支立在底板上(柱下筏板)或剪力墙直接立在底板上(墙下筏板)，如图3-1-1平板式筏板基础模型图。

(2) 梁板式筏形基础

梁板式筏基由基础主梁、基础次梁和基础平板组成，简单的理解，就是平板式筏基＋基

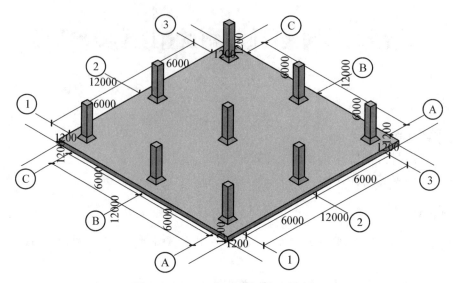

图 3-1-1　平板式筏板基础模型图

础梁组成,类似倒置的有梁楼盖。如图 3-1-2 梁板式筏板基础模型图。

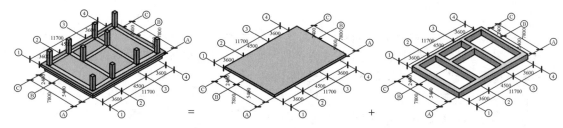

图 3-1-2　梁板式筏板基础模型图

根据基础梁底面与基础平板底面的标高位置关系,可以分为"高板位"(梁顶与板顶平齐)、"低板位"(梁底与板底平齐)以及"中板位"(板在梁的中部)。

子任务1　筏形基础平法施工图识读

 任务实施

通过学习本子任务的筏形基础平法施工图的表达方式,筏形基础平面注写识读示例,参考《混凝土结构施工图平面整体表示方法制图规则和构造详图》(22G101-3)第28～41页。能独立填写本子任务实施单所有的内容,本项目工程筏形基础的识读内容即完成。任务实施单如下:

表 3-1-1　筏形基础施工图识读任务实施单

识读内容 基础编号	基础厚度 （mm）	基础底标高 （m）	基础顶标高 （m）	底部钢筋 x 向	底部钢筋 y 向	顶部钢筋 x 向
平板式筏形基础	顶部钢筋 y 向	侧面构造 钢筋	侧面封边 钢筋	附加非贯 通筋		
梁板式筏形基础	基础底板 厚度（mm）	基础底标高 （m）	底板底筋 x 向	底板底筋 y 向	底板顶筋 x 向	底板顶筋 y 向
	侧面构造 钢筋	侧面封边 钢筋	附加非贯 通筋	基础梁截面 $b×h$	基础梁 跨数	基础梁顶 标高（m）
	基础梁上部 钢筋	基础梁下部 钢筋	基础梁中部 侧面筋	基础梁 箍筋		

注：根据筏形基础复杂程度增减识读内容。

▶ 1.1.1　筏形基础施工平面图

筏形基础平法施工图，系在基础平面图上采用平面注写方式进行表达，基础平面图中应包括筏形基础和与其所支承的柱、墙，图 3-1-3 为平板式筏形基础，②、③、④、Ⓑ、Ⓒ、Ⓓ轴上布置了框架柱。梁板式筏形基础平面图，还应该绘制基础梁，如下图 3-1-4，除了框架柱，还有基础梁。

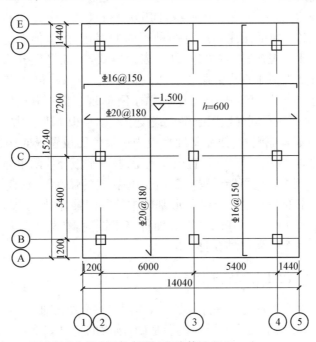

（图中标高为基础标高，混凝土强度等级 C30）

图 3-1-3　平板式筏板基础平面图

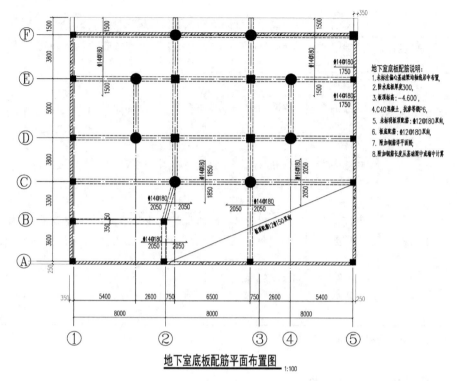

图 3-1-4　梁板式筏板基础平面图

1.1.2　筏形基础平法施工图

平板式筏形基础的平面注写表达方式有两种。一是将基础划分为柱下板带（ZXB）和跨中板带（KZB）进行表达；另一是按基础平板（BPB）进行表达。基础平板（BPB）与柱下板带（ZXB）和跨中板带（KZB）的平面注写虽是两种不同的表达方式，但表达的内容相同。当整片板式筏形基础配筋比较规律时，宜采用 BPB 表达方式，基础平板分为集中标注与原位标注两部分。标注的方式类似于现浇混凝土楼板（如图 3-1-4），包括贯通筋（底部、顶部，x 向、y 向）和板底部附加非贯通筋（由于受力方式的不同，现浇板一般在板顶部）。

基础平板（BPB）平面注写同样适用于梁板式筏形基础平板 LPB。由于基础底板的厚度可能较大，所以还可能设置其他钢筋，如在基础平板周边沿侧面设置纵向构造钢筋；基础平板外伸部位设置 U 形封边时，应注明其规格、直径及间距；基础平板外伸阳角部位可能设置放射筋；基础底板的上、下部纵筋之间还可能设置拉筋，应注明拉筋的强度等级、直径、双向间距等。

梁板式筏形基础中的基础梁与有梁条形基础中的基础梁，同属于基础梁构件，平法表示方法相同。当基础梁底面标高与基础平板底面标高不同时，在集中标注内容中应增加标注相对于筏形基础平板底面标高，并加用括号。

1.1.3　筏形基础平面注写识读示例

本项目住宅楼工程地下室与大地库相连接，为了内容介绍方便，本项目只选取本栋楼范围的基础作为教材内容，该基础为平板式筏形基础，读出的信息如下：

（1）筏板混凝土：混凝土强度等级为 C35，垫层混凝土强度等级为 C15。

（2）筏板尺寸：长度为 38 400＋2×500＝39 400 mm，宽度为 8 200＋400＋350＝8 950 mm，厚度为 400 mm；局部 FB-01 所在范围，长度为 2 750 mm，宽度为 2 750mm，厚度为 500 mm。

（3）筏板标高：板顶标高为－5.350 m，板底标高为－5.750 m，局部 FB-1 板底标高为－5.850 m；⑧轴、㉒轴电梯基坑顶标高为－6.850 m，基坑底标高为－7.250 m。

（4）筏板钢筋：大部分受力筋为双层双向（底部、顶部，x 向、y 向）⏀12@180，局部配置有附加非贯通钢筋，如：⑧轴交①～③轴范围，配置 ⏀12@360 顶部附加钢筋，钢筋长度为 1 300＋1 000＝2 300 mm，布置范围为 1 600 mm。FB-01 区域底部配置 ⏀12@150 双向钢筋，顶部钢筋与大部分钢筋拉通设置，顶部另配置 ⏀12@360 双向附加钢筋。电梯基坑钢筋同大部分钢筋双层双向 ⏀12@180。筏板基础侧面构造筋为 3 ⏀12。

子任务 2　平板式筏形基础钢筋翻样

任务实施

通过学习本子任务平板式筏形基础底板钢筋构造、平板式筏形基础钢筋翻样示例，参考《混凝土结构施工图平面整体表示方法制图规则和构造详图》（22G101－3）第 90～93 页，对比项目二板式条形基础学习任务，能独立填写本子任务实施单所有的内容，本项目工程平板式筏形基础钢筋翻样的内容即完成。任务实施单如下：

表 3－1－2　平板式筏形基础钢筋翻样任务实施单

位置	钢筋名称	型号规格	钢筋形状	单根长度(mm)	数量(根)	单重(kg)	总重量(kg)
平板式筏形基础	底部 x 向钢筋						
	底部 y 向钢筋						
	顶部 x 向钢筋						
	顶部 y 向钢筋						
	侧面构造筋						
	局部附加筋						
构件钢筋总重量：			kg				

注：根据内容增减表格行。

▶ 1.2.1　平板式筏形基础钢筋构造

平法 22G101－3 第 90～93 页为平板式筏形基础钢筋构造，筏形基础底板为整板，预算遵循能通则通原则，因此只要重点关注变截面、端部与外伸部位钢筋构造。

1. 端部无外伸底板钢筋构造

端部无外伸构造根据端部构件不同分为两种,见图 3-1-5。构造(一)端部为外墙,构造(二)端部为边梁,两者钢筋构造类似,顶部钢筋伸入端部构件中的长度 max(12d,墙(梁)中线),底部钢筋伸入到构件端部扣除一个保护层厚度后弯折 15d。不同之处在于底部钢筋布置范围不同,构造(一)底部钢筋满布,起步距距离基础外侧为 min(75,间距/2),构造(二)起步距距离梁边内侧为 min(75,间距/2)。

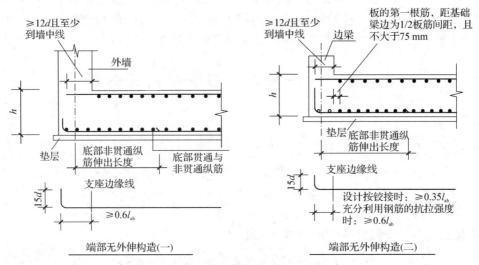

图 3-1-5　端部无外伸底板钢筋构造

> **注**:构造(一)中,当设计指定采用墙外侧纵筋与底板纵筋搭接的做法时,基础底板下部钢筋弯折段应伸至基础顶面标高处,见 22G101-3 第 64 页(c)构造。

2. 端部有外伸底板钢筋构造

当板边缘侧面无封边构造时,构造做法见图 3-1-6,底部顶部钢筋均伸入到基础外侧扣除一个保护层厚度后弯折 12d。

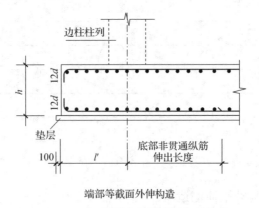

端部等截面外伸构造

图 3-1-6　端部有外伸底板钢筋构造

板边缘侧面设置封边构造,当采用 U 形构造封边时,纵向钢筋构造同无封边构造,U 形

封边钢筋长度为 $2\max(15d,200)+$（端部基础厚度－基础顶保护层厚度－基础底保护层厚度）；当采用纵筋弯钩交错封边时，底部与顶部纵筋弯钩交错 150 mm，即伸入到基础外侧扣除一个保护层厚度后弯折（端部基础厚度/2－基础保护层厚度＋75 mm）。

板边缘侧面封边构造钢筋内侧还可能设置侧面构造纵筋，具体构造见图 3－1－7。侧面构造纵筋与封边钢筋绑扎一起，计算长度＝基础边长－2 个保护层厚度 c＋2×15d。

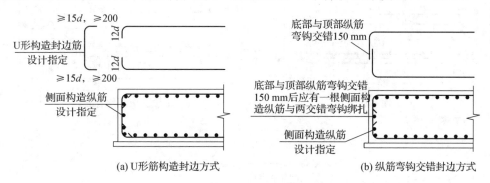

(a) U形构造封边方式　　　　　　　　　(b) 纵筋弯钩交错封边方式

板边缘侧面封边构造

图 3－1－7　板边缘侧面封边构造

> **注**：板边缘侧面封边构造，采用何种做法由设计者指定，当设计者未指定时，施工单位可根据实际情况自选一种做法。

3. 平板式筏形基础平板变截面部位钢筋构造

当筏形基础底板有高差时，板底高差坡度 α 可为 45°或 60°，具体构造见图 3－1－8。当板式筏形基础平板的变截面形式与平法标注图集不同时，其构造应由设计者设计或提供相应变更说明。

当基础平板厚度＞2 000 mm 时，设置中层钢筋，中层双向钢筋网直径不宜小于 12，间距不宜大于 300，具体构造做法见图 3－1－9。

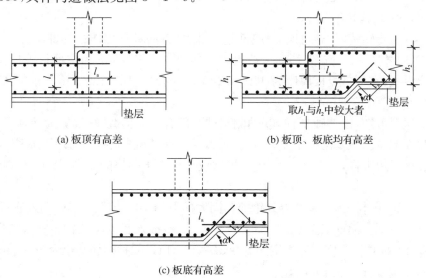

(a) 板顶有高差　　　　　　　　(b) 板顶、板底均有高差

(c) 板底有高差

图 3－1－8　变截面部位底部、顶部钢筋构造

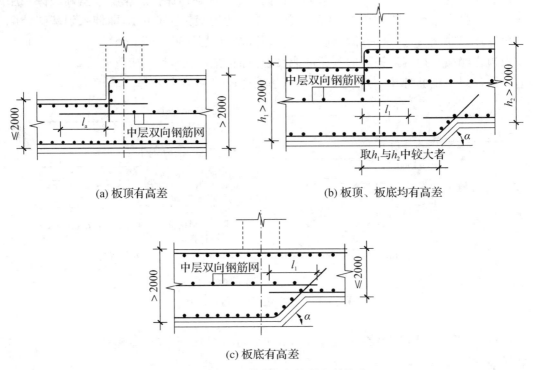

(a) 板顶有高差

(b) 板顶、板底均有高差

(c) 板底有高差

图 3 - 1 - 9　变截面部位中部钢筋构造

1.2.2　平板式筏形基础顶部、底部受力钢筋翻样示例

本项目住宅楼工程基础底板有局部加厚、电梯基坑、与地下大车库相交,整个基础手工钢筋翻样比较麻烦,在此选择适当区域基础底板进行示例。混凝土强度等级 C35,基础底面保护层厚度 $c = 50$ mm(桩筏基础),基础侧面、顶面保护层厚度 $c = 20$ mm(环境类别二 a),双层双向配置 Φ 12@180,$l_a = 32d$。

选择⑫轴～⑱轴范围,y 向顶部、底部钢筋、附加钢筋进行翻样。Ⓑ轴向外 1 400 mm 为挡土墙,Ⓑ轴向外 1 800 mm 为基础尽端边线。Ⓗ轴向外 350 mm 为本项目筏板基础与大车库基础的分界线,本项目筏板厚度为 400 mm,车库筏板厚度为 300 mm,y 向基础板长度为8 200+350+400=8 950 mm。

从以上识图可知,该基础 y 向,Ⓑ轴侧基础端部有外伸构造,Ⓗ轴侧为板顶平齐,板底有高差的变截面部位。该基础地下室基础平面布置图中,绘制了单体与地下室交界处钢筋锚固大样和筏板封边大样,见图 3 - 1 - 10。根据设计优先于图集的原则,施工时选择设计构造做法。

图 3 - 1 - 10 单体与地下室交界处钢筋锚固大样中,单体底部钢筋隔根锚入底板,因此底板钢筋有两种,一种锚入底板,锚入底板长度为 l_a,一种不锚入底板,不锚入底板,则弯折长度＝板底高差－板底保护层厚度。底板钢筋为 Φ 12@180,所以同种钢筋间距为 360 mm。

1. y 向底部钢筋　Φ 12@180

(1) 底部钢筋 1　Φ 12@360　锚入底板

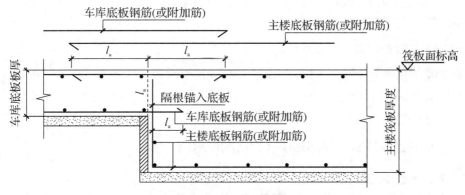

单体与地下室交界处钢筋锚固大样

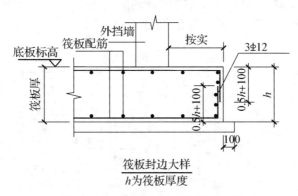

筏板封边大样
h 为筏板厚度

图 3-1-10　筏板基础局部大样图

单根长度＝$(0.5×h＋100－$板底保护层厚度 $50)$ 封边＋$(8\,950－2c$ 板侧保护层厚度$)＋$

（板底高差－板底保护层厚度 $50＋l_a$）

＝$(0.5×400＋100－50)＋(8\,950－2×20)＋(100－50＋32×18)$

＝$250＋8\,910＋434＝9\,594$ mm

形状：250└────8910────330┘¹⁰⁴

注：由于 $l_a＝32d＝32×18＝384$ mm＞地库基础厚度－板顶保护层厚度＝$300－20＝$280 mm，故 $384－280＝104$ mm 应该弯折后锚入地库。

（2）底部钢筋 2　ϕ 12@360　不锚入底板

单根长度＝$(0.5×400＋100－50)$ 封边＋$(8\,950－20－20)＋(100－50)$

＝$250＋8\,910＋50＝9\,210$ mm

形状：250└────8910────┘50

2. y 向顶部钢筋　ϕ 12@180

单根长度＝$(0.5×h＋100－$板顶保护层厚度 $20)$ 封边＋$(8\,950－c$ 外伸端板侧保护层厚度$)＋l_a$ 直锚入地库长度

＝$(0.5×400＋100－20)＋(8\,950－20)＋32d$

$=280+8\,930+384=280+9\,314=9\,594\ \text{mm}$

形状: 9314 ⌐ 280

3. ⑮轴顶部附加钢筋 ⊈ 12@360

⑮轴顶部 y 向布置有附加钢筋⊈12@360,布置范围为 $1\,000+1\,000=2\,000\ \text{mm}$。

单根长度$=1\,750+250=2\,000\ \text{mm}$ 不需要弯折

数量$=(1\,000+1\,000)/360=5.6$根,取 6 根

1.2.3 平板式筏形基础局部加厚区钢筋翻样示例

以本项目住宅楼工程筏板基础⑧轴 FB‑01 为例,该 FB‑01 为局部加厚,FB‑01 厚度 500 mm,根据基础平面布置图可知,顶部平齐,底部高差 100 mm。钢筋信息为:x、y 向底部钢筋,⊈12@150,隔根锚入底板。x、y 向顶部钢筋⊈12@180,随整体筏板基础(不单独计算)。顶部附加钢筋 X、Y ⊈12@360,详细见图 3‑1‑11。

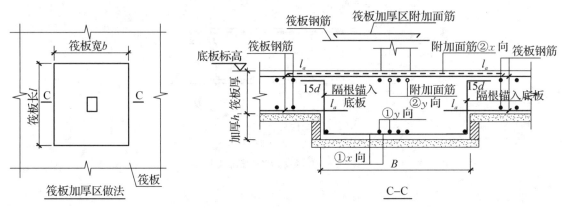

图 3‑1‑11 筏板基础局部大加厚区样图

1. 底部 x 向钢筋 ⊈ 12@150

(1) 总数数量

$n=(2\,000+750-2\times20)/150+1=19$ 根

隔根锚入底板,因此钢筋有两种,一种锚入底板,锚入底板顶扣一个保护层后再弯折 $15d$,一种不锚入底板,不锚入底板,则弯折长度=板底高差-板底保护层厚度。

(2) 底部 x 向钢筋 1 ⊈ 12@300 不锚入底板

单根长度=(板底高差$-c$ 基础底保护层厚度)+(x 向板边长$-2\times c$ 基础侧保护层厚度)+(板底高差$-c$ 基础底保护层厚度)

$=(100-50)+(1\,375+1\,375-2\times20)+(100-50)=50+2710+50=2\,810\ \text{mm}$

形状 50 ⌐ 2710 ⌐ 50

数量 $19/2=9.5$ 取 9 根

(3) 底部 x 向钢筋 2 ⊈ 12@300 锚入底板

单根长度$=15d+$(板厚$-c$ 基础底保护层厚度$-c$ 基础顶保护层厚度)+(x 向板边长$-2\times c$ 基础侧保护层厚度)+(板厚$-c$ 基础底保护层厚度$-c$ 基础顶保

护层厚度)$+15d$

$$=15\times12+(500-50-20)+(2\,750-2\times20)+15\times12+(500-50-20)$$
$$=180+430+2\,710+430+180=3\,930 \text{ mm}$$

形状

180 ⌐ 1560 ⌐ 180
430 ——— 430

数量　$19-9=10$ 根

2. 底部 y 向钢筋　$\Phi12@150$

请独立完成底部 y 向钢筋翻样计算

计算结果同底部 x 向钢筋

3. 顶部 x 向附加钢筋　$\Phi12@360$

单根长度$=l_a+$FB$-1x$ 向边长$+l_a$

$$=32\times12+2\,750+32\times12=384+2\,750+384=3\,518 \text{ mm}$$

形状 ——— 3518 ———

数量$=2\,750/360=7.6$ 根,取 8 根

4. 顶部 y 向附加钢筋　$\Phi12@360$

请独立完成顶部 y 向附加钢筋翻样计算

计算结果同顶部 x 向附加钢筋

1.2.4　平板式筏形基础侧面构造钢筋翻样示例

本项目住宅楼工程,①轴、⑭轴与大地库相连接,㉙轴、⑧轴为基础端部,因此㉙轴、⑧轴筏板侧面有构造钢筋,以㉙轴侧为例,根据基础平面图中筏板封边大样(图 3-1-10)所示,侧面构造筋为 3 $\Phi12$。

单根长度$=$弯折$+$净长$-$保护层$-$保护层$+$弯折

$$=15d+(14\,040-20-20)+15d=15\times12+14\,000+15\times12$$
$$=15d+(8\,200+400+350-20-20)+15d$$
$$=180+8\,910+180=9\,270 \text{ mm}$$

形状 180 ⌐ 8910 ⌐ 180

数量　3 根

注:参照广联达 BIM 土建计量平台 GTJ2021,弯折 $15d$。

实践创新

1. 请绘制本项目任务一中图 3-1-3 筏板基础截面图。

2. 请绘制本项目任务一中图 3-1-4 筏板基础处 1-1 截面图。

▶ 任务二　剪力墙识图与钢筋翻样 ◀

📑 学习内容

1. 现浇混凝土墙组成；
2. 剪力墙柱平法识图、构造、钢筋翻样方法；
3. 剪力墙身平法识图、构造、钢筋翻样方法；
4. 剪力墙梁平法识图、构造、钢筋翻样方法。

📑 参考标准图集

1.《混凝土结构施工图平面整体表示方法制图规则和构造详图》（22G101-1），第13～24页。

2.《混凝土结构施工图平面整体表示方法制图规则和构造详图》（22G101-1），第75～85页。

3.《混凝土结构施工图平面整体表示方法制图规则和构造详图》（22G101-3），第64、65页。

📑 工作任务

在剪力墙结构中，钢筋混凝土墙板代替框架结构中的框架柱，能承担各类荷载引起的内力，并能有效控制结构的水平力。剪力墙可分解为剪力墙柱、剪力墙身和剪力墙梁三类构件，通过本项目学习，学生需要完成以下子任务：

子任务1　剪力墙柱施工图识读与钢筋翻样。
子任务2　剪力墙身施工图识读与钢筋翻样。
子任务3　剪力墙梁施工图识读与钢筋翻样。

📑 知识准备

对比项目一、项目二工程框架结构，本项目住宅楼工程为剪力墙结构，现浇混凝土剪力墙是本任务的学习内容。具体知识准备如下：

依据22G101-1平法标准图集，现浇混凝土墙分为剪力墙和地下室挡土外墙（起挡土作用的地下室外围护墙）。为表达清楚、简便，22G101-1第13页将剪力墙划分为剪力墙柱、剪力墙身和剪力墙梁三类构件构成。

1. 剪力墙柱

剪力墙柱包括约束边缘构件、构造边缘构件、扶壁柱 FBZ、非边缘暗柱 AZ。约束边缘构件包括约束边缘暗柱 YAZ、约束边缘端柱 YDZ、约束边缘翼柱 YYZ、约束边缘转角柱 YJZ；构造边缘构件包括构造边缘暗柱 GAZ、构造边缘端柱 GDZ、构造边缘翼柱 GYZ、构造边缘转角柱 GJZ。

约束性边缘构件与构造边缘构件区别:约束性柱编号以 Y 打头,用于一、二级抗震的落地式的剪力墙及一、二、三、四级非落地式的剪力墙,在底部加强层及其上一层墙肢,其它层设构造边缘构件。

端柱与暗柱的区别:端柱外观凸出墙身,暗柱外观与墙身相平。剪力墙中端柱钢筋计算同框架柱,暗柱纵向钢筋计算同墙身竖向筋。

2. 剪力墙梁

剪力墙梁包括连梁 LL、暗梁 AL、边框梁 BKL。连梁又分为普通连梁 LL、对角暗撑配筋连梁 LL(JC)、交叉斜筋配筋连梁 LL(JX)、集中对角斜筋配筋连梁 LL(DX)、跨高比不小于 5 连梁 LLK。

连梁指在剪力墙结构和框架—剪力墙结构中,连接墙肢与墙肢,在墙肢平面内相连的梁。连梁一般具有跨度小、截面大,与连梁相连的墙体刚度又很大等特点。通俗点说,连梁是两砼墙(剪力墙)中间有洞口或断开,但受力要求又要连在一起而增加的受力构件。在连梁下面一般是有洞口的。墙肢指的是剪力墙向两个不同方向延伸的部分,也就是我们俗称的砼墙体。

暗梁是完全隐藏在板类或者混凝土墙类构件中。隐藏在剪力墙中的暗梁,梁截面宽度与剪力墙厚度相同。边框梁是指框架边梁与剪力墙的特殊构造(其配筋很显然可以是两边都无板的形式,如楼梯间、电梯井等),是指在剪力墙中部或顶部布置的、比剪力墙的厚度还宽的"连梁"或"暗梁"。

三者简单区别:连梁是剪力墙中洞口上部,宽度与剪力墙厚相同的梁;暗梁是剪力墙中无洞口处,宽度与剪力墙厚度相同的梁。边框梁是宽度比剪力墙厚度宽的"连梁"或"暗梁",虽有个框字,但与框架结构、框架梁柱无关。

子任务 1　剪力墙柱施工图识读与钢筋翻样

任务实施

通过学习本子任务剪力墙柱平法施工图识读、基础层、楼层、顶层纵向钢筋、箍筋构造,剪力墙柱钢筋翻样示例,参考《混凝土结构施工图平面整体表示方法制图规则和构造详图》(22G101-1 第 13~14、77 页,22G101-3 第 65 页),能独立填写本子任务实施单所有的内容,本项目工程剪力墙柱钢筋翻样的内容即完成。任务实施单如下:

表 3-2-1　剪力墙柱构造与钢筋翻样任务实施单

剪力墙柱	混凝土强度等级	结构抗震等级	纵向钢筋 Lae	基础层保护层厚度	基础层直锚角筋构造	基础层直锚非角筋构造	基础层弯锚构造
	顶层直锚构造	顶层弯锚构造	基础、楼板顶面纵向钢筋构造	基础高度范围箍筋起步距、间距、形式		非基础高度范围箍筋起步距、间距、形式	

续　表

墙柱编号	钢筋名称	型号规格	钢筋形状	单根长度（mm）	数量（根）	单重(kg)	总重量（kg）
	基础插筋 1(长)						
	基础插筋 2(短)						
	一层纵筋						
	二层纵筋						
	三层纵筋						
	顶层纵筋 1(长)						
	顶层纵筋 2(短)						
	箍筋 1						
	箍筋 2						
	拉筋						
	构件钢筋总重量：				kg		
	纵向钢筋接头数量：				个		

注：根据需要增减表格行。

2.1.1　剪力墙柱平法施工图简介

剪力墙柱平法施工图有列表注写和截面注写两种表示方式。

1. 列表注写

（1）应注写墙柱编号，绘制该墙柱的截面配筋图，标注墙柱几何尺寸。

① 约束边缘构件需注明阴影部分尺寸。剪力墙平面布置图中应注明约束边缘构件沿墙肢长度 l_c。

② 构造边缘构件需注明阴影部分尺寸。

③ 扶壁柱及非边缘暗柱需标注几何尺寸。

（2）注写各段墙柱的起止标高，自墙柱根部往上以变截面位置或截面未变但配筋改变处为界分段注写。墙柱根部标高一般指基础顶面标高。

（3）注写各段墙柱的纵向钢筋和箍筋，注写值应与在表中绘制的截面配筋图对应一致。纵向钢筋注总配筋值；墙柱箍筋的注写方式与柱箍筋相同。

2. 截面注写

同框架柱，从相同编号的墙柱中选择一个截面，注明几何尺寸，标注全部纵筋及箍筋的具体数值。

▶ 2.1.2　剪力墙柱平面注写识读示例

剪力墙柱施工图应识读柱名称编号、位置、截面形状、截面尺寸,墙柱各段的起止标高、砼强度等级、配筋信息等。

本项目住宅楼工程墙柱为列表注写,以⑧轴交⑮轴剪力墙柱为例进行介绍。

1. 基础顶～一层板面

(1) 剪力墙柱名称:GBZ9,端柱,构造边缘构件。

(2) 形状、截面尺寸:矩形,600 mm×500 mm。

(3) 标高:−5.350～−0.080。

(4) 混凝土强度等级:C35,查看结构层高及墙柱梁板混凝土强度表。

(8) 纵向钢筋:全部纵筋为 12 ⏀ 18。

(9) 箍筋:箍筋为⏀ 8 钢筋,加密区间距为 100 mm,非加密区间距为 200 mm,箍筋类型为 1,肢数为 4×4。

2. 一层板面～屋面板面

(1) 剪力墙柱名称:GBZ5,构造边缘构件。

(2) 形状、截面尺寸:T 形,600 mm×400 mm。

(3) 标高:−0.080～18.300。

(4) 混凝土强度等级:−0.080～3.020,C35;3.020～18.300,C30。查看结构层高及墙柱梁板混凝土强度表。

(5) 纵向钢筋:全部纵筋为 10 ⏀ 12。

(6) 箍筋:⏀ 6,−0.080～3.020(一层板面～二层板面)、15.220～18.300(六层板面～屋面板面)⏀ 6@200;3.020～15.220(二层板面～六层板面)⏀ 6@250。

▶ 2.1.3　剪力墙柱纵向钢筋构造

22G101‐1 第 77 页注 1. 端柱竖向钢筋和箍筋的构造与框架柱相同。矩形截面独立墙肢(无剪力墙身,如本项目⑬轴 GBZ6),当截面高度(矩形截面的长边)不大于截面厚度(矩形截面的短边)的 4 倍时,其竖向钢筋和箍筋的构造要求与框架柱相同或按设计要求设置。

独立的 T 形翼柱、L 形转角柱(如本项目负一层②轴 GBZ7)和十字形柱属于异形柱,按异形柱构造计算。(异形柱构造不同于框架柱,执行规范为《混凝土异形柱结构技术规范》(JGJ149—2017)

平法图集将边缘构件纵向钢筋构造做法按照所在楼层位置分三部分:基础中构造见22G101‐3 第 65 页、楼层(地面层)中构造见平法 22G101‐1 第 77 页,柱顶层中构造见平法22G101‐1 第 78 页。

1. 边缘构件纵向钢筋在基础中构造

边缘构件纵向钢筋在基础中构造做法共 a、b、c、d 四种,见图 3‐2‐1。构造做法类同框架柱,识读方法和内容同框架柱。值得注意的是,构造 a 做法,角部纵筋伸至基础板底部,支承在底板钢筋网片上,其余纵筋伸入基础中 l_{aE}。22G101‐3 第 65 页用红色标注出各边缘构件角部纵筋。

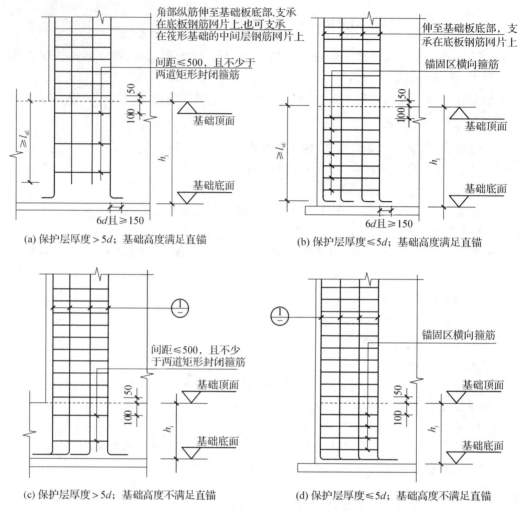

角部纵筋伸至基础板底部,支承
在底板钢筋网片上,也可支承
在筏形基础的中间层钢筋网片上

间距≤500,且不少于
两道矩形封闭箍筋

基础顶面

基础底面

6d且≥150

(a) 保护层厚度>5d;基础高度满足直锚

伸至基础板底部,支承
在底板钢筋网片上

锚固区横向箍筋

基础顶面

基础底面

6d且≥150

(b) 保护层厚度≤5d;基础高度满足直锚

间距≤500,且不少
于两道矩形封闭箍筋

基础顶面

基础底面

(c) 保护层厚度>5d;基础高度不满足直锚

锚固区横向箍筋

基础顶面

基础底面

(d) 保护层厚度≤5d;基础高度不满足直锚

图 3 - 2 - 1　边缘构件纵向钢筋在基础中构造

2. 边缘构件纵向钢筋在楼板(基础)顶面连接构造

剪力墙、框架柱同为竖向构件,根据施工规范要求,纵向钢筋按楼层施工,相邻纵向钢筋连接接头宜相互错开,同一连接区段内钢筋接头面积百分率不宜大于50%,因此各楼层钢筋通常分两批截断,具体的连接构造做法如下图 3 - 2 - 2。

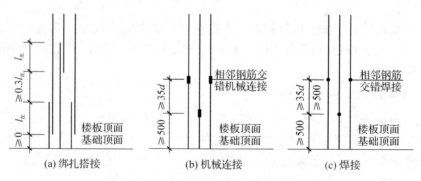

l_{lE}
l_{lE}
≥0.3l_{lE}
l_{lE}
≥0

楼板顶面
基础顶面

(a) 绑扎搭接

≥35d
≥500

相邻钢筋交
错机械连接

楼板顶面
基础顶面

(b) 机械连接

≥35d
≥500

相邻钢筋
交错焊接

楼板顶面
基础顶面

(c) 焊接

图 3 - 2 - 2　边缘构件纵向钢筋连接构造

与框架柱纵向钢筋连接构造相比,有以下几点不同:

(1)边缘构件基础顶面和楼板顶面非连接区相同,不需要判定嵌固部位。

(2)边缘构件纵向钢筋直径小,采用绑扎搭接的可能性大。

(3)边缘构件和框架柱非连接区的长度不相同。

3.边缘构件纵向钢筋在顶部构造

边缘构件纵向钢筋在顶层中构造有顶为屋面板或楼板和顶为边框梁两种,具体的连接构造做法如下图 3-2-3。若边缘构件顶为屋面板或楼板,边缘构件竖向钢筋筋伸至板顶后弯折 $12d$;若边缘构件顶为边框梁,当边框梁高度满足直锚时,边缘构件竖向钢筋伸入边框梁一个 l_{aE},不满足直锚时,边缘构件竖向钢筋伸至边框梁顶后弯折 $12d$。

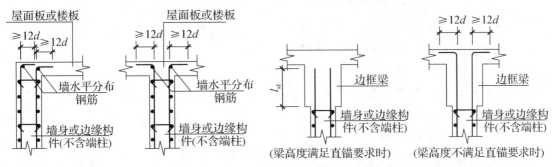

图 3-2-3　剪力墙身和边缘构件柱顶纵向钢筋构造

若剪力墙为外墙,且剪力墙外侧竖向筋与屋面板上部钢筋搭接传力时,墙身外侧竖向筋伸至板顶,弯折 $15d$,构造做法参见 22G101-1 第 P107、113 页。

▶▶ 2.1.4　剪力墙边缘构件钢筋翻样示例

以本项目住宅楼工程⑮轴 GBZ1 为例。该边缘构造柱的相关信息:环境类别一类,保护层厚度 $c=15$ mm,基础板底保护层厚度 $c=50$ mm;四级抗震,全部纵筋 6 ⏀ 12,箍筋 ⏀ 6,基础顶~二层楼板面@200 mm,二层楼板面~六层楼板面@250 mm,六层楼板面~屋面板面@200 mm,混凝土强度等级:基础~-3.020　C35;3.020~18.300　C30。根据结构施工说明,柱墙钢筋直径 12~22 mm 纵向钢筋连接方式为电渣压力焊,相邻钢筋接头错开长度为 max(35d,500)。

该构造边缘柱 GBZ1 基础厚度 $h_j=400$ mm,基础顶标高为-5.350 m,楼板厚度 120 mm,四级抗震　C35　$l_{aE}=l_a=32d=32\times12=384$mm,C30　$l_{aE}=l_a=35d=35\times12=420$ mm。

(一)纵向钢筋

1.基础插筋

(1)判断基础插筋弯直锚,选择构造做法

⏀ 12　$h_j-c=400-50=350<l_{aE}=32d=32\times12=384$,弯锚

选择标准图集 22G101-3 第 65 页构造"c"做法,钢筋支承在基础底钢筋网片上弯折长度为 $15d$。

（2）基础插筋1　短　3 ⊕ 12

数量　3根

单根长度＝h_j-c 基础板底保护层厚度＋500＋15d（弯折长度）

　　　　＝400－50＋500＋15×12＝850＋180＝1 030 mm

形状　180⌊　　850

（3）基础插筋2　长　3 ⊕ 12

数量　3根

单根长度＝基础短插筋＋相邻接头错开长度

　　　　＝850＋max(35×12,500)＋180＝850＋500＋180

　　　　＝1 350＋180＝1 530 mm

形状　180⌊　　1350

2. 负一层纵筋　层高直接图纸中查结构层高表

数量　6 ⊕ 12

单根长度＝500＋层高5 270－500＝5 270 mm　（即层高）

形状　　　　5270

3. 一层纵筋～五层纵筋

请同学们自行完成。

4. 六层纵筋(即顶层)层高直接图纸中查结构层高表

顶为屋面板,板厚为120 mm,不属于外墙,选择标准图集 22G101－1 第78页剪力墙竖向钢筋顶部构造第二种做法,伸至板顶弯折长度为12d。

（1）顶层纵筋1　长　3 ⊕ 12

数量　3根

单根长度＝顶层层高－c－500＋12d（弯折长度）

　　　　＝2 800－15－500＋12×12＝2 285＋144＝2 429 mm

形状　144⌊　　2285

（2）顶层短纵筋　3 ⊕ 12

数量　3根

单根长度＝顶层长纵筋－相邻接头错开长度

　　　　＝2 285－max(35d,500)＋144＝(2 285－500)＋144

　　　　＝1 785＋144＝1 927 mm

形状　144⌊　　1785

（二）箍筋与拉筋

1. 矩形箍筋　⊕ 6

单根长度＝$(b+h)×2－8c＋2.89d×2＋max(10d,75)×2$

　　　　＝(400＋200)×2－8×15＋2.89×6×2＋75×2＝1 265 mm

形状　170 ⌐370⌐

2. 拉筋(单肢箍)

单根长度$= b - 2c + 2.89d \times 2 + \max(10d, 75) \times 2$

$= 200 - 2 \times 15 + 2.89 \times 6 \times 2 + 75 \times 2 = 355$ mm

形状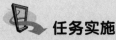

3. 箍筋数量

基础层数量$n_0 = (h_j - c - 100)/500 + 1 = (400 - 50 - 100)/500 + 1 = 2$ 根

注:基础层箍筋为非复合箍筋,仅有矩形箍筋。

剪力墙边缘构件箍筋只规定了墙底部箍筋起步距为 50 mm,当箍筋仅有一种间距时,箍筋数量计算公式可以简化为:数量$n = ($层高$- 50)/$间距

负一层数量$n_{-1} = (5\,270 - 50)/200 = 26.1$ 根　取 27 根

一层数量$n_1 = (3\,100 - 50)/200 = 15.3$ 根　取 16 根

二层数量$n_2 = (3\,000 - 50)/250 = 11.8$ 根　取 12 根

三层数量$n_3 = (3\,100 - 50)/250 = 12.2$ 根　取 13 根

四层数量同二层　$n_4 = 12$ 根

五层数量同三层　$n_5 = 13$ 根

六层数量$n_6 = (3\,080 - 50)/200 = 15.2$ 根　取 16 根

汇总

矩形箍筋数量$= n_0 + n_{-1} + n_1 + n_2 + n_3 + n_4 + n_5 + n_6$

$= 2 + 27 + 16 + 12 + 13 + 12 + 13 + 16 = 111$ 根

拉筋数量$= n_{-1} + n_1 + n_2 + n_3 + n_4 + n_5 + n_6$

$= 27 + 16 + 12 + 13 + 12 + 13 + 16 = 109$ 根

(三) 钢筋翻样单

请同学们自己完成。

子任务2　剪力墙身施工图识读与钢筋翻样

任务实施

通过学习本子任务剪力墙身平法施工图识读、基础层、楼层、顶层水平分布筋、竖向分布筋,剪力墙身钢筋翻样示例,参考《混凝土结构施工图平面整体表示方法制图规则和构造详图》(22G101-1 第 75～82 页、22G101-3 第 64 页),能独立填写本子任务实施单所有的内容,本项目工程剪力墙身钢筋翻样的内容即完成。任务实施单如下:

表 3－2－2　剪力墙身构造与钢筋翻样任务实施单

剪力墙身	基础层保护层厚度	基础层直锚构造竖向钢筋 1	基础层直锚构造竖向钢筋 2	基础层弯锚构造	基础、楼板顶面纵向钢筋构造	顶层直锚构造
	顶层弯锚构造	水平分布筋构造	基础高度范围内为水平分布筋起步距、间距	非基础高度范围内为水平分布筋起步距、间距		拉结筋构造

墙身编号	钢筋名称	型号规格	钢筋形状	单根长度（mm）	数量（根）	单重（kg）	总重量（kg）
	基础插筋 1（长）						
	基础插筋 2（短）						
	一层竖向分布筋						
	二层竖向分布筋						
	三层竖向分布筋						
	顶层纵筋 1（长）						
	顶层纵筋 2（短）						
	水平分布筋 1						
	水平分布筋 2						
	拉结筋						
	构件钢筋总重量：		kg				
	纵向钢筋接头数量：		个				

注：根据需要增减表格行。

▶ 2.2.1　剪力墙身平法施工图简介

剪力墙身编号，由墙身代号 Q、序号以及墙身所配置的水平与竖向分布钢筋的排数组成，其中排数注写在括号内，如 Q1(3)，当墙身所设置的水平与竖向分布钢筋的排数为 2 时可不注。

剪力墙身平法施工图列表注写样式见 22G101－1 第 22 页，列表注写表达的内容规定如下：

（1）注写墙身编号，水平与竖向分布钢筋的排数。

（2）注写各段墙身起止标高，自墙身根部往上以变截面位置或截面未变但配筋改变处为界分段注写。

（3）剪力墙身包括水平分布钢筋、竖向分布钢筋和拉结筋。注写数值为一排水平分布钢筋和竖向分布钢筋的规格与间距。拉结筋应注明布置方式"矩形"或"梅花"布置,用于剪力墙分布钢筋的拉结,"矩形"或"梅花"布置见图 3 - 2 - 4(图中 a 为竖向分布钢筋间距,b 为水平分布钢筋间距)。

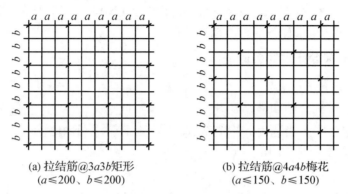

(a) 拉结筋@3a3b矩形
($a \leqslant 200$、$b \leqslant 200$)

(b) 拉结筋@4a4b梅花
($a \leqslant 150$、$b \leqslant 150$)

图 3 - 2 - 4　拉结筋设置示意图

▮▶ 2.2.2　剪力墙身列表注写识读示例

识读剪力墙身施工图,应准确读出墙名称编号、位置、截面尺寸,墙身的起止标高、砼强度等级、配筋信息等。

本项目墙身为列表注写,以负一层(基础顶面~一层板面)剪力墙(柱)平法施工图为例进行介绍。本层共有 4 种剪力墙(Q1、Q2、Q3、Q4)。

1. Ⓑ~Ⓓ轴/①轴剪力墙身,识图结果如下

(1)剪力墙身名称:Q4。

(2)墙截面尺寸:厚度 250 mm,截面高(长)度:2 300+100-500-500=1 400 mm。

(3)标高:-5.350~-0.080。

(4)混凝土强度等级:C35。

(5)竖向分布钢筋:Φ 8@150　双排。

(6)水平分布钢筋:Φ 8@150　双排。

(7)拉筋:Φ 6@600×600　矩形布置。

2. Ⓔ~Ⓖ轴/④轴剪力墙身,识图结果如下

(1)剪力墙身名称:Q1,参看说明 1,图中未注明墙体类型为 Q1。

(2)墙截面尺寸:厚度 200 mm,截面高(长)度:2 200+100+100-400-450=1 550 mm。

(3)标高:-5.350~-0.080。

(4)混凝土强度等级:C35。

(5)竖向分布钢筋:Φ 8@250　双排。

(6)水平分布钢筋:Φ 8@250　双排。

(7)拉筋:Φ 6@500×500　矩形布置。

2.2.3 剪力墙身钢筋构造

平法图集将剪力墙身纵向钢筋构造做法按照所在楼层位置分三部分:基础中构造见 22G101-3 第 64 页、楼板(基础)顶面构造见平法 22G101-1 第 77 页,顶部构造见平法 22G101-1 第 78 页(与子任务 3 剪力墙柱相同)。

(一)剪力墙竖向分布钢筋构造

1. 基础中构造

墙身竖向钢筋在基础中构造做法共 a、b、c 三种,见图 3-2-5。当选用 c 构造做法时, 设计人员应在图中注明。当选用 b 构造做法时,外侧钢筋详图做法参看 2-2 和 2a-2a,内 侧钢筋详图做法参看 1-1 和 1a-1a。

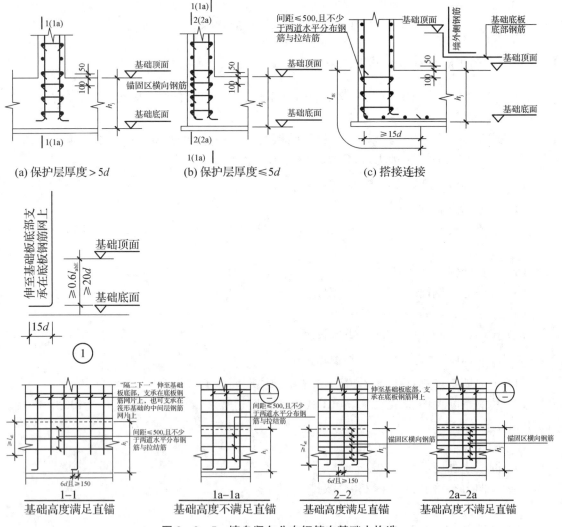

图 3-2-5 墙身竖向分布钢筋在基础中构造

2. 楼板(基础)顶面中连接构造

剪力墙竖向分布钢筋具体的连接构造做法如下图3-2-6。当采用机械连接和焊接时，其连接构造做法同剪力墙边缘构件，当采用绑扎时，根据剪力墙等级和剪力墙底部是否加强选用构造(a)、(b)做法。底部加强一般在结构层高表中注明，可以参考22G101-1第P22页结构层高表。

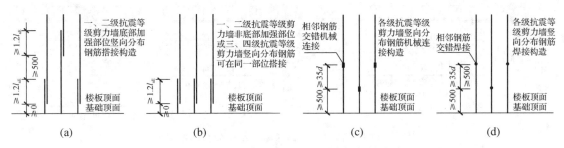

图3-2-6　剪力墙身竖向分布钢筋连接构造

(二)剪力墙水平分布钢筋构造

剪力墙水平分布钢筋构造常见22G101-1第75、76页，当水平分布钢筋计入约束边缘构件体积配箍率时(设计要说明)见22G101-1第81页。要准确选用构造做法，需要明确端部墙、转角墙、翼墙三个概念。

1. 端部墙水平分布钢筋端部构造

端部墙端部有暗柱时，水平分布钢筋紧贴暗柱角筋内侧弯折$10d$。端部有端柱时，端柱与墙身一侧平齐，平齐端柱那侧的水平分布筋为外侧水平分布筋，墙身对侧的水平筋为内侧水平分布筋。墙身内侧水平分布筋伸入端柱长度$\geqslant l_{aE}$时，可直锚；墙身内侧水平分布筋伸入端柱长度$< l_{aE}$时，弯锚，伸到端柱对边弯折$15d$；墙身外侧水平分布筋只能弯锚，伸入端柱对边弯折$15d$，具体见图3-2-7。

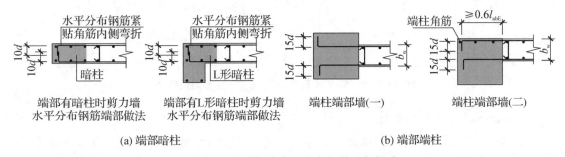

(a) 端部暗柱　　　　　　　　　　(b) 端部端柱

图3-2-7　端部墙水平分布钢筋端部构造

2. 转角墙水平分布钢筋构造

(1) 转角墙转角为暗柱时(暗柱转角墙)，内侧水平分布钢筋均伸至暗柱对边弯折$15d$。外侧水平分布钢筋有三种布置方式，当墙体两侧配筋不同时，可选择转角墙(一)构造，外侧水平分布钢筋连续通过转角暗柱，上下相邻两层水平分布钢筋在配筋值较小一侧交错搭接，搭接长度$\geqslant 1.2l_{aE}$，错开长度$\geqslant 500$ mm；当墙体两侧配筋相同时，可选择转角墙(二)构造，外侧水平分布钢筋连续通过转角暗柱,上下相邻两层水平分布钢筋在转角两侧交错搭接,搭接长度$\geq 1.2l_{aE}$;转角墙(三)构造,是指外侧水平筋在暗柱内搭接,外侧水平钢筋伸至柱外侧弯折$0.8l_{aE}$,上下相邻两侧交错布置。具体构造见图3-2-8。

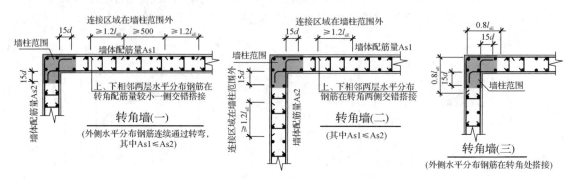

图3-2-8 转角墙转角为暗柱水平分布钢筋构造

(2)转角墙转角为端柱时(端柱转角墙),端柱与墙身一侧平齐,平齐端柱侧的水平分布筋为外侧水平分布筋,墙身对侧的水平筋为内侧水平分布筋,构造见图3-2-9,同图3-2-7b端部端柱墙构造。墙身内侧水平分布筋伸入端柱长度$\geq l_{aE}$时,可直锚;墙身内侧水平分布筋伸入端柱长度$< l_{aE}$时,弯锚,伸到端柱对边弯折$15d$;墙身外侧水平分布筋只能弯锚,伸入端柱对边弯折$15d$。

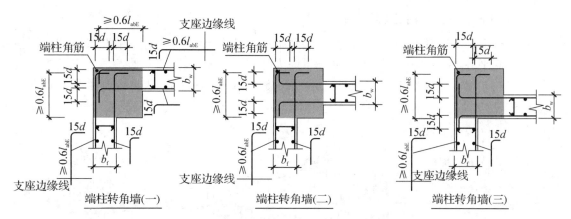

图3-2-9 转角墙转角为端柱水平分布钢筋构造

3. 翼墙水平分布钢筋构造

(1)暗柱翼墙,不变截面翼墙墙身水平分布筋连续通过;变截面翼墙墙身水平分布筋:当截面变化值$(b_{w1}-b_{w2})/b_{w3} \geq 1/6$时,截面厚度大的墙身水平分布筋断开弯折锚固,锚固长度为伸到变截面端部弯折$15d$;截面厚度小的墙身水平分布筋直锚入截面厚度大的墙体,直锚长度为$1.2l_{aE}$。当截面变化值$(b_{w1}-b_{w2})/b_{w3} < 1/6$时,墙身水平分布筋斜弯通过变截面。具体见图3-2-10。

(2)端柱翼墙,翼墙墙身内侧水平分布筋,可贯通端柱或分别直锚于端柱内,直锚长度$\geq l_{aE}$;翼墙墙身一侧与端柱平齐时,外侧水平分布筋(如端柱翼墙一)连续通过端柱,另一方向墙体的墙身水平分布筋伸入端柱锚固,内侧水平分布筋伸入端柱的长度$\geq l_{aE}$时,可直

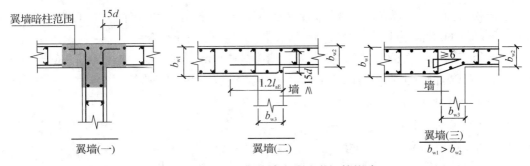

图 3-2-10 暗柱翼墙水平分布钢筋构造

锚,直锚长度$\geqslant l_{aE}$,不能直锚时,伸到端柱对边弯折 15d;外侧水平分布筋(如端柱翼墙三)伸到端柱对边弯折 15d。具体见图 3-2-11。

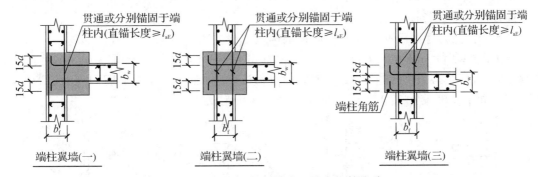

图 3-2-11 端柱翼墙水平分布钢筋构造

(三)剪力墙身拉结筋(拉筋)构造

(1)墙身拉结筋有矩形和梅花布置两种构造。

(2)墙身拉结筋布置:在基础层范围内(22G101-3 第 64 页要求,间距<500,且不少于两道水平分布钢筋与拉结筋),每横排都应该布置拉结筋。在层高范围内(22G101-1 第 89 页注):从楼面以上第二排墙身水平筋,至屋顶板底(梁底)往下第一排墙身水平筋;在墙身宽度范围内:从端部的墙柱边第一排墙身竖向筋开始布置;连梁范围内的墙身水平筋,需布置拉结筋。

(3)拉结筋梅花布置,拉结筋间距一定是墙水平钢筋和竖向钢筋间距的偶数倍。

(4)拉结筋构造(22G101-1 第 63 页):用于剪力墙分布钢筋的拉结,宜同时勾住外侧水平及竖向分布钢筋,两端可以设置 135°弯钩,也可以一端设置 135°一端 90°弯钩,弯折长度为 5d。

▶ 2.2.4 剪力墙身钢筋翻样示例

根据结构施工说明,四级抗震,柱墙钢筋直径$\leqslant 10$ mm,钢筋连接方式为绑扎搭接,环境类别一类,保护层厚度 $c=15$ mm,筏板底板底面钢筋保护层厚度 $c=50$ mm。

以本项目①轴/⑩~⑫轴剪力墙身为例。基础顶~一层楼板面,墙名称为 Q4,墙厚 250 mm,水平、竖向分布筋⊕ 8@150,拉筋⊕ 6@600×600,混凝土强度等级为 C35,$l_{aE}=l_a=32d=32×8=256$。

一层楼板面~二层楼板面,墙名称为 Q2,墙厚 200 mm,水平、竖向分布筋⊕ 8@200,拉筋⊕ 6@600×600,混凝土强度等级为 C35,$l_{aE}=l_a=32d=32×8=256$。

二层楼板面~六层楼板面,墙名称为 Q2,墙厚 200 mm,水平、竖向分布筋 Φ 8@200,拉筋 Φ 6@600×600,混凝土强度等级为 C30,$l_{aE}=l_a=35d=35×8=280$。

六层楼板面~屋面板面,墙名称为 Q1,墙厚 200 mm,水平、竖向分布筋 Φ 8@200,拉筋 Φ 6@600×600,混凝土强度等级为 C30,$l_{aE}=l_a=35d=35×8=280$。

1. 选择钢筋构造做法

(1)判断基础插筋弯直锚,选择构造做法

Φ 8 $h_j-c=400-50=350>l_{aE}=32d=32×8=256$,直锚

选择标准图集 22G101-3 第 64 页构造详图"1-1"做法(图 3-2-5),竖向钢筋"隔二下一"伸至基础板支承在基础底钢筋网片上弯折长度为 max(6d,150)。

(2)选择竖向分布钢筋连接构造

四级抗震,钢筋绑扎搭接,选择标准图集 22G101-1 第 77 页(图 3-2-6),楼板顶面、基础顶面在同一部位搭接。

(3)选择剪力墙变截面处竖向钢筋连接构造

剪力墙厚度负一层为 250 mm,一层为 200 mm,截面变化 $\Delta=50$ mm>30 mm,选择标准图集 22G101-1 第 78 页(图 3-2-12)第一种做法,变截面一侧上层插筋伸入下层墙内,从楼板开始向下长度 $1.2l_{aE}$;下层纵筋伸至板顶后弯折 12d。

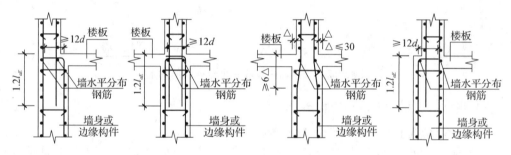

图 3-2-12 剪力墙变截面处竖向钢筋构造

2. 基础层钢筋

(1)竖向钢筋数量 Φ 8@150

(1 450+600-400-800)/150-1=4.7 根,取 5 根(单排),2 排共 10 根

(2)基础插筋 1(下一钢筋)

数量 4Φ 8

单根长度=$h_j-c+1.2l_{aE}+$max(6d,150)(弯折长度)

　　　　　=400-50+1.2×32×8+150=350+307+150=807 mm

形状 150 ⌐ 657

(3)基础插筋 2(隔二钢筋)

数量 6Φ 8

单根长度=$l_{aE}+1.2l_{aE}=32×8+1.2×32×8=563$

形状 ———— 563

(4)基础层水平分布钢筋 Φ 8@150

两端均为暗柱

单根长度＝(1 450＋600)－c＋10d(弯折长度)－c＋10d(弯折长度)

＝2 050－15＋10×8－15＋10×8＝2 020＋80＋80＝2 180 mm

形状:80 |⎿⎽⎽⎽2020⎽⎽⎽⎤| 80

数量:(400－50－100)/500＋1＝2 根(单排),2 排共 4 根

(5) 基础层拉结钢筋　Φ6@600×600

选择两端均为 135°弯钩

单根长度＝(墙厚－2c)＋2×2.89d＋2×5d＝(250－2×15)＋2×2.89×6＋2×5×

6＝315 mm

形状: ⟍⎽⎽⎽220⎽⎽⎽⟋

数量:2×2＝4 根

每横排拉筋根数:850/600＝2 根(5 根竖向钢筋@600),共 2 排水平钢筋

3. 负一层钢筋

(1) 左侧竖向钢筋　Φ8@150

数量　5Φ8

单根长度＝5 270＋1.2l_{aE}＝5 270＋1.2×32×8＝5 557 mm

形状: ⎽⎽⎽⎽⎽5557⎽⎽⎽⎽⎽

(2) 右侧竖向钢筋　Φ8@150(－0.080 处变截面)

数量　5Φ8

单根长度＝层高－c＋12d＝5 270－15＋12×8＝5 255＋96＝5 351 mm

形状:96 |⎿⎽⎽⎽5255⎽⎽⎽

(3) 水平分布钢筋　Φ8@150

单根长度＝2 050－15＋10×8－15＋10×8＝2 020＋80＋80＝2 180 mm　同基础层水

平分布筋

形状:80 |⎿⎽⎽⎽2020⎽⎽⎽⎤| 80

数量:5 270/150＝35.1　取 36 根(单排),2 排共 72 根

> **注**:水平分布筋只有墙根部(楼面)明确规定了起步距为 50 mm,顶部没有。

(4) 拉结钢筋　Φ6@600×600

单根长度＝(250－2×15)＋2×2.89×6＋2×5×6＝315 mm

形状: ⟍⎽⎽⎽220⎽⎽⎽⟋

数量:2×9＝18 根

每横排拉筋根数:2 根

每竖排拉筋根数:(5 270 层高－120 板厚)/600＝8.6　取 9 根　理论计算

> **注**:1. 每层楼拉结筋布置范围:从第二排墙身水平分布筋开始,至地下室顶板板底下第一排墙身水平分布筋。负一层共钢筋 36 根水平分布筋,拉结筋@600,按实排布,9 根~10 根/竖排。

2. 拉结筋矩形布置:拉筋根数计算可以按照公式=墙净面积/(拉筋间距×拉筋间距)简化计算,也可以按实际排布计算。

3. 拉结筋理论计算与实际排布,数量有偏差。由于拉结筋直径小,长度短,拉结筋数量计算对钢筋总量影响小,可以忽略。

4. 一层钢筋

(1) 左侧竖向钢筋 $\Phi 8@200$

数量 $(1\,550+100-400-400)/200-1=3.25$,取 4 根

单根长度=层高+$1.2l_{aE}$=$3\,100+1.2\times35\times8=3\,436$ mm 二层混凝土强度等级 C30

形状: ___3436___

(2) 右侧竖向钢筋 $\Phi 8@200$(-0.080 处变截面)

数量 $4\Phi 8$

单根长度=$1.2l_{aE}$+层高+$1.2l_{aE}$=$1.2\times35\times8+3\,100+1.2\times35\times8=3\,772$ mm

形状: ___3772___

(3) 水平分布钢筋 $\Phi 8@200$

单根长度=$1\,550+100-15+10\times8-15+10\times8=1\,620+80+80=1\,780$ mm

形状:80 |___1620___| 80

数量:$3\,100/200=15.5$ 取 16 根(单排),2 排共 32 根

(4) 拉结筋 $\Phi 6@600\times600$

单根长度=$(200-2\times15)+2\times2.89\times6+2\times5\times6=265$ mm

形状: ___170___

数量:$2\times5=10$ 根

每横排拉筋根数:2 根

每竖排拉筋根数:$(3\,100-120)/600=4.96$ 取 5 根

5. 二层~五层钢筋自行完成

6. 顶层钢筋

(1) 竖向钢筋 $\Phi 8@200$

数量 8 根

单根长度=层高-c+12d=$3\,080-15+12\times8=3\,161$ mm

形状:96 |___3065___

(2) 水平分布钢筋 $\Phi 8@200$

单根长度=$1\,550+100-15+10\times8-15+10\times8=1\,620+80+80=1\,780$ mm

形状:80 |___1620___| 80

数量:$3\,080/200=15.4$ 取 16 根(单排),2 排共 32 根

(3) 拉结钢筋 $\Phi 6@600\times600$

单根长度=$(200-2\times15)+2\times2.89\times6+2\times5\times6=265$ mm

形状: ___170___

数量:$2\times5=10$ 根

每横排拉筋根数:2根

每竖排拉筋根数:(3 080－120)/600＝4.93 取5根 理论计算

7.钢筋翻样单

请同学们完成钢筋翻样单。

子任务3 剪力墙梁施工图识读与钢筋翻样

 任务实施

通过学习本子任务剪力墙梁平法施工图识读、基础层、楼层、顶层水平分布筋、竖向分布筋,剪力墙身钢筋翻样示例,参考《混凝土结构施工图平面整体表示方法制图规则和构造详图》(22G101－1)第16~18、83~85页,能独立填写本子任务实施单所有的内容,本项目工程剪力墙梁钢筋翻样的内容即完成。任务实施单如下:

表3-2-3 剪力墙梁构造与钢筋翻样任务实施单

连梁	墙梁顶标高	墙梁截面尺寸$b×h$	楼层箍筋起步距、间距		屋顶层洞口上方箍筋构造	屋顶层墙肢箍筋构造	侧面纵向(分布筋)构造
	楼层端部墙肢上部纵筋弯锚构造		楼层端部墙肢上部纵筋直锚构造		楼层端部墙肢下部纵筋弯锚构造		楼层端部墙肢下部纵筋直锚构造

墙梁编号	钢筋名称	型号规格	钢筋形状	单根长度(mm)	数量(根)	单重(kg)	总重量(kg)
	上部纵向钢筋						
	下部纵向钢筋						
	箍筋						
	侧面钢筋						
	拉筋						
	构件钢筋总重量:			kg			

注:根据需要增减表格行。

▶▶ 2.3.1 剪力墙梁平法施工图简介

剪力墙梁平法施工图常用平面注写(集中标注和原位标注)见22G101－1第24页(类似框架梁)和列表注写见22G101－1第22页两种表示方式。

1.列表注写

墙梁列表应注写墙梁编号、所在楼层号、墙梁顶面标高高差、墙梁截面尺寸$b×h$,上部纵筋、下部纵筋和箍筋的具体数值。当墙身水平分布钢筋满足连梁、暗梁及边框梁的梁侧面纵向构造钢筋的要求时,在列表中虽未注明侧面钢筋,但是墙梁两端的墙身水平分布钢筋应贯通设置,充当墙梁侧面钢筋;墙身水平分布钢筋不满足连梁、暗梁及边框梁的梁侧面纵向构造钢筋的要求时,应在表中补充注明梁侧面纵筋的具体数值。

(1) 当连梁设有对角暗撑时[代号为 LL(JC)××],注写暗撑的截面尺寸(箍筋外皮尺寸);注写一根暗撑的全部纵筋,并标注×2表明有两根暗撑相互交叉;注写暗撑箍筋的具体数值。

(2) 当连梁设有交叉斜筋时[代号为 LL(JX)××],注写连梁一侧对角斜筋的配筋值,并标注×2表明对称设置;注写对角斜筋在连梁端部设置的拉筋根数、强度级别及直径,并标注×4表示四个角都设置;注写连梁一侧折线筋配筋值,并标注×2表明对称设置。

(3) 当连梁设有集中对角斜筋时[代号为 LL(DX)××],注写一条对角线上的对角斜筋,并标注×2表明对称设置。

2. 平面注写

平面注写规则同框架梁,有集中标注和原位标注,可采用适当比例单独绘制,也可与剪力墙平法施工图合并绘制。

2.3.2 剪力墙梁平面注写识读示例

剪力墙梁施工图应识读墙梁类型、名称、位置、截面尺寸、长度、梁顶标高、砼强度等级、配筋信息等。

以本项目二层梁、板配筋图为例,该层平面图中配置有框架梁、剪力墙梁,均为平面注写(集中标注和原位标注)。选择①轴 LL4 和 B 轴/①~③轴 LL3 为例,进行对比识读。

1. ①轴 LL4 识图结果如下

(1) 剪力墙梁类型、名称:普通连梁,LL4。

(2) 截面尺寸:200×520。

(3) 长度:连梁以剪力墙柱为支座,查看一层墙柱平法施工图,经过计算可知,长度=2 400+250+900-1 550=2 000 mm。

(4) 梁顶标高:3.020 m,与楼面板顶平齐。

(5) 混凝土强度等级:C30。

(6) 上部纵向钢筋:3 ⊕ 16。

(7) 下部纵向钢筋:3 ⊕ 14。

(8) 箍筋:⊕ 6@100/200(2),矩形箍筋,加密区间距 100 mm,非加密区间距 200 mm。

2. B 轴 LL3 识图结果如下

(1) 剪力墙梁类型、名称:普通连梁,LL3。

(2) 截面尺寸:200×520。

(3) 长度:连梁以剪力墙柱为支座,查看一层墙柱平法施工图,长度=3 000-300-300=2 400 mm。

(4) 梁顶标高:3.020 m,与楼面板顶平齐。

(5) 混凝土强度等级:C30。

(6) 上部纵向钢筋:2 ⊕ 16。

(7) 下部纵向钢筋:2 ⊕ 16。

（8）箍筋：$\Phi 6@100(2)$，矩形箍筋，间距 100 mm。

（9）侧面中部钢筋：N4 $\Phi 10$，共 4 根受扭钢筋，每侧 2 根。

2.3.3　剪力墙墙梁钢筋构造

平法图集剪力墙梁配筋构造做法：连梁 LL 配筋构造见 22G101‑1 第 83 页；边框梁 BKL 或暗梁 AL 与 LL 重叠时配筋构造见 22G101‑1 第 84 页；框架连梁 LLK 按框架梁设计，其纵向钢筋、箍筋加密区构造见 22G101‑1 第 85 页；连梁交叉斜筋 LL(JX)、集中对角斜筋 LL(DX)、对角暗撑 LL(JC) 配筋构造见 22G101‑1 第 86 页。

（一）普通连梁 LL 钢筋构造

1. 端部洞口连梁 LL 纵向钢筋构造

连梁的锚固长度为 $\max(l_{aE}, 600)$，端部洞口连梁两侧支撑至少一侧为端支座，当端支座满足直锚时，纵向钢筋伸入端支座的长度为 $\max(l_{aE}, 600)$，不必弯折；当端支座不满足直锚条件时，纵向钢筋在端支座按弯锚处理，上下纵向钢筋均伸至端支座（墙）外侧纵筋内侧后弯折 $15d$，具体构造做法见图 3‑2‑13。

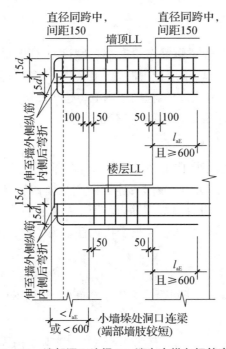

图 3‑2‑13　端部洞口连梁 LL 端支座纵向钢筋弯锚构造

2. 中间洞口连梁 LL 纵向钢筋构造

中间洞口连梁两侧支座墙肢长度一般都满足直锚条件，所以纵向钢筋伸入端支座长度 $\max(l_{aE}, 600)$ 即可。有多个连续的洞口连梁时，若相邻洞口中间支座墙肢长度较小，$\leqslant 2\max(l_{aE}, 600)$ 时，连梁纵向钢筋在中间支座贯通设置。中间洞口连梁 LL 纵向钢筋构造见图 3‑2‑14。

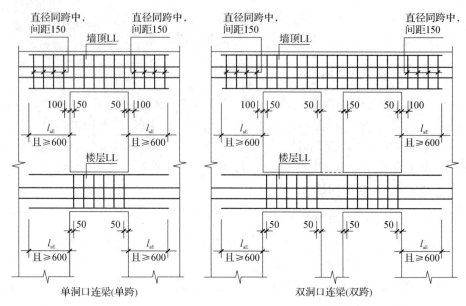

单洞口连梁(单跨)　　　　　双洞口连梁(双跨)

图 3-2-14　中间洞口连梁 LL 端支座纵向钢筋弯锚构造

3. 连梁 LL 箍筋构造

当连梁处于中间楼层时,连梁箍筋布置在洞口宽度范围,距离洞口边 50 mm,箍筋的间距一般只有一种。当连梁处于墙顶层位置时,除了在洞口宽度范围内布置箍筋外,在支座处锚固长度范围内也应布置箍筋,第一根箍筋距离洞口边 100 mm,间距为 150 mm。当多洞口连梁,中间支座纵向钢筋贯通设置时,箍筋也贯通设置。

4. 连梁 LL 侧面纵向钢筋和拉筋

根据规范规定:连梁高度范围内的墙肢水平分布钢筋应在连梁内拉通,若拉通设置后不满足规范时再补足或者单设。可以理解为:连梁两侧纵向钢筋默认为两端支座剪力墙的水平分布筋,如果另外还设置了侧面构造钢筋,说明原来的水平分布筋不满足要求,如二层梁板配筋图中Ⓑ轴 LL3,设计另外增加了 4 根受扭钢筋。为了便于施工,连梁侧面纵向钢筋布置在箍筋外侧。

连梁两侧纵向钢筋仍需设置拉结筋,连梁、暗梁及边框梁拉筋直径:当梁宽≤350 时为 6 mm,梁宽>350 时为 8 mm,拉筋间距为 2 倍箍筋间距,竖向沿侧面水平筋隔一拉一。见图 3-2-15。

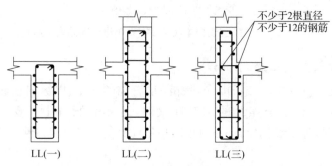

LL(一)　　LL(二)　　LL(三)

图 3-2-15　连梁侧面纵筋和拉筋构造

（二）边框梁 BKL 和暗梁 AL 钢筋构造

1. 边框梁 BKL 和暗梁 AL 纵向钢筋构造

边框梁 BKL 和暗梁 AL 钢筋构造做法同框架梁，顶层端支座纵向钢筋若采用柱包梁构造做法，上部纵向钢筋伸入到柱外侧纵向钢筋内侧，然后弯折到与梁底平齐，下部纵筋向上弯折 $15d$；中间层端支座纵向钢筋，能直锚先直锚，不能直锚伸入到柱外侧纵向钢筋内侧后弯折 $15d$，端部支座和箍筋构造做法见图 3-2-16。

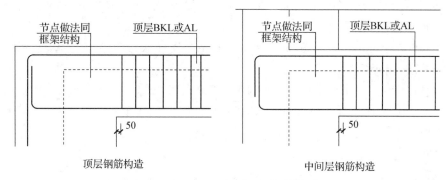

图 3-2-16　BKL 或 AL 钢筋构造

2. 边框梁 BKL 或暗梁 AL 与连梁 LL 重叠配筋构造

边框梁或暗梁与连梁重叠时，一般连梁梁底低于边框梁或暗梁，否则边框梁或暗梁可以替代连梁的作用：（1）边框梁或暗梁纵筋与连梁纵筋位置与规格相同时，纵筋贯通，规格不同时则相互搭接；端部构造同框架结构。（2）连梁箍筋优先布置，暗梁与连梁重叠处箍筋由连梁箍筋代替，边框梁箍筋与连梁箍筋插空布置（边框梁梁宽＞连梁）。连梁箍筋布置范围以外，边框梁或暗梁箍筋构造同框架梁。具体构造做法见图 3-2-17。

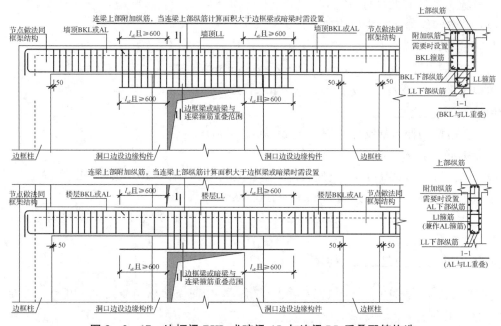

图 3-2-17　边框梁 BKL 或暗梁 AL 与连梁 LL 重叠配筋构造

2.3.4　剪力墙梁钢筋翻样示例

本项目以二层梁板配筋图B轴/①～③轴 LL3(1)为例。相关信息:环境类别一类,保护层厚度 $c=15$ mm(墙梁参照框架梁,保护层厚度也可取 20 mm),四级抗震,LL3 两端支座分别为一层墙柱的 GBZ3 和 GBZ7,两端支座长度均为 400 mm,净跨 $l_n=3\,000-300-300=2\,400$ mm,伸入支座端直锚锚固长度 $=\max(l_{aE},600)$

1. 上部纵向钢筋　2 Φ 16

判断钢筋弯直锚

$\max(l_{aE},600)=\max(32\times16,600)=600$ mm$>$支座长度$-$保护层厚度$=400-15=385$ mm,弯锚,末端弯折 $15d$

单根钢筋长度$=15d+(3\,000+100+100-2c)+15d$

$\qquad\qquad\quad=15\times16+(3\,200-2\times15)+15\times16=240+3\,170+240=3\,650$ mm

数量2根

形状:240 ⌐————— 3170 —————⌐ 240

> **注**:1. GBZ7 右侧为 KL7(2)　200×520,根据现场施工方便原则,可以直锚到 KL7 中。
> 2. 墙梁保护层厚度参照混凝土墙,保护层厚度取 15 mm;参照框架梁,保护层厚度也可取 20 mm。本示例取 15 mm。

2. 下部纵向钢筋　2 Φ 16

计算结果同上部纵向钢筋

3. 侧面中部受扭钢筋　N4 Φ 10

一般施工现场有两种处理方式,现分别计算如下:

(1) 受扭钢筋伸入端支座直锚长度 l_{ae}

判断钢筋弯直锚

$l_{ae}=32d=32\times10=320$ mm$<400-c=385$ mm,直锚

单根长度$=l_{aE}+$净跨$+l_{aE}=320+2\,400+320=3\,040$ mm

形状:————— 3040 —————

(1) 受扭钢筋伸入端支座直锚长度 $\max(l_{ae},600)$

判断钢筋弯直锚

$\max(l_{ae},600)=600$ mm$>$支座长度$-$保护层厚度$=400-15=386$ mm,弯锚

单根钢筋长度$=15d+(3\,000+100+100-2c)+15d$

$\qquad\qquad\quad=15\times10+(3\,200-2\times15)+15\times10=150+3\,170+150=3\,470$ mm

数量2根

形状:150 ⌐————— 3170 —————⌐ 150

> **注**:参照依据22G101-1 第 17 页第 3.2.5 条,梁侧面受扭纵向钢筋在支座内锚固要求同连梁中受力钢筋。

4. 箍筋 Φ6@100(2)

由于连梁的侧面钢筋布置在箍筋外侧，理论上箍筋的保护层厚度为 c ＋侧面钢筋直径，为了简化计算，手工钢筋翻样时，箍筋保护层厚度按剪力墙的保护层"c"计算，因此计算结果如下：

单根长度＝$2\times(200-2\times15)+2\times(520-2\times15)+2\times2.89d+2\max(75,10d)$

$\qquad\qquad=2\times170+2\times490+2\times2.89\times6+2\times75=1\,505\ \text{mm}$

数量：该连梁属于中间楼层，所以箍筋数量布置在洞口范围

数量＝$(2\,400-2\times50)/100+1=24$ 根

形状：

5. 拉筋　Φ6@200

本连梁宽度为 200 mm，所以拉筋直径为 6 mm，直径为箍筋的 2 倍。

单根长度＝$(200-2\times15)+2\times2.89d+2\max(75,10d)$

$\qquad\qquad=170++2\times2.89\times6+2\times75=355\ \text{mm}$

形状：＼————170————＞

数量：根据构造要求，连梁拉筋竖向沿侧面水平筋隔一拉一，该连梁侧面钢筋共 2 排，所以拉筋只要计算一排，计算结果如下：

数量＝$(2\,400-2\times50)/200+1=12.5$　取 13 根

6. 编制钢筋翻样单

请同学们自己完成。

实践创新

1. 请绘制本项目住宅楼工程⑧轴构造柱边缘柱 GBZ1 纵断面图，绘制范围基础底～标高 5.000。

2. 请绘制本项目住宅楼工程屋面层梁板平面图②～④轴/Ⓗ轴剪力墙梁 LL6(1) 纵断面图。

任务三　地下室挡土外墙识图与钢筋翻样

✳ 学习内容

1. 地下室挡土外墙施工图识读；
2. 地下室挡土外墙钢筋构造、翻样方法。

✳ 参考标准图集

1.《混凝土结构施工图平面整体表示方法制图规则和构造详图》(22G101-1)，第 19～21、25 页。

2.《混凝土结构施工图平面整体表示方法制图规则和构造详图》(22G101-1)，第 87 页。

✳ 工作任务

地下室挡土外墙平法制图规则、钢筋构造类似于剪力墙。通过本任务的学习，学生需要完成以下任务：

1. 掌握地下室挡土外墙识读方法。
2. 熟悉地下室挡土外墙钢筋构造。
3. 能进行地下室挡土外墙钢筋翻样。

✳ 知识准备

地下室挡土外墙编号，由墙身代号 DWQ、序号组成。

地下室挡土外墙平面注写方式，包括集中标注和原位标注，22G101-1 第 25 页某地下室外墙平法施工图见图 3-3-1。

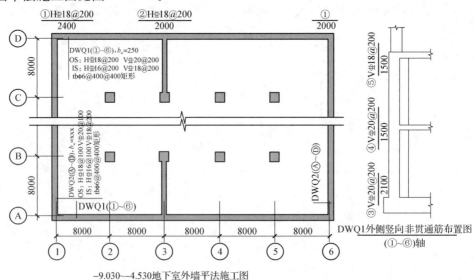

图 3-3-1　某地下室外墙平法施工图

（一）地下室外墙的集中标注，规定如下

（1）注写地下室外墙编号，包括代号、序号、墙身长度（注为××～××轴）。

（2）注写地下室外墙厚度 b。

（3）注写地下室外墙的外侧、内侧贯通筋和拉筋。

① 以 OS 代表外墙外侧贯通筋。其中，外侧水平贯通筋以 H 打头注写，外侧竖向贯通筋以 V 打头注写。

② 以 IS 代表外墙内侧贯通筋。其中，内侧水平贯通筋以 H 打头注写，内侧竖向贯通筋以 V 打头注写。

③ 以 tb 打头注写拉结筋直径、强度等级及间距，并注明"矩形"或"梅花"（同剪力墙）。

（二）地下室外墙的原位标注，规定如下

地下室外墙的原位标注，主要表示在外墙外侧配置的水平非贯通筋或竖向非贯通筋。

1. 水平非贯通筋

在地下室外墙外侧绘制粗实线段代表水平非贯通筋，在其上注写钢筋编号并以 H 打头注写钢筋强度等级、直径、分布间距，以及自支座中线向两边跨内的伸出长度值。

（1）当自支座中线向两侧对称伸出时，可仅在单侧标注跨内伸出长度，另一侧不注，非贯通筋总长度为标注长度的 2 倍。

（2）边支座处非贯通钢筋的伸出长度值从支座外边缘算起。

（3）地下室外墙外侧非贯通筋与集中标注的贯通筋间隔布置通常采用"隔一布一"方式，其标注间距应与贯通筋相同，两者组合后的实际分布间距为各自标注间距的 1/2。

2. 竖向非贯通筋

当在地下室外墙外侧底部、顶部、中层楼板位置（地下室≥2 层）配置竖向非贯通筋时，应补充绘制地下室外墙竖向剖面图并在其上原位标注。表示方法为在地下室外墙竖向剖面图外侧绘制粗实线段代表竖向非贯通筋，在其上注写钢筋编号并以 V 打头注写钢筋强度等级、直径、分布间距，以及向上（下）层的伸出长度值，并在外墙竖向剖面图名下注明分布范围（××～××轴）。竖向非贯通筋向层内的伸出长度值注写方式规定如下：

（1）地下室外墙底部非贯通钢筋向层内的伸出长度值从基础底板顶面算起。

（2）地下室外墙顶部非贯通钢筋向层内的伸出长度值从顶板底面算起。

（3）中层楼板处非贯通钢筋向层内的伸出长度值从板中间算起，当上下两侧伸出长度值相同时可仅注写一侧。

3. 顶部水平通长加强钢筋

当在地下室外墙顶部设置水平通长加强钢筋时应注明。

 任务实施

本项目住宅楼工程带地下室，地下室两侧与大地库相连接，另两侧直接与土壤接触，与土壤接触侧设置现浇混凝土挡土外墙。

通过学习本任务挡土墙平法施工图识读、纵向贯通钢筋、纵向非贯通钢筋、水平贯通钢筋、水平非贯通钢筋构造、挡土外墙钢筋翻样示例。能独立填写本任务实施单所有的内

容,本项目工程挡土外墙钢筋翻样的内容即完成。任务实施单如下:

表3-3-1　挡土外墙构造与钢筋翻样任务实施单

挡土外墙	基础层直锚构造竖向钢筋1	基础层直锚构造竖向钢筋2	基础层弯锚构造	基础顶部外侧竖向钢筋连接区	基础顶部内侧竖向钢筋连接区
	顶板作为外墙简支支撑连接构造	顶板与外墙连续传力构造	外墙转角外侧水平钢筋构造	外墙转角内侧水平钢筋构造	转角水平非贯通筋构造
	扶壁柱、内墙处水平非贯通筋构造	基础层竖向非贯通筋构造	地下室顶板竖向非贯通筋构造	地下室中间层竖向非贯通筋构造	拉结筋构造

挡土外墙编号	钢筋名称	型号规格	钢筋形状	单根长度(mm)	数量(根)	单重(kg)	总重量(kg)
	基础外插筋1						
	基础外插筋2						
	基础内插筋2						
	顶板外纵筋1						
	顶板内纵筋2						
	外侧水平分布筋						
	内层水平分布筋						
	水平非贯通筋						
	竖直非贯通筋						
	拉结筋						
构件钢筋总重量:			kg				

注:根据需要增减表格行。

▶ 3.1　地下室挡土外墙识读示例

　　挡土外墙施工图,应识读名称编号、位置、墙体厚度,墙身的起止标高、砼强度等级、配筋信息等。

　　本工程住宅楼工程地下室与大地库相连,共一层。该项目为1#楼,㉙轴和Ⓑ轴外侧的混凝土墙为挡土外墙,以㉙轴挡土外墙为例进行介绍。该墙体配筋构造通过截面图的形式表示,识图结果如下:

　　(1)挡土墙名称:DWQ1。

　　(2)墙体厚度与长度:300mm,Ⓑ～Ⓗ轴。

　　(3)标高:-5.350～-0.080。

（4）混凝土强度等级：C35。

（5）竖向贯通钢筋：外侧⊕12@150，内侧⊕14@150。

（6）水平贯通钢筋：内外侧⊕10@150，在阴影范围500 mm高度的水平钢筋进行加密@75，防止漏水。

（7）拉筋：⊕6@600×600　矩形布置。

（8）外侧底部竖向非贯通筋：⊕16@150。

3.2　地下室挡土外墙钢筋构造

地下室挡土外墙DWQ钢筋构造做法见22G101-1第87页，地下室外墙与基础的连接（同剪力墙与基础的连接）见22G101-3第64页。当具体工程的钢筋排布与图集不同时，按设计要求进行施工。

（一）地下室挡土外墙竖向分布钢筋构造

1.竖向钢筋构造

竖向钢筋包括竖向贯通钢筋和非贯通钢筋。挡土墙竖向钢筋设置在水平钢筋外层（剪力墙竖向钢筋设置在内层）。

竖向贯通钢筋连接应避开非连接区，外侧纵向钢筋连接区域与内侧纵向钢筋连接区域不同。22G101-1第87页，标准图集提供了"顶板作为外墙的简支支承"、"顶板与外墙连续传力"两种做法，具体做法设计者应在施工图中指定。竖向钢筋构造做法见图3-3-2。

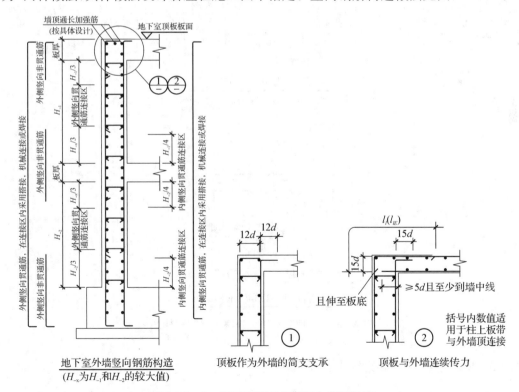

图3-3-2　地下室挡土外墙竖向钢筋构造

（1）顶板作为外墙的简支支承，内外侧竖向钢筋伸至板顶均弯折 $12d$。

（2）顶板与外墙连续传力，外侧竖向钢筋锚入顶板的长度，从板底开始 $l_l(l_{lE})$，内侧竖向钢筋伸至板顶后弯折 $15d$，同时板顶部钢筋锚入到挡土墙外侧 $15d$ 且至少到板底。

（二）水平钢筋构造

水平钢筋包括水平贯通钢筋和非贯通钢筋。外侧水平贯通钢筋非连接区域也有严格规定，端部外墙支承非连接区域为 $\min(l_{n1}/3, H_n/3)$，中间扶壁柱或内墙支承非连接区域为 $\min(l_{nx}/3, H_n/3)$，其中 l_{nx} 为相邻水平净跨的较大值，H_n 为本层净高。内侧水平贯通钢筋连接区域为支承处 $\min(l_{nx}/4, H_n/4)$，其中 l_{nx} 本跨水平净跨值。转角两边墙体外侧水平钢筋采用搭接连接，外侧钢筋均弯折 $0.8l_{aE}$，内侧钢筋弯折 $15d$，当转角两边墙体外侧钢筋直径及间距相同时可连通设置。22G101-1 第 87 页水平钢筋构造做法见图 3-3-3。

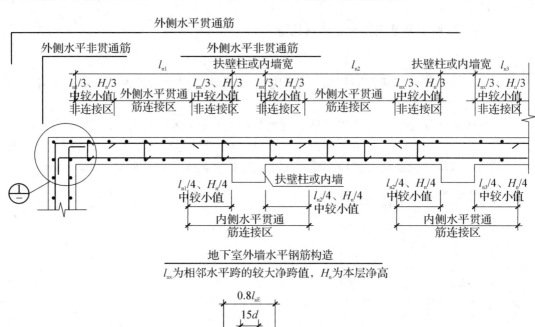

地下室外墙水平钢筋构造

l_{nx} 为相邻水平跨的较大净跨值，H_n 为本层净高

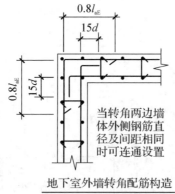

地下室外墙转角配筋构造

图 3-3-3　地下室挡土外墙水平钢筋构造

▶▶ 3.3　地下室挡土外墙钢筋翻样示例

根据结构设计总说明，本项目住宅楼工程地下室挡土墙迎水面水平钢筋保护层厚度 $c=30$ mm、挡土墙背水面水平钢筋 $c=20$ mm；地下室有覆土顶板顶面钢筋 $c=20$ mm，底面钢

筋 $c=15$ mm,筏板底板底面钢筋 $c=50$ mm。地下室外墙竖向钢筋直径为 12 mm 时,采用绑扎搭接,12＜钢筋直径＜25 mm 时,采用电渣压力焊,四级抗震,混凝土强度等级为 C35。

以本项目住宅㉙轴/⑬～⑪轴挡土外墙 DWQ1 为例,对比结构施工图与建筑施工图,该挡土墙顶板以上为一层平面图,为无覆土情况,顶板钢筋保护层厚度 $c=15$ mm。㉙轴外侧为迎水面。

该挡土外墙 DWQ1 基础底板厚度为 400 mm,基础顶～一层板面剪力墙(柱)平法施工图中 DWQ1 基础截面图与标准图集 22G101 不同,根据设计优先标准图集原则,按施工图设计要求进行翻样。

1. 选择钢筋构造做法

(1) DWQ1 剖面图中有详细的基础插筋弯折长度,所以按设计要求,不需要选择基础插筋构造做法。

(2) 选择竖向分布钢筋连接构造。

参见标准图集 22G101-1 第 77 页。外侧钢筋直径 12 mm,绑扎搭接,四级抗震,选择楼板顶面、基础顶面在同一部位搭接;内侧钢筋直径 14 mm,选择楼板顶面、基础顶面焊接构造,见图 3-3-4。

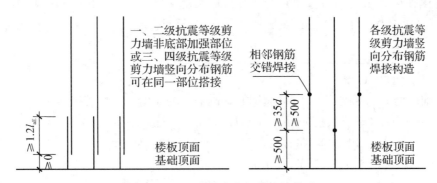

图 3-3-4　竖向分布钢筋连接构造

(3) 选择地下室外墙竖向钢筋顶板构造

根据基础顶～一层板面剪力墙(柱)平法施工图说明,地下室外墙竖向纵筋在墙顶的锚固方式按照 22G101-1 第 87 页详图 2(见图 3-3-2 详图 2)。

1. 基础层钢筋

$H_{-1}=5\,350-80-120=5\,150$ mm

$H_{-1}/3=5\,150/3=1\,717$ mm

$H_{-1}/4=5\,150/4=1\,288$ mm

(1) 竖向贯通钢筋

① 竖向贯通钢筋数量/每侧

㉙轴/⑬～⑪轴挡土外墙中间有 3 个 GBZ3、1 个 GBZ8,共有 4 段 DWQ1,外侧纵向贯通钢筋 ⊥ 12@150,内侧纵向贯通钢筋 ⊥ 14@150,内外侧贯通钢筋间距相同,因此计算数量相同,从⑬～⑪轴依次计算竖向钢筋根数如下。

$n_1=(1\,550-400-400)/150-1=4$ 根

$n_2=(3\,300+1\,300-1\,050-1\,550)/150-1=12.3$　取 13 根

$n_3 = (1\,050 + 600 - 400 - 400)/150 - 1 = 4.7$　取 5 根

$n_4 = (1\,800 - 600 + 400 + 200 - 30)/150 - 1 = 10.8$　取 11 根　30 为迎水面保护层厚度

单侧总数量：$4 + 13 + 5 + 11 = 33$ 根

② 基础插筋 1　短插筋（背水面竖向贯通钢筋，内侧）　$\oiint 14@150$　焊接连接

单根长度 $= 12d$（弯折长度）$+ h_j - c + 500 = 12 \times 14 + 400 - 50 + 500$

$\qquad = 168 + 850 = 1\,018$ mm

> **注**：背水面竖向贯通钢筋基础顶面连接区域长度 $= H_{-1}/4 = 1\,288$ mm，基础插筋 1 接头 500 mm 在连接区域，满足要求。

形状：168 ⌐ $\underline{\qquad 850 \qquad}$

数量　$33/2 = 16.5$，取 16 根

③ 基础插筋 2　长插筋（背水面竖向贯通钢筋，内侧）　$\oiint 14@150$　焊接连接

单根长度 $=$ 短插筋 $+ \max(35d, 500) = 168 + 850 + 500 = 168 + 1\,350 = 1\,518$ mm

> **注**：背水面竖向贯通钢筋基础顶面连接区域长度 $= H_{-1}/4 = 1\,288$ mm，基础插筋 2 接头 $500 + \max(35d, 500) = 1\,000$ mm 在连接区域，满足要求。

形状　168 ⌐ $\underline{\qquad 1350 \qquad}$

数量　$33 - 16 = 17$ 根

④ 基础插筋 3　（迎水面竖向贯通钢筋，外侧）　$\oiint 12@150$　搭接连接

单根长度 $= 12d$（弯折长度）$+ h_j - c + H_{-1}/3 + 1.2l_{aE}$

$\qquad = 12 \times 12 + 400 - 50 + 1\,717 + 1.2 \times 32 \times 12$

$\qquad = 144 + 2\,528 = 2\,672$ mm

> **注**：迎水面竖向贯通钢筋基础顶面连接区域范围在 $H_{-1}/3 \sim 2H_{-1}/3$。

形状　144 ⌐ $\underline{\qquad 2528 \qquad}$

数量　33 根

（2）基础层水平贯通钢筋　$\oiint 10@150$

挡土墙水平钢筋贯通构造边缘构件设置，⑪轴为转角，构造做法参见 22G101-1 第 87 页地下室外墙转角配筋构造，见图 3-3-3，B 轴为 GBZ8，GBZ8～⑪/A 轴砼墙同地下室外墙（做法图纸中未显示），按水平钢筋伸入到 GBZ8 一个直锚长度 l_{aE} 计算。

① 基础层水平贯通钢筋 1（迎水面一侧）　$\oiint 10$

单根长度 $= l_{aE} + (3\,300 + 1\,300 + 1\,800 + 400 + 200 - c) + 0.8l_{aE}$（弯折长度）

$\qquad = 32 \times 10 + (3\,300 + 1\,300 + 1\,800 + 400 + 200 - 30 - 400) + 0.8 \times 32 \times 10$

$\qquad = 6\,890 + 256 = 7\,146$ mm

形状：256 ⌐ $\underline{\qquad 6890 \qquad}$

数量：$(400 - 50 - 100)/500 + 1 = 2$ 根

② 基础层水平贯通钢筋 2（背水面一侧）

单根长度 $= l_{aE} + (3\,300 + 1\,300 + 1\,800 + 400 + 200 - c) + 15d$（弯折长度）

$$=32\times10+(3\,300+1\,300+1\,800+400+200-30-400)+15\times10$$
$$=6\,890+150=7040\ \text{mm}$$

形状　150⌐_____6890_____

数量　$(400-50-100)/500+1=2$ 根

（3）基础层拉结钢筋　$\Phi6@600\times600$

选择两端均为 135° 弯钩

单根长度 $=$（墙厚 $-c$ 迎水面保护层 $-c$ 背水面保护层）$+2\times2.89d+2\times5d$
$$=(300-30-20)+2\times2.89\times6+2\times5\times6=250+95=345\ \text{mm}$$

注:C 钢筋 135° 弯弧内直径 $4d$ 弯钩,增加值 $2.89d/$个。

形状　◝_____250_____◞

数量　$2\times(2+4+2+4)=24$ 根　（基础中共 2 排水平钢筋）

每横排拉筋根数:

4 根竖向贯通钢筋:$(1\,550-400-400)/600=2$ 根

13 根竖向贯通钢筋:$(3\,300+1\,300-1\,050-1\,550)/600=4$ 根

4 根竖向贯通钢筋:$(1\,050+600-400-400)/600=2$ 根

11 根竖向贯通钢筋:$(1\,800-600+400+200-30)/600+1=4$ 根

（4）竖向非贯通钢筋　$\Phi16@150$

单根长度 $=H/3+$筏板厚度 $-c$ 板底保护层厚度 $+300+H/4$
$$=(5\,350-80)/3+400-50+300+(5\,350-80)/4$$
$$=1\,757+1\,968=3\,725\ \text{mm}$$

形状　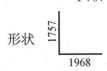

数量　33 根

2. 负一层钢筋

（1）竖向贯通钢筋

① 竖向贯通钢筋 1　（背水面,与基础插筋 1 相连接）　$\Phi14@150$　焊接连接

单根长度 $=(5\,350-80-c-500)+15d=(5\,270-15-500)+15\times14$
$$=4\,755+210=4\,965\ \text{mm}$$

形状　210⌐_____4755_____

数量　16 根

② 竖向贯通钢筋 2　（背水面,与基础插筋 2 相连接）

单根长度 $=$长竖向贯通钢筋 $-\max(35d,500)=4\,755-\max(35\times14,500)+210$
$$=4\,255+210=4\,465\ \text{mm}$$

形状　210⌐_____4255_____

数量　17 根

② 竖向贯通钢筋 3　（迎水面,与基础插筋 3 相连接）　$\Phi12@150$　搭接连接

单根长度$=(5\,270-c-H_{-1}/3)+l_{lE}-($板厚$-c)$

$\qquad\quad=(5\,270-15-1\,717)+45\times12-(120-15)$

$\qquad\quad=3\,538+435=3\,973$ mm

形状　435$\llcorner$　　　3538

数量　33 根

（2）水平分布钢筋

负一层水平分布钢筋 1　迎水面　Φ 10@150

同基础层水平贯通钢筋 1

单根长度$=6\,890+256=7\,146$ mm

形状　256$\llcorner$　　6890

数量　5 270/150＝35.1　取 36 根

（3）背水面一侧水平分布钢筋　Φ 10@150

同基础层水平贯通钢筋 2

单根长度$=6\,890+150=7\,040$ mm

形状　150$\llcorner$　　　6890

数量：36 根

（4）拉结钢筋　Φ 6@600×600

横排拉筋数量、钢筋单根长度同基础层拉结筋

单根长度$=250+95=345$ mm

形状　$\diagdown$　　250　$\diagup$

数量　9×12＝108 根

每竖排拉筋根数:(5 270－120)/600＝8.6　取 9 根

每横排拉筋根数:2＋4＋2＋4＝12 根

（5）填充区 500 mm 加密附加钢筋　Φ 10@150

根据 DWQ1 剖面图,填充区 500 mm 范围水平分布钢筋Φ 10@75,需要增加Φ 10@150 水平分布钢筋。

① 附加水平分布钢筋 1　迎水面

同负一层水平贯通钢筋 1

单根长度$=6\,890+256=7\,146$ mm

形状　256$\llcorner$　　6890

数量　500/150＝3.3　取 4 根

② 附加水平分布钢筋 2　背水面　Φ 10@150

同负一层水平贯通钢筋 2

单根长度$=6\,890+150=7040$ mm

形状　150$\llcorner$　　　6890

数量　4 根

实践创新

1. 假设本项目住宅楼工程基础顶~~一层板面剪力墙(柱)平法施工图中,㉙轴/Ⓑ~Ⓗ轴挡土外墙DWQ1参照22G101标准构造做法,并完成以下任务:

(1) 挡土外墙DWQ1竖向钢筋在基础中构造做法应选用的标准图集为22G101-3,第64页( )构造。

A. (a)构造1a-1a断面图   B. (a)构造1-1断面图

C. (b)构造1a-1a断面图   D. (b)构造1-1断面图

(2) 挡土外墙DWQ1竖向钢筋在地下室顶板构造,假设选用顶板与外墙连续传力做法,应选用的标准图集为22G101-1,第87页( )构造。

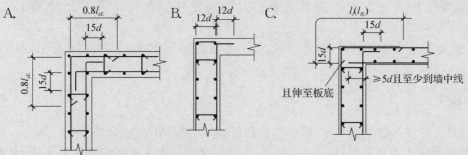

(3) 挡土外墙DWQ1竖向外侧贯通钢筋在基础中的弯折长度为( )mm。

(4) 挡土外墙DWQ1竖向外侧贯通钢筋,若接头百分率为50%,请问在地下室顶板中弯折长度为( )mm。

(5) 挡土外墙DWQ1竖向内侧贯通钢筋在基础中的弯折长度为( )mm。

(6) 挡土外墙DWQ1竖向内侧贯通钢筋,在地下室顶板中弯折长度为( )mm。

(7) 挡土外墙DWQ1竖向外侧非贯通钢筋在基础中的弯折长度为( )mm。

2. 请认真识读本项目任务三图3-3-1某地下室外墙平法施工图(可参见22G101-1第25页),并完成以下任务:

(1) 假设外墙外侧保护层厚度为50 mm,①轴①钢筋的长度为( )mm。

(2) 3轴②钢筋的长度为( )mm。

(3) ①轴外墙内侧水平钢筋锚入到D轴外墙中的弯折长度为( )mm。

(4) 假设该地下室混凝土强度等级为C35,抗震等级为三级,①轴外墙外侧水平钢筋锚入到①轴外墙中的弯折长度为( )mm。

(5) 假设该地下室顶板作为外墙的简支支承,①轴外墙外侧竖向钢筋在地下室顶板弯折长度为( )mm。

(6) 假设该地下室顶板作为外墙的简支支承,①轴外墙内侧竖向钢筋在地下室顶板弯折长度为( )mm。

(7) 假设该地下室顶板作为外墙的简支支承,⑤竖向非贯通钢筋在地下室顶板弯折长度为( )mm。

(8) 假设该地下室顶板作为外墙的简支支承,地下室顶板厚度为120 mm,保护层厚度为20 mm,⑤竖向非贯通钢筋钢筋翻样长度为( )mm。

▶ 任务四　框架梁识图与钢筋翻样 ◀

✕ 学习内容

1. 框架梁与剪力墙相交钢筋识图和翻样方法；
2. 框支梁钢筋识图和翻样方法。

✕ 参考标准图集

1.《混凝土结构施工图平面整体表示方法制图规则和构造详图》(22G101-1)，第 26～37 页。

2.《混凝土结构施工图平面整体表示方法制图规则和构造详图》(22G101-1)，第 94 页、103～104 页。

✕ 工作任务

本项目住宅楼工程与项目一、项目二工程对比，框架梁有以下不同：

1. 框架梁支座类型不同：项目一、项目二为框架结构，框架梁以框架柱为支座，本项目剪力墙结构，框架梁以剪力墙为支座。

2. 本项目住宅楼工程屋顶设置了 1 层构架层，屋顶层设计了框支梁。

通过本项目内容学习，学生需要完成以下子任务：

子任务 1　框架梁(与剪力墙平面相交)钢筋构造与翻样。

子任务 2　框支梁施工图识读与钢筋翻样。

✕ 知识准备

本任务知识准备同项目一任务四知识准备内容(本教材第 79 页)

子任务 1　框架梁(与剪力墙平面相交)钢筋构造与翻样

　任务实施

通过学习本子任务框架梁(与剪力墙平面相交)平法施工图识读、上部钢筋、下部钢筋、箍筋构造，钢筋翻样示例，参考《混凝土结构施工图平面整体表示方法制图规则和构造详图》(22G101-1)第 26～37、94 页，能独立填写本子任务实施单所有的内容，本项目工程框架梁(与剪力墙平面相交)钢筋翻样的内容即完成。任务实施单如下：

表 3-4-1 框架梁(与剪力墙平面相交)钢筋翻样任务实施单

二层梁 KL8(1) ①轴/①~③轴				
①轴支座上部钢筋构造	①轴支座下部钢筋构造	③轴支座上部钢筋构造	③轴支座下部钢筋构造	箍筋构造

梁编号	钢筋名称	型号规格	钢筋形状	单根长度(mm)	数量(根)	单重(kg)	总重量(kg)
KL8(1)	上部纵筋						
	下部纵筋						
	箍筋						
	构件钢筋总重量：			kg			

屋面层梁 WKL2(1) ⑧轴/Ⓑ~Ⓔ轴					
Ⓑ轴支座上部钢筋构造	Ⓑ轴支座下部钢筋构造	Ⓑ轴支座箍筋构造	Ⓔ轴支座上部钢筋构造	Ⓔ轴支座下部钢筋构造	Ⓔ轴支座箍筋构造

梁编号	钢筋名称	型号规格	钢筋形状	单根长度(mm)	数量(根)	单重(kg)	总重量(kg)
WKL2(1)	上部纵筋						
	Ⓑ轴支座筋						
	Ⓔ轴支座筋						
	下部纵筋						
	箍筋						
	构件钢筋总重量：			kg			

注：根据需要增减表格行。

4.1.1 框架梁与剪力墙平面外相交构造

本项目二层梁板平法施工图①轴/①-③轴框架梁 KL8(1)，该梁支座为①轴连梁 LL4、③轴墙柱 GBZ6，并且均为垂直相交，属于框架梁(KL)与剪力墙平面外相交。

22G101 第 94 页，框架梁与剪力墙平面外相交有两种做法，见图 3-4-1。构造(一)用于墙厚较小时，做法类似于非框架梁，上部纵筋伸至墙外侧纵筋内侧后弯折 15d，下部纵筋直锚长度为 12d，支座处箍筋为非加密。构造(二)用于墙厚较大或设有扶壁柱时，做法类似于框架梁，梁纵向钢筋构造同 22G101-1KL、WKL，支座处箍筋为加密；剪力墙或扶壁柱支座顶层节点处同框架柱，在剪力墙或扶壁柱箍筋内侧设置间距≤150，且不少于 3 根直径不小于 10 mm 的角部附加钢筋，并且在角部 3 根附加钢筋转角处再设置 1 根直径为 10 mm 的角部附加钢筋，具体做法见 22G101 第 70、71 页。构造(一)、(二)的选用由设计指定。

特别提醒：根据规范要求，无论何种情况，都必须保证梁纵向钢筋在墙内的可靠锚固，能直锚先直锚，不能直锚时采用弯锚。

(1) 梁上部纵向钢筋伸至剪力墙外侧钢筋内侧的平直段长度，楼层不小于 $0.4l_{ab}$，屋顶

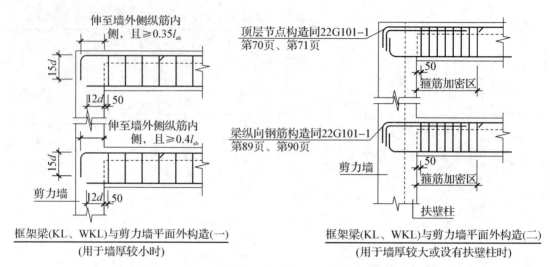

图 3-4-1　框架梁与剪力墙平面外相交钢筋构造

层不小于 $0.35l_{ab}$，弯折段长度不小于 $15d$。当墙厚不能满足要求时，可与设计协商将楼面梁伸出墙面形成梁头锚固，且上部纵向钢筋采用 90°弯折锚固，见图 3-4-2(a)，若墙面另一侧有楼板或挑板时，可在楼板内锚固，见图 3-4-2(b)。

（2）下部纵向钢筋直线锚固长度不小于 $12d$，当梁下部纵向钢筋伸入剪力墙内长度不满足直锚 $12d$ 的要求时，可采用 135°弯折锚固，下部纵筋伸至支座对边弯折，平直段长度不小于 $7.5d$，弯折段长度为 $5d$，见图 3-4-2(c)，或者采用 90°弯折锚固，下部纵筋伸至支座对边弯折，平直段长度不小于 $7.5d$，弯折段长度为 $12d$。

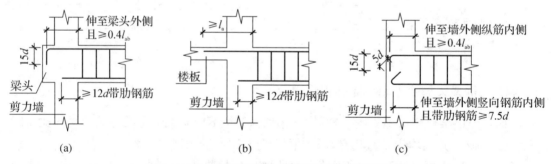

图 3-4-2　楼面梁与剪力墙平面外相交钢筋构造

注：依据 17G101-11 第 65 页。

▶▶▶ 4.1.2　框架梁（与剪力墙平面外相交）钢筋翻样示例

以本项目住宅楼工程二层梁板平法施工图①轴/①～③轴框架梁 KL8(1) 为例，框架梁混凝土强度 C30 级、①轴连梁 LL4、③轴墙柱 GBZ6 混凝土强度 C35 级，环境类别一类，保护层厚度 $c=20$ mm；四级抗震，$l_{ab}=32d$，$l_{n1}=3\,000-100-100=2\,800$ mm。钢筋信息：上部通长筋为 2Φ14,下部通长筋为Φ16,箍筋为Φ6@200(2)。

分析:图纸中未明确该类型梁采用构造(一)还是构造(二)做法,根据箍筋信息,只给定了一种箍筋间距 200mm,为非加密设置,故选择构造(一)做法。

上部通长筋Φ14　$l_{ab}=32d=32\times14=448$ mm

$0.4l_{ab}=0.4\times448=179$ mm$<$支座宽$-20=200-20=180$ mm　满足弯锚平直段要求

下部通长筋Φ16　$12\times16=192$ mm$>$支座宽$-20=200-20=180$ mm　不满足直锚

综上所述,该梁采用图 3-4-2(c)构造做法。

1. 梁上部纵筋　2Φ14

单根长度$=15d$(弯折)$+$(梁总长$-2c$)$+15d$(弯折)

$\qquad=15\times14+(3\,000+200-2\times20)+15\times14$

$\qquad=210+3\,160+210=3\,580$ mm

形状　　210⌐_____3160_____⌐210

2. 梁下部纵筋　3Φ16

单根长度$=5d$(弯折)$+$(梁总长$-2c$)$+5d$(弯折)$+2\times2.89d$

$\qquad=5\times16+(3\,000+200-2\times20)+5\times16+2\times2.89\times16$

$\qquad=80+3\,160+80+92=3\,412$ mm

形状　　⧹_____3160_____⧸

3. 梁箍筋　Φ6@200

(1) 箍筋长度

单根长度$=2\times(200-2\times20)+2\times(400-2\times20)+2\times2.89\times6+2\max(75,10d)$

$\qquad=2\times160+2\times360+2\times2.89\times d+2\times75=1\,225$ mm

形状　360⌐160⌐

(2) 箍筋数量

数量　$n=$(净跨 $l_{n1}-2\times50$)/间距$+1$

$\qquad=(2\,800-2\times50)/200+1=14.5$　取 15 根

4.1.3　框架梁与剪力墙平面内相交构造

本项目屋面层梁板平法施工图⑧轴/Ⓑ～Ⓔ轴框架梁 WKL2(1),该梁Ⓔ轴支座为剪力墙,并且与剪力墙 Q1 垂直相交,属于框架梁(KL)与剪力墙平面外相交;Ⓑ轴支座为GBZ1+剪力墙 Q1,该梁与支座平行,属于框架梁(KL)与剪力墙平面内相交。

22G101 第 94 页框架梁与剪力墙平面内相交做法见图 3-4-3,类似于连梁构造。上下部纵筋直锚入剪力墙中长度为 $\max(l_{aE},600)$。当该框架梁处于中间楼层时,支座处箍筋加密,当该框架梁处于屋面层时,除了支座处箍筋加密外,在支座处锚固长度范围内也布置了箍筋,第一根箍筋距离洞口边 100 mm,间距为 150 mm。加密区长度同框架梁,抗震等级为一级:$\max(2h_b,500)$,抗震等级为二一四级:$\max(1.5h_b,500)$。

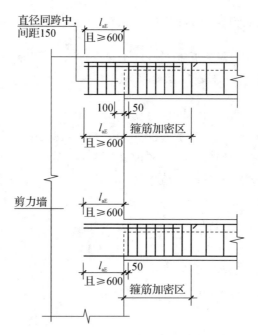

框架梁(KL、WKL)与剪力墙平面内相交构造

加密区：抗震等级为一级：$\geqslant 2.0h_b$，且$\geqslant 500$ mm
抗震等级为二~四级：$\geqslant 1.5h_b$，且$\geqslant 500$ mm

图 3‑4‑3 框架梁与剪力墙平面内相交钢筋构造

▶▶ 4.1.4 框架梁(与剪力墙平面内相交)钢筋翻样示例

以本项目住宅楼工程屋面层梁板平法施工图⑧轴/⑧～⑥轴框架梁 WKL2(1)为例，框架梁和支座混凝土强度均为 C30 级，环境类别一类，保护层厚度 $c=20$ mm；四级抗震，$l_{ab}=35d$，$l_{aE}=l_a=35d$，$l_{n1}=900+2\,400+1\,300-1\,550-100=2\,950$ mm。钢筋信息：上部通长筋为 2 ⊕ 14，下部通长筋为 2 ⊕ 16，箍筋为 ⊕ 6@100/200(2)

分析：根据屋面层梁板平法施工图说明可知，梁一端与柱或剪力墙平面内连接、另一端与梁或剪力墙平面外连接时。与柱或剪力墙平面内相连端按框架梁构造，该部位箍筋设置加密区。另一端与梁或剪力墙平面外连接时，该部位箍筋不设置加密区。因此该梁⑥轴支座选用平面外相交构造(一)做法，⑧轴支座选用平面内相交屋顶层构造做法。

⑥轴支座
上部通长筋⊕ 14　$l_{ab}=35d=35\times14=490$ mm
$0.35l_{ab}=0.35\times490=172$ mm$<$支座宽$-20=200-20=180$ mm　满足弯锚平直段要求
下部通长筋⊕ 16　$12\times16=192$ mm$>$支座宽$-20=200-20=180$ mm　不满足直锚
综上所述，该梁 E 轴支座采用图 3‑4‑2(c)构造做法。

1. 梁上部纵筋

(1) 梁上部通长筋　2 ⊕ 14
单根长度$=\max(l_{aE},600)+$(梁净跨$+$E轴支座宽$-c$)$+$(梁高$-c$)弯折

$$=\max(35\times14\ 600)+(2\ 950+200-20)+(400-20)$$
$$=600+3\ 130+380=3\ 730+380=4\ 110\ \text{mm}$$

形状　　380⌐――――3730――――

（2）Ⓑ轴支座筋　1 ⊕ 14

单根长度$=\max(l_{aE},600)+l_{n1}/3$

$$=\max(35\times14,600)+2\ 950/3=600+983=1\ 583\ \text{mm}$$

形状　　――――1583――――

（3）Ⓔ轴支座筋　1 ⊕ 14

单根长度$=l_{n1}/3+(梁高-c)弯折$

$$=2\ 950/3+(400-20)=983+380=1\ 363\ \text{mm}$$

形状　　380⌐――――983――――

2. 梁下部纵筋　2 ⊕ 16

单根长度$=\max(l_{aE},600)+(梁净跨+E轴支座宽-c)+5d(弯折)+2.89d$

$$=\max(35\times16,600)+(2\ 950+200-20)+5\times16+2.89\times16$$
$$=600+3\ 130+80+46=3\ 730+80+46=3\ 856\ \text{mm}$$

形状　　――――3730――――╱

3. 梁箍筋　⊕ 6@100/200

（1）箍筋长度

单根长度$=2\times(200-2\times20)+2\times(400-2\times20)+2\times2.89\times6+2\max(75,10d)$

$$=2\times160+2\times360+2\times2.89\times d+2\times75=1\ 225\ \text{mm}$$

形状　　360 ▭ 160

（2）箍筋数量

数量　　$n=n_1+n_2+n_3=7+12+4=23$ 根

加密区数量 $n_1=(\max(1.5h_b,500)-50)/加密区间距+1$

$$=(1.5\times400-50)/100+1=6.5\quad取\ 7\ 根$$

非加密区数量 $n_2=(梁净跨-(\max(1.5h_b,500)))/非加密区间距$

$$=(2\ 950-1.5\times400)/200=11.75\quad取\ 12\ 根$$

Ⓑ支座处锚固长度范围数量 $n_3=\max(l_{aE},600)/150$

$=\max(35\times14,600)/150=4$ 根　　上部纵筋和下部纵筋直径不同，d 取了小值

子任务2　框支梁钢筋构造与翻样

▶ 任务实施

通过学习本子任务框支梁平法施工图识读、上部钢筋、下部钢筋、侧面受扭钢筋、箍筋构造，钢筋翻样示例，参考《混凝土结构施工图平面整体表示方法制图规则和构造详图》（22G101-1）第103、104页，能独立填写本子任务实施单所有的内容，本项目工程框支梁钢筋翻样的内容即完成。任务实施单如下：

表 3-4-2　框支梁钢筋翻样任务实施单

屋面层梁 KZL1(1)　②轴/Ⓓ～Ⓖ轴					
Ⓓ轴支座上部钢筋构造	Ⓓ轴支座下部钢筋构造	Ⓓ轴支座侧面受扭钢筋构造	Ⓖ轴支座上部钢筋构造	Ⓖ轴支座下部钢筋构造	托柱位置箍筋构造

梁编号	钢筋名称	型号规格	钢筋形状	单根长度(mm)	数量(根)	单重(kg)	总重量(kg)
KZL1(1)	上部纵筋						
	下部纵筋						
	侧面受扭钢筋						
	箍筋						
	拉筋						
构件钢筋总重量：			kg				

▶ 4.2.1　框支梁平法施工图识读

本项目屋面层梁板平法施工图②轴/Ⓓ—Ⓖ轴框架梁 KZL1(1)，该梁Ⓓ轴支座为 KL2(1)，Ⓖ轴支座为 GBZ7a，该梁与Ⓖ轴支座平行，属于与剪力墙平面内相交。根据图纸识读，E 轴处该梁上方设置了 LZ1(见构架层梁板柱配筋图)，也就是 LZ1 以 KZL1 为基础，严格地说，KZL1 是托柱转换梁 TZL。

▶ 4.2.2　框支梁配筋构造

根据 22G101-1 第 103 页框支梁 KZL 配筋构造也适用于转换柱 ZHZ，见图 3-4-4。上部纵向钢筋(含第一排支座筋)在端支座弯锚到梁底以下 l_{aE}，弯折长度为梁高－保护层＋l_{aE}，端支座上部非第一排支座筋伸入到跨中长了 $l_{n1}/3$，伸至对边弯折 $15d$，总锚固长度为 l_{aE}，所以弯折长度为 $\max[l_{aE}-(\text{支座宽}-c),15d]$，中间支座上部第二排支座筋伸入到跨中长了 $\max(l_{ni}/3,l_{ni+1}/3)$。下部纵向钢筋伸至对边弯折 $15d$，总锚固长度为 l_{aE}，所以弯折长度为 $\max[l_{aE}-(\text{支座宽}-c),15d]$。侧面受扭钢筋同框架梁，能直锚则直锚，不能直锚伸至对边弯折 $15d$。支座处箍筋加密区长度端支座为 $\max(0.2l_{ni},1.5h_b)$。

22G101-1 第 104 页托柱转换梁 TZL 托柱位置箍筋需要加密设置，构造做法见图 3-4-5，托柱转换梁 TZL 所托柱的两侧 $1.5h_b$ 范围内箍筋加密。

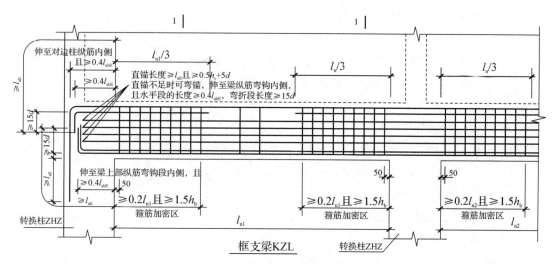

图 3-4-4 KZL(TZL)钢筋构造

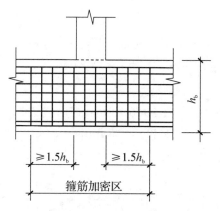

图 3-4-5 托柱转换梁 TZL 托柱位置箍筋加密设置

4.2.3 框支梁钢筋翻样示例

以本项目屋面层梁板平法施工图②轴/⑩～⑥轴框架梁 KZL1(1)为例,框架梁和支座混凝土强度均为 C30 级,环境类别一类,保护层厚度 $c=20$ mm;四级抗震,$l_{ab}=35d$,$l_{aE}=l_a=35d$,$l_{n1}=1\,300+1\,800+400-750-100=2\,650$ mm。钢筋信息:上部通长筋为 3 ⊕ 16,下部通长筋为 3 ⊕ 16,侧面受扭钢筋为 2 ⊕ 16,箍筋为⊕ 10@100(2)。

1. 梁上部纵筋 3 ⊕ 16

单根长度＝(l_{aE}＋梁高－c)弯折＋(梁长－2c)＋(l_{aE}＋梁高－c)弯折

＝($35\times16+400-20$)＋($100+1\,300+1\,800+400+100-2\times20$)＋($35\times16+400-20$)

＝$940+3\,660+940=5\,540$ mm

形状 940 └─── 3660 ───┘ 940

2. 梁下部纵筋 3 ⎓ 16

单根长度＝$35\times16-(200-20)$弯折＋(梁长$-2c$)＋$15d$弯折

$\qquad$＝$380+(100+1\,300+1\,800+400+100-2\times20)+15\times16$

$\qquad$＝$380+3\,660+240=4\,280$ mm

形状　$380\lfloor\quad\overline{\qquad 3660 \qquad}\quad\rfloor240$

3. 梁侧面受扭钢筋 2 ⎓ 16

单根长度＝$15d$弯折＋(D支座宽＋梁净跨$-c$)＋l_{aE}

$\qquad$＝$15\times16+(200+2\,650-20)+35\times16$

$\qquad$＝$240+3\,390=3\,630$ mm

形状　$240\lfloor\quad\overline{\qquad 3390 \qquad}$

4. 梁箍筋 ⎓ 10@100

单根长度＝$2\times(200-2\times20)+2\times(400-2\times20)+2\times2.89\times10+2\max(75,10d)$

$\qquad$＝$2\times160+2\times360+2\times2.89\times10+2\times10\times10=1\,298$ mm

形状　$360\,\boxed{160\,\diagup}$

数量 n ＝(梁净跨-2×50)/加密区间距＋1

$\qquad$＝$(2\,650-2\times50)/100+1=26.5$　取 27 根

5. 梁拉筋 ⎓ 6@200

单根长度＝$(200-2\times20)+2\times1.9\times6+2\max(75,10d)$

$\qquad$＝$160+2\times1.9\times6+2\times75=333$ mm

形状　$\diagdown\!\!\overline{\qquad 160 \qquad}\!\!\diagup$

数量　n ＝(梁净跨-2×50)/加密区间距＋1

$\qquad$＝$(2\,650-2\times50)/200+1=13.75$　取 14 根

 实践创新

1. 请认真识读本项目住宅楼工程二层梁配筋图①轴 XL1(1),根据所学知识,尝试对该悬挑梁进行钢筋翻样。

2. 请绘制本项目住宅楼工程二层梁梁配筋图①轴/①～③轴框架梁 KL8(1)纵断面图。

【项目三附图】

扫码下载项目图纸

混凝土结构设计总说明（简）

一、工程概况

1.本工程为某 1#住宅楼工程，地下一层，地上 6 层，屋顶有构架结构，建筑总高度 18.800m，总建筑面积 1675.69 ㎡。

2.结构类型：剪力墙结构，抗震等级为四级，桩筏基础；环境等级：室内正常环境为一类（含地下室内），与无侵蚀性的水或土壤直接接触的环剪为二 a 类。

二、混凝土

1.主体结构混凝土强度基础采用 C35，基础垫层采用 C15 素混凝土，其他混凝土强度等级参见结构层高和混凝土强度等级表，剪力墙连梁的混凝土强度等级与剪力墙相同。非主体部分：构造柱、圈梁为 C25 级。

2.基础底面保护层厚度 c=50mm（桩筏基础），基础侧面、顶面保护层厚度 c=20mm，地下室挡土墙迎水面水平钢筋保护层厚度 c=30mm，挡土墙背水面水平钢筋 c=20mm；地下室有覆土顶板顶面面钢筋 c=20mm，底面钢筋 c=15mm，其他部位保护层厚度参照环境类别。

四、钢筋

1.钢筋的连接可分为两类：绑扎搭接、机械连接或焊接。柱、剪力墙：直径≤10mm 时，采用绑扎搭接；直径为 12mm~22mm 时，采用电渣压力焊；直径≥25mm 时，采用机械连接。地下室外端竖向钢筋直径当为 12mm 时，采用绑扎搭接；直径 12mm~22mm 时，采用绑扎搭接；直径为 12mm~22mm 时，采用电渣压力焊；直径≥25mm 时，采用机械连接。梁、板：直径≤10mm 时，采用绑扎搭接；直径 12mm~22mm 时，采用绑扎搭接；直径≥25mm 时，采用机械连接。

2.HPB300 级钢筋受拉时，末端应做 180° 弯钩，其弯弧内直径不应小于 2.5d，弯钩的弯后平直部分长度不应小于 3d。

工程名称	1#住宅楼工程	结构设计说明	图号	结施 01

253

结构工程识图与钢筋翻样

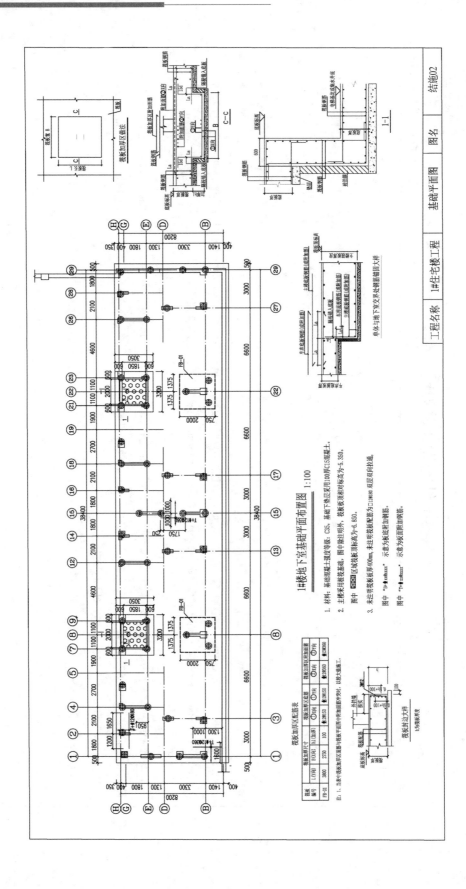

254

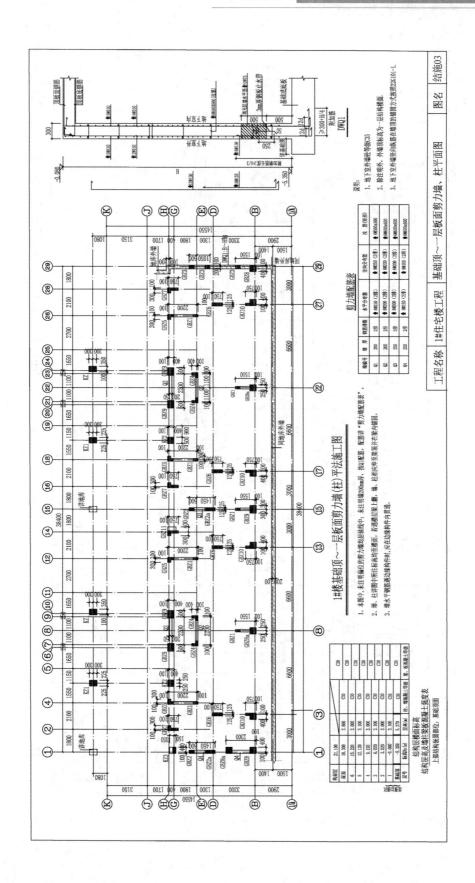

1#楼基础顶~一层板面剪力墙(柱)平法施工图

結構工程識圖與鋼筋翻樣

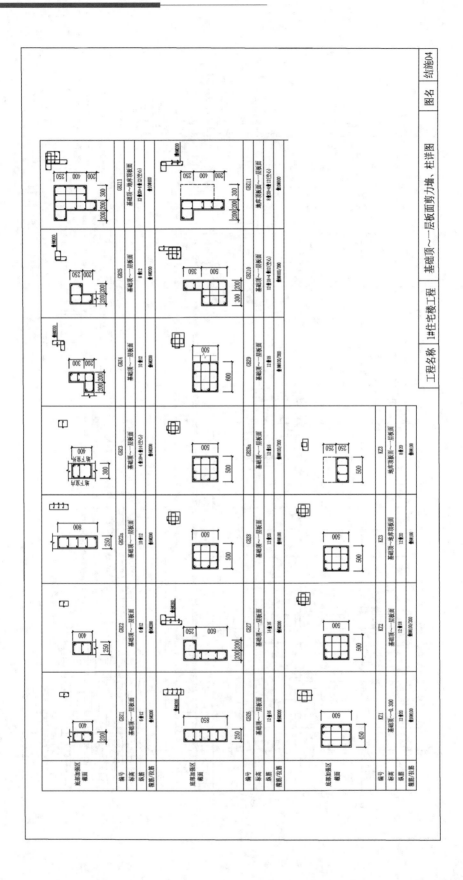

256

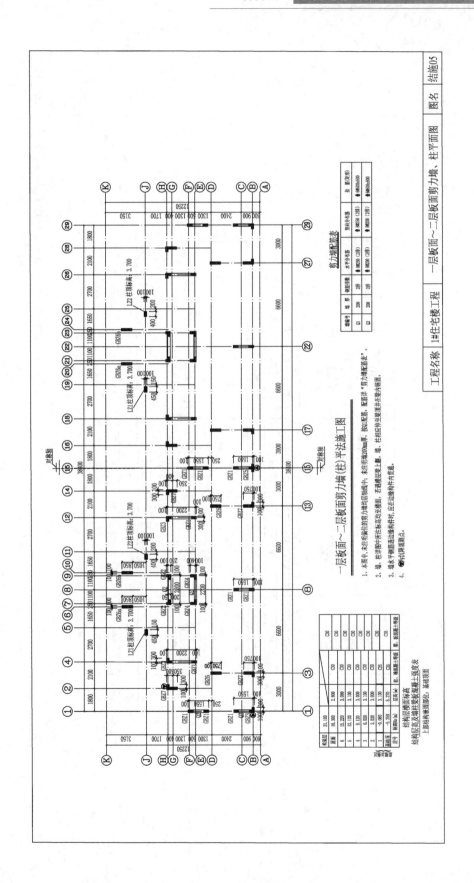

一层板面～二层板面剪力墙(墙)平法施工图

結构工程识图与钢筋翻样

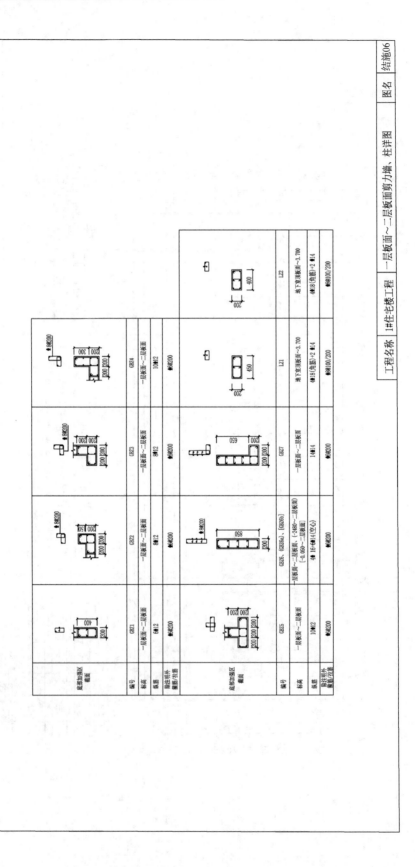

258

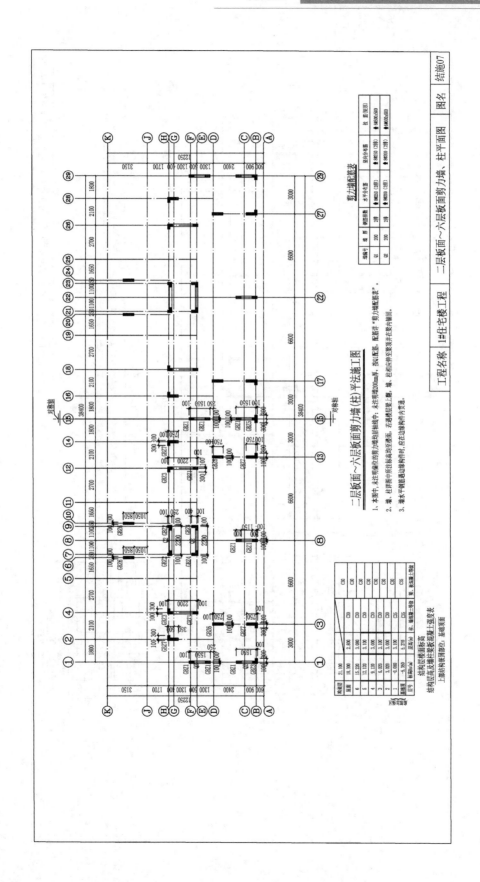

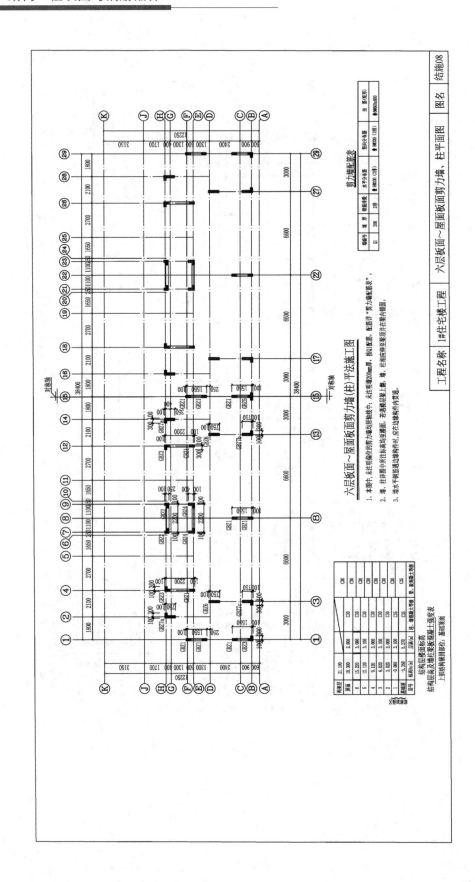

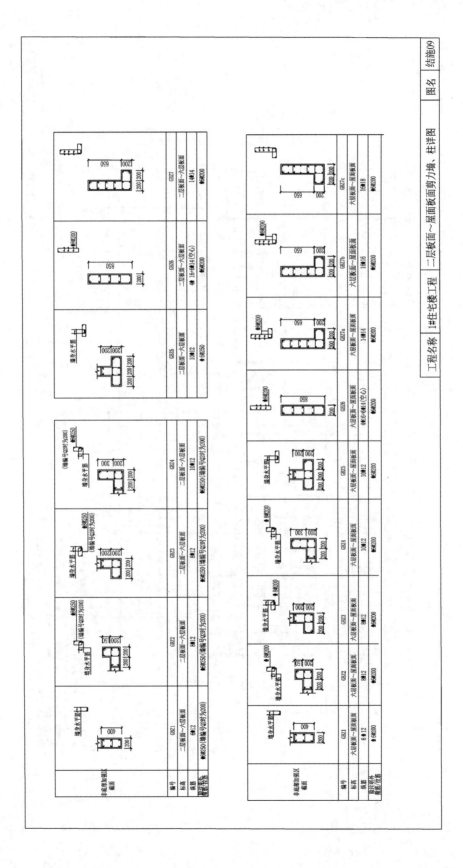

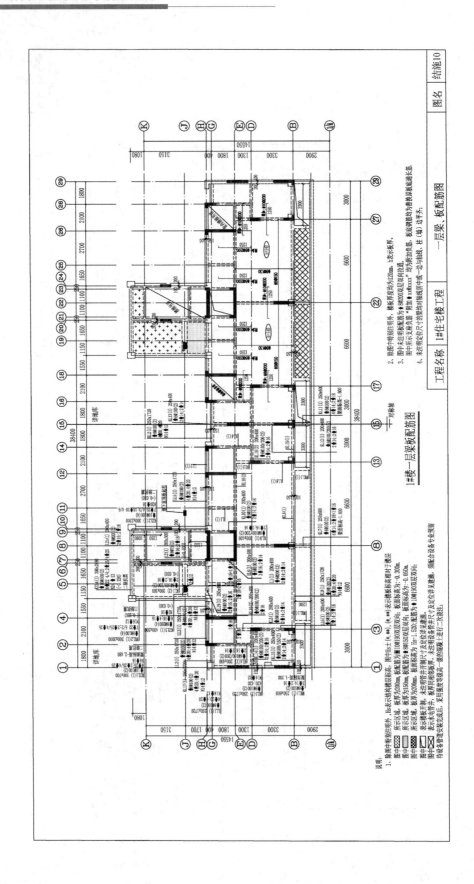

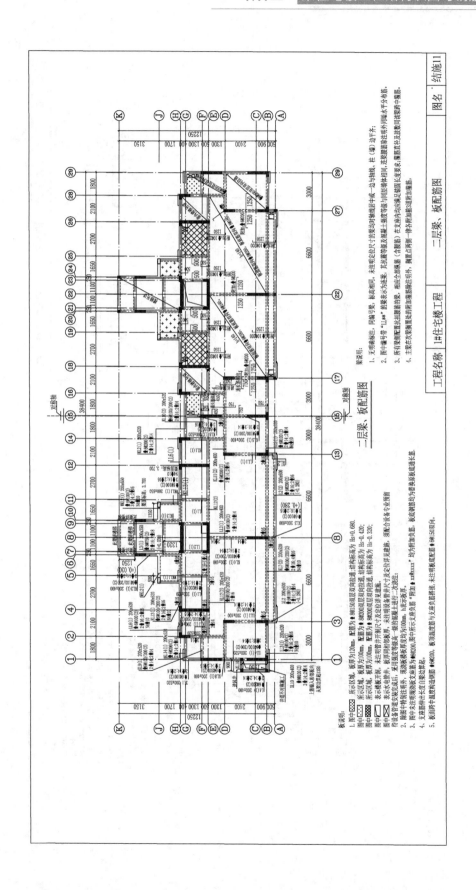

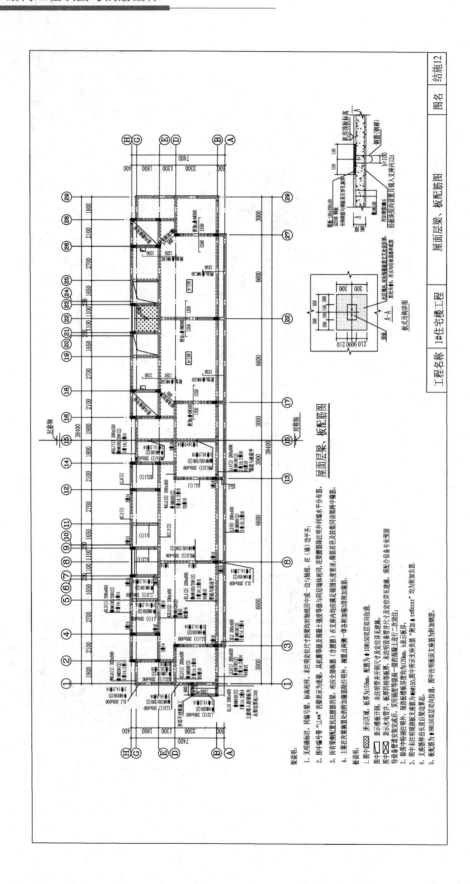

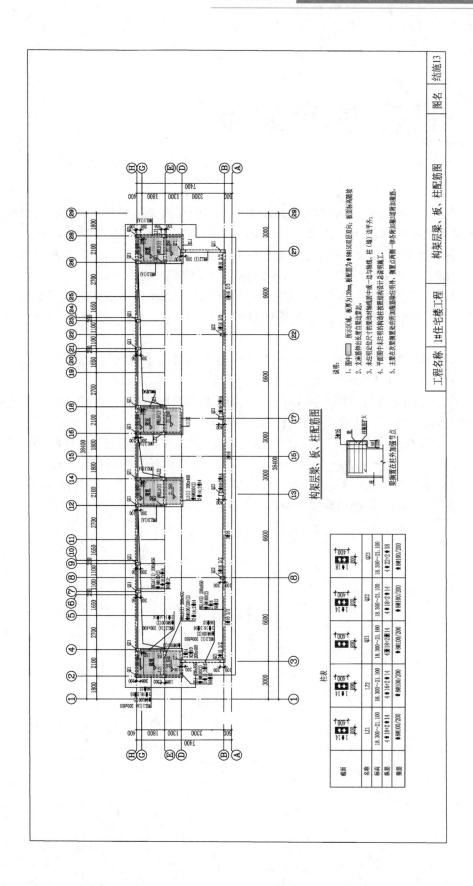

构架层梁、板、柱配筋图

说明：
1. 图中 ▨ 所示区域，板厚为120mm，板配筋为φ8@130双层双向，板面标高随坡。
2. 支座筋伸出长度自梁边起。
3. 未注明定位尺寸的梁均对轴线居中或与柱（墙）边平齐。
4. 平面图中未注明的构造柱按照结构设计说明施工。
5. 主梁在次梁搁置处的附加箍筋除注明外，满置点两侧一律名附加箍筋过附加箍筋。

构架层梁、板、柱配筋图

梁侧置柱在外加强节点

柱表

截面				
名称	LZ1	LZ2	QZ1	QZ2	QZ3
标高	18.300~21.100	18.300~21.100	18.300~21.100	18.300~21.100	18.300~21.100
纵筋	4φ18+2φ14	4φ16+2φ14	4φ18+2φ14	4φ18+2φ14	4φ22+2φ18
箍筋	φ8@100/200	φ8@100/200	φ8@100/200	φ8@100/200	φ8@100/200

工程名称	1#住宅楼工程	图名	结施13
	构架层梁、板、柱配筋图		

参考文献

［1］中国建筑标准设计研究院.混凝土结构施工图平面整体表示方法制图规则和构造详图（现浇混凝土框架、剪力墙、梁、板）：22G101－1［S］.北京：中国标准出版社，2022.

［2］中国建筑标准设计研究院.混凝土结构施工图平面整体表示方法制图规则和构造详图（现浇混凝土板式楼梯）：22G101－2［S］.北京：中国标准出版社，2022.

［3］中国建筑标准设计研究院.混凝土结构施工图平面整体表示方法制图规则和构造详图（独立基础、条形基础、筏形基础及桩基承台）：22G101－3［S］.北京：中国标准出版社，2022.

［4］中国建筑标准设计研究院.混凝土结构施工钢筋排布规则与构造详图（现浇混凝土框架、剪力墙、梁、板）：18G901－1［S］.北京：中国计划出版社，2018.

［5］中国建筑标准设计研究院.混凝土结构施工钢筋排布规则与构造详图（现浇混凝土板式楼梯）：18G901－2［S］.北京：中国计划出版社，2018.

［6］中国建筑标准设计研究院.混凝土结构施工钢筋排布规则与构造详图（独立基础、条形基础、筏形基础、桩承台基础）：12G901－3［S］.北京：中国计划出版社，2018.

［7］巍丽梅，任臻.钢筋平法识图与计算［M］.3 版.长沙：中南大学出版社，2017.

［8］陈怀亮，曹留峰.钢筋翻样与下料［M］.3 版.北京：中国铁道出版社，2022.